Accenture
Analytics

アクセンチュアのプロフェッショナルが教える
データ・アナリティクス実践講座

アクセンチュア アナリティクス 著　　工藤 卓哉＋保科 学世 監修

本書内容に関するお問い合わせについて

このたびは翔泳社の書籍をお買い上げいただき、誠にありがとうございます。弊社では、読者の皆様からのお問い合わせに適切に対応させていただくため、以下のガイドラインへのご協力をお願い致しております。下記項目をお読みいただき、手順に従ってお問い合わせください。

> 本書に登場するサンプルプログラムは、下記のWebサイトから無料でダウンロードできます。
> URL　http://www.shoeisha.co.jp/book/download/9784798143446

●ご質問される前に

弊社Webサイトの「正誤表」をご参照ください。これまでに判明した正誤や追加情報を掲載しています。

　　　正誤表　http://www.shoeisha.co.jp/book/errata/

●ご質問方法

弊社Webサイトの「刊行物Q&A」をご利用ください。

　　　刊行物Q&A　http://www.shoeisha.co.jp/book/qa/

インターネットをご利用でない場合は、FAXまたは郵便にて、下記"翔泳社 愛読者サービスセンター"までお問い合わせください。
電話でのご質問は、お受けしておりません。

●回答について

回答は、ご質問いただいた手段によってご返事申し上げます。ご質問の内容によっては、回答に数日ないしはそれ以上の期間を要する場合があります。

●ご質問に際してのご注意

本書の対象を越えるもの、記述個所を特定されないもの、また読者固有の環境に起因するご質問等にはお答えできませんので、予めご了承ください。

●郵便物送付先およびFAX番号

　　　送付先住所　〒160-0006　東京都新宿区舟町5
　　　FAX番号　　03-5362-3818
　　　宛先　　　　（株）翔泳社 愛読者サービスセンター

※本書に記載されたURL等は予告なく変更される場合があります。
※本書の出版にあたっては正確な記述につとめましたが、著者や出版社などのいずれも、本書の内容に対してなんらかの保証をするものではなく、内容やサンプルに基づくいかなる運用結果に関してもいっさいの責任を負いません。
※本書に掲載されているサンプルプログラムやスクリプト、および実行結果を記した画面イメージなどは、特定の設定に基づいた環境にて再現される一例です。
※本書に記載されている会社名、製品名はそれぞれ各社の商標および登録商標です。

目次

第Ⅰ部 データアナリティクスの基礎

第1章 はじめに 10
1. 本書の目的 10
2. このような皆さまに本書を読んでいただきたい 13
3. 発射台と目的地 15
4. データサイエンティストは必要か 16

第2章 データアナリティクスが作り出すビジネス革新 20
1. データアナリティクスとビジネス 20
2. 製造業 24
3. 小売業 27
4. 政府、自治体 29
5. エンターテイメント業界 35
6. 金融業界 37
7. デジタルにおける「人の力」 39

第3章 分析で必須となる一般的な統計知識 40
1. データの基本情報を把握する 40
2. データの分布・ばらつきを掴む 44
3. 統計的仮説検定を使いこなす 52
4. ベイズ統計を知る 63

第4章 課題の定義、仮説立案 70

1 アナリティクスアプローチの概要 70
2 アナリティクスプロジェクトの流れ 73
3 発射台・標的の設定 76
4 データ分析 85
5 運用 91

第5章 データ収集・加工 94

1 分析に必要なデータの種類 94
2 データの調達にあたっての注意点 97
3 データの品質について 99
4 センサー／オープンデータを意識したデータの収集 102
5 データの加工 103
6 データ活用上の新しい動き 105
7 個人情報とプライバシー 107

第6章 アナリティクスを支えるシステム基盤 112

1 分析基盤の必要性 112
2 分析基盤の設計の進め方 114
3 分析基盤の処理フローの設計 117
4 分析基盤のアーキテクチャ設計のケーススタディ 123
5 分散処理基盤としてのHadoopとSpark 129
6 データ分析基盤の転換 131

第II部 データアナリティクスの実践

第7章 機械学習と人工知能 136
1 人工知能と技術的特異点 136
2 機械学習とディープラーニング 139
3 オープンソースを味方に機械学習を学べる時代 143

第8章 アソシエーション分析：購買分析からレコメンデーション応用まで 146
1 購買分析に効く！アソシエーション分析 146
2 アソシエーションルールと評価指標 149
3 Rのarulesパッケージを使ってみよう 151
4 分析結果をビジュアル化してみよう 159
5 まとめ、アソシエーション分析の応用 165

第9章 クラスター分析（前編）：グループ化、セグメンテーションから戦略を練る ... 168
1 クラスター分析とは 168
2 ビジネスにおける応用例 170
3 クラスター分析の手法 174
4 実業務でクラスター分析を実施する際の心構え 180

第10章 クラスター分析（後編）：「R」を使ったクラスター分析 184

1. データの収集と加工 184
2. 階層的手法ウォード法によるクラスター分析 189
3. 非階層的手法K-Means法によるクラスター分析 19/9
4. まとめ 207

第11章 決定木分析：要因を分析し、将来を予測する 208

1. 多くのビジネスシーンで利用される決定木分析 208
2. 決定木分析の概要 210
3. 類似の分析手法と比較したときの決定木の特徴 213
4. タイタニック号乗船者のデータを使った決定木の構築 .. 217
5. CART法でのデータ分割アルゴリズム 224
6. 弱点1：分析モデルのオーバーフィッティング 226
7. 弱点2：データによって、作成されるモデルが大きく変わることがある 233
8. まとめ 236

第12章 経路探索（前編）：アルゴリズムとビジネスへの適用 238

1. 経路探索について 238
2. 力まかせ探索による経路探索 240
3. 動的計画法による経路探索 243
4. 経路探索アルゴリズムの比較 247
5. まとめ 249

第13章 経路探索（後編）：R言語と地図データによる実行 ... 250

1. R言語での経路探索について ... 250
2. R言語を用いた経路探索の実施手順 ... 252
3. まとめ ... 258

第14章 協調フィルタリング ... 260

1. 協調フィルタリングとは ... 260
2. 協調フィルタリングのアルゴリズム ... 264
3. 協調フィルタリングの高度化 ... 273
4. Rを活用したレコメンデーションの実行 ... 282
5. 本章のまとめ ... 296

第15章 今、最も熱いディープラーニングを体験してみよう ... 298

1. ディープラーニングとは？ ... 298
2. 触ってみよう!ディープラーニング ... 302
3. 従来の手法とどう違うの？ ... 304
4. 単純パーセプトロン→ニューラルネット→ディープラーニング ... 306
5. どうやって特徴抽出するの？ ... 309
6. どうやって学習するの？ ... 314
7. まとめ：要は力技! ... 318

第16章 H2Oでディープラーニングを動かしてみよう！...... 320

- 1 動かしてみないことにはわからない 320
- 2 ディープラーニングのソフトウェア実装 322
- 3 H2Oを用いたディープラーニングのモデル構築手順... 324
- 4 Rコードを用いたモデル構築実行コード例（参考）....... 352
- 5 まとめ 355

あとがき 357
索引 365

第I部

データアナリティクスの基礎

第1章

はじめに

1 本書の目的

　本書は、アクセンチュア・アナリティクスのメンバーによるビジネスデータ分析の本です。

　ここ数年、「ビッグデータ」あるいは「データサイエンティスト」という言葉が流行し、データ分析に関連する数多くの書籍が発行されました。本書の監修者である工藤と保科も、これまで『データサイエンス超入門　ビジネスで役立つ「統計学」の本当の活かし方』(工藤卓哉・保科学世共著：日経BP社)、『これからデータ分析を始めたい人のための本』(工藤卓哉著：PHP研究所) などの本を執筆しています。

　では本書は、これまでのビッグデータの解説書やデータ分析の本と、何が違うのでしょうか。

　本書は「業務の現場に関わるビジネスパーソンが、自分たちで実際にデータ分析を実践する」ことを目的にしています。こう書くと、「なんだ、データ分析の実践方法という本だって、これまで数多くあるではないか」と思われるかもしれません。

　これまでのデータ分析の本としては、統計学の専門を学んだ方のための高度な分析と統計の専門書がある一方で、一般のビジネスパーソン向けのExcelなどによる入門的なデータ分析の本があります。

　本書はその中間にあたり、一言でいえば「一歩先を予測する先進的な

予測をビジネスパーソンが身につける」ことを目的にしています。ビジネスパーソンが、企業の中にあるデータや公開されている行政データなどを使って、問題解決のためのアナリティクスの方法を、具体的なツールを使って実践するものです。ツールは、Excelよりもう少し高度なものを用います。高度といっても、決して高価なソフトウェアではなく、OSS（オープンソースソフトウェア）の「R」や、クラウドサービスとして提供されているものです。

なぜ、Excelではなく「R」などのOSSやクラウドのサービスを使うのでしょうか。もちろん、Excelでも、相関分析や簡単なクラスター分析など基本的な分析は行えます。

しかし現在では、機械学習やAIなどデータ分析の手法はどんどん進化しています。そのための分析ツールも、無料または安価で利用できます。以前であれば数百万円もしたような高度な統計解析ツールも、機械学習やAIといった最先端のテクノロジーも、一般のビジネスパーソンの手に届く時代にあります。Excelでできる方法にとどまる必要はありません。例えば、既存のデータからパターンやモデルを抽出し将来を予測するという予測分析のような用途には、Excelよりも適したツールがあります。こうしたツールの基本を押さえつつ、ビジネス現場における活用のコツをつかむことで、日常のビジネスの進め方やその精度が大きく向上することは間違いありません。

本書が「業務の現場に関わるビジネスパーソンが、自分たちで実際にデータ分析を実践する」ことを目的とするのは、ツールが広まったからだけではありません。分析対象となるデータの量も、質も、種類も、そしてそれらが生み出されるスピードも、この数年で爆発的に増加しています。このことは、本書を手にされた方は周知のことでしょう。

しかし、そのうち果たしてどのくらいの方が、この溢れるデータを自分の武器・競争優位にすべく、実際に自分の手を動かしたでしょうか？「そもそもデータに触れる環境にない」「データを分析する手法が見当もつかない」「自分の業務に必要となるデータはすでに持っている」「データの分析は、IT部門に任せている」などの理由で、おそらくこの爆発

的なデータの増加を"対岸の火事"と傍観しているのではないでしょうか？

　常日頃からデータと向き合い、爆発的、加速度的にデータが増加していくさまをつぶさに見てきた私たちからすると、この事実を対岸の火事として捉えてしまうのは、あまりにもったいないことです。宝が眠るデータの山が目の前にあり、それを今では自分で簡単に掘り出す道具もある――。でも、その最初の一歩が踏み出せずに傍観者になってしまっている理由は、「分析には難解な手法や統計の知識が必要なのでは……」「分析ツールなど使いこなすことは難しそう……」といった先入観によるものが大きいと思います。

　本書は、この多くの方々が持っているであろう先入観を取り払って、自分の手でデータを触るための最初の一歩を後押しすることを念頭にしています。

　また本書の内容は、教科書的な解説ではありません。私たちアクセンチュア・アナリティクスのメンバーは、日々お客様のもとでビジネス最前線のデータと課題に向き合い、そこから最適な解を導き出しています。その私たちが、ビジネスの現場で分析を取り入れる際に必要な視点や、その導入のコツを交えて、実践的な解説をします。

2 このような皆さまに本書を読んでいただきたい

私たちが、どのような方々が読み、価値を見出すことを念頭に本書を書いたのか、もう少し具体的に説明します。

①業務の現場に携わるビジネスパーソン

まずは、前述したようにビジネスの現場で活躍されている方です。マーケティング担当で、効果的な販促計画を策定し、顧客から寄せられるニーズや声を拾い上げる方。また、販売、在庫情報、生産管理などの情報から次の一手を策定する企画担当の方なども対象になるでしょう。

それだけではなく、ビジネスにはいろいろな現場があります。資材調達の方や、財務戦略を担当されている方、効率的な人員配置や人材管理を担当されている方なども含まれるでしょう。さらには、日々の営業活動において、過去の訪問履歴や販売データなどに基づき、より効率的かつ高い精度で顧客にアプローチしたい方も対象になります。

従来、分析業務は、社内の分析部門や情報システム部門、外部のコンサルティング部門に依頼されてきた方が多いのではないでしょうか? また、そもそも分析ではなく「経験と勘」に基づいた意思決定をされている方々もいることでしょう。そのような、「分析」が大きな武器になり得ることに気づいていない方々も対象となります。

②統計学を学んだ学生、若手ビジネスパーソン

文系、理系を問わず、大学で統計学を学ぶ学生は数多く、その数も増えてきていると言われます。ただし、大学での統計学の授業はそれなりに高度ではあるものの、それを社会人としてどのように活用するか、ビジネスにどう活かすかを教える先生は非常に少ないと言わざるをえません。せっかく学んだ統計の知識も、現場での活用と紐付いていない知識であるため、就職

後は活かすことができず、忘れてしまう人が多いのではないでしょうか？

データ分析に必ずしも統計学の深い知識が必要というわけではありません。しかし、せっかく学んだ知識をビジネスの現場で活用しないのはもったいないことです。統計学の基礎があれば、「こういう問題には、こういう手法の分析によって結果が出る」ということがわかります。統計学の素養がない場合よりも、科学的根拠に基づく判断ができ、非常に有利なポジションでビジネスを見られるはずです。本書は、統計を学んだ方が、統計の基本とデータ分析をどのようにつなげるかがわかるよう配慮して解説しています。

③システムエンジニアでデータ分析に関わる方

企業の中の情報システム部門や、システム開発関連企業のシステムエンジニア、プログラミングやシステム構築などを行うエンジニアの方々です。コンピュータを扱うとはいえ、データ分析には、ソフトウェアの開発やシステムの構築とは別のスキルが求められます。以前からデータを扱っているデータベース技術者も、データ分析のためのデータ処理や、ビッグデータ分析基盤の構築などの業務が求められるようになってきています。

本書では、このようなエンジニアの方も対象に、データ分析のための基盤構築のために、どのような環境やツールが必要かつ有効かも解説しています。

近年、クラウド化によって、従来のような企業内のシステム構築の役割が減ると言われています。一方、データを分析、活用するためのデータ統合や処理のニーズは高まっています。「データサイエンティスト」を目指すかどうかはともかく、エンジニアの今後の必須スキルとして、ぜひ参考にしていただければと思います。

また、データ分析を必要とする社会的背景やニーズ、AIや機械学習の進化がもたらす今後の変化、オープンデータやソーシャルデータの増大が及ぼす社会変化などの動向についても、第2章で解説しています。ぜひエンジニアとして関心を持っていただければと思います。

発射台と目的地

　アクセンチュア・アナリティクスでは、数々の企業や組織のお客様の分析プロジェクトを担っています。これらのプロジェクトの中には、成功に向けた道すじがきちんと描けているプロジェクトもあれば、成功に向けて越えるべき大きな壁が存在するプロジェクトもあります。

　私たちの経験では、この「壁」の最大の要因は「プロジェクトの見切り発車」、つまり分析のゴールを明確にせず、まずデータありきで分析を検討しはじめてしまうことです。「当社には、膨大なデータが蓄積されている。予算も人も用意するので、このデータから何か有益な示唆を導き出してほしい」というケースが実は少なくありません。

　こうした依頼の背後には、大抵「ビッグデータ」や「データサイエンス」という言葉への誤解と盲信が見え隠れしています。「ビッグデータ」や「データサイエンス」のプロジェクトは、ビジネスのゴールがなければ、決して成功しません。「在庫を適正化したい」「顧客離脱を防止したい」といったように、まずはビジネス上のゴールが必要です。その上でこのゴールに向けて、どのデータをどのように活用して分析をしていくかを検討するという順番が重要なのです。

　私たちはよく分析プロジェクトを「ロケットの発射台と目的地」と言い換えて説明します。ゴールとは、まさにこの目的地を指します。目的地が定まらない状況でロケットを打ち上げることほど無駄なことはないと、おわかりになるでしょう。

　そしてもう一つ、プロジェクトの成功に欠かせない要素として「発射台」があります。目的地まで確実に到達させるために必要な規模やスペックを備えた屋台骨です。この屋台骨が揺らいでしまっては、いかにゴールが明確でも、あらぬ方向に飛んでしまいかねません。分析プロジェクトでは、実際の分析を行うための分析基盤がこの発射台に該当します。

　このように、分析プロジェクトでは規模の大小問わず、「発射台と目的地」の考えが成功のカギを握っていることを忘れてはなりません。

データサイエンティストは必要か

　私たちは、データを活用するためのコンサルティングや、分析基盤の導入、実際の分析作業など、分析にまつわるさまざまな依頼を受けています。それに加えて最近寄せられる依頼で特徴的なこととして、組織内でデータ分析を行う体制の構築や人材の育成、教育に関するものが多くなっています。これからデータ分析の社内チームを作りたい会社はもちろん、これまでデータを重視してデータ分析の専門チームを組織内で築いてきたお客様からも相談がきます。

　ソーシャルの進展や、IoT（モノのインターネット）時代によって、世の中に流通するデータの質と量、生成されるスピードが増加し、企業や組織が活用し得るデータは膨大な量となっています。

　また、自分が所属する部門のデータはきちんと分析できていても、セールス拠点毎の販売数と生産計画のように異なる部署をまたぐデータや、自社外のデータを取り込んで分析できているケースはあまり見受けられません。さらに、基幹システムとつながる構造化されたデータは存在するものの、ソーシャル上のディスカッションや映像、音声をはじめとした非構造化データの分析は手付かずの場合や、決められたレポーティングフォーマットの中での分析に終始してしまっている場合などもあります。冷静に見回せば大変有益なデータに囲まれているにもかかわらず、それらを有効に活用しているケースは限られます。

　大量かつ散在するデータを拾い上げて、それを経営に資する「情報」として可視化し、自分の組織の最適なアクションにつなげる——。この文脈からデータ分析官である「データサイエンティスト」の重要性が語られ、多くの企業や組織ではそうした人材の育成に取り組んできました。しかし、ここ最近企業や組織の方が気づいたことは、「一人ですべてをこなせるデータサイエンティストを社内で育てるのは無理。それであればチームとして必要な力を確保したい」ということです。

データサイエンティストには、理数系の知識や幅広い統計・分析手法が必要なのはもちろんです。また、データ分析の対象となる業界の知識や業務プロセスについても、実際に組織内で業務をされている方々と対等に話し合いができる水準の専門知識が必要です。さらには、周囲のステイクホルダーを巻き込み、分析結果から導き出されたモデルを説明して説得し、実際の業務に組込む、優れたコミュニケーション能力も不可欠でしょう。

　一般に、優れたデータサイエンティストと言われる人物は、これらの要素をある程度網羅的に修得しています。しかし、すべての知識を高いレベルで持っている人材は、世界的に見ても稀有です。組織の中で当てはまる人材を見つけるのはもちろん、外部から採用する道も険しいというのが現実でしょう。

　そのため、専門的なスキルや経験を組み合わせたチームを編成し、分析業務にあたるのが、現実的かつ有効な選択肢です。分析業務を細分化することで、業務の並走が可能になり、効率の面でも大きな利点をもたらすこともあるでしょう。

　つまり、経営と現場をつなぎ、経営・組織調整・統計的データ解析・ICTまで多岐にわたる機能をチームとして補完する、"チームとしてのデータサイエンティスト"の体制を作りたいというお客様が増えているのです。

　こうしたチームに必要な機能、必要な人材要件を、私たちは図1.1のように整理しています。

図1.1 チームとしてのデータサイエンティスト

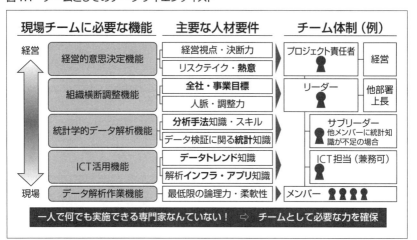

出典：アクセンチュア作成

　図1.1の中に、経営と現場を"つなぐ"コミュニケーションのスキルがあります。これは、もちろん業務の現場を理解し、ITによる分析の要件についても幅広く見通しの利く人材でなければなりません。

　現在データ分析に力を入れている企業の分析チームに持ち込まれる、社内の分析の相談は、実は大半が初歩的な分析の課題にとどまるものです。業務の現場のリーダーが、ある程度の分析の見通しがつき、先ほど述べたようなソフトウェアを使って一度自分で"ぐるっと回す"ことができれば、リーダーが現場と経営の間をつなぐ橋渡しができるはずです。そう考えると現場リーダーも、最適な分析手法を、浅くとも一通り知っていることが重要です。さらに、データ分析のツールや処理基盤についても、ある程度の知識があれば、本当の意味でデータをビジネスの価値に結びつけることができるでしょう。

　言い方を変えると、データ分析部門は、現場のリーダーにデータ分析と活用のノウハウを提供したり、リーダーを教育することで分析のセルフ化を促したりする存在となることが期待されます（図1.2）。

図1.2 データ分析部門の役割変化

データ分析部門

レポーティングサポート
報告が必要ない程のレポート整備
- KPI目標値の設定、あるべきレポート体系・フォーマットの定義
- レポート生成の自動化

ユーザ部門の分析セルフ化サポート
ユーザへの簡易分析の徹底移管
- 分析手法やツールなどの問い合わせ対応
- 分析方法のアドバイス/コンサルティング
- セルフ化の定着モニタリング

分析チェンジナビゲート
科学的マーケティングへの変革
- 分析手法やツールのトレーニング→ユーザ部門に分析官の"伝道師"を育成
- データに基づく意思決定など意識・業務変革

アナリティクス
PDCAの高速化&分析の高度化
- 注力サービスには、サービス密着型の専任グロースハック部隊を設置
- その他案件については分析部門で請負う基準を設け、高度で確実に効果が出る分析を選択的に推進

出典：アクセンチュア作成

　現在、先進的な大手企業でデータ分析の専門チームが生まれてきています。しかしながら実情は、分析チームが外注メンバーを含む偏ったスキルのメンバーが集まった非効率な混合体制になっていて、各担当がバラバラの分析案件を担当したりしています。このままでは、コストも増大するばかりで、結局はデータ分析に取り組んだもののビジネスの成功にはつながらなかったという話になりかねません。
　そうならないためにも、本書によって、一人でも多くのビジネスパーソンがデータ分析の基礎スキルと分析手法について網羅的に理解し、データの力を各々のビジネスにて遺憾なく発揮されることを願っています。

アクセンチュア株式会社
デジタル コンサルティング本部
アクセンチュア アナリティクス

監修：
Accenture Data Science Center of Excellence 北米地域統括 兼
アクセンチュア アナリティクス 日本統括
マネジング・ディレクター
工藤 卓哉

デジタル コンサルティング本部
マネジング・ディレクター
保科 学世

第2章
データアナリティクスが作り出すビジネス革新

本章では、データを活用した先端技術のビジネス活用事例のいくつかを紹介します。そして、企業や新製品、新サービスにどのように影響し、新たなビジネスを作り上げるか、また既存のビジネスをどのように革新するかを、業界・業態別に紹介します。

1 データアナリティクスとビジネス

IoTとデータアナリティクス

センサーやソフトウェア、通信機能によるさまざまな「モノ」がつながり、さらにそれらのモノが社会インフラや情報ネットワークに連動して、生産性が上がり、次々と今まで体験したことない革新的なサービスを生み出す、「モノのインターネット」（Internet of Things：IoT）と呼ばれる概念が注目されています。

過去には「ユビキタス（いつでもどこでも）インターネット」などと呼ばれる、類似した概念も登場しました。過去の概念もIoTも、「さまざまな場所で生み出されたデータを活用する」という基本概念において違いはありません。

ではなぜ、IoTが今これほどの注目を浴びているのでしょうか？それは、現在のIoTがデータの質、処理基盤・分析手法、汎用性において、過去と大きな違いがあるからです。

データには「3V」と呼ばれる、「データの量（Volume）」「速度（Velocity）」「種類（Variety）」という概念が存在します。「モノのインターネット」という名のとおり、世界中のあらゆる場所や機器に埋め込まれたセンサーから生み出される膨大な「量」のデータとその生成スピードが、加速度的に増加しているのは容易に想像できるでしょう。

また、そのデータは、現在、型にはまったPOSデータのような構造化データのみにとどまりません。ソーシャル上でやりとりされるテキストデータや、写真や動画共有サービスのデータなど、さまざまな種類の「非構造」データが刻々と生成されています。

一方で、このような膨大なデータは、そのままでは何ら価値を生むものではありません。データを収集する「基盤」と、そこでの「分析」を加えることで、はじめて価値ある「情報」へと生まれ変わらせることが可能なのです。

この基盤は、従来は一部の大企業やIT企業のみが使って分析を行っていました。しかし、昨今のストレージ価格の大幅な下落やOSS（オープンソースソフトウェア）の台頭によって、個人でも基盤を利用できるようになり、分析を自分の武器にできる時代になりました。これは大きな意味を持ちます。

分析手法の応用においても、過去の膨大なデータから瞬時に相関を見つけて未来の予測を行う「人工知能」や「コグニティブテクノロジー（認知技術）」などの領域で著しい進化があります。それによって、今までは人間が手にすることができなかった情報を活用する素地が形成されつつあるのです。

くわしくは本書内で詳述しますが、こうした基盤の技術や分析手法の進歩が、IoTに熱い注目が寄せられている理由です。

世界では今、膨大なデータをいかにして自社や組織に有利な情報として取り込み、他社との差別化を図る製品やサービスを生み出すかが、非常に重要な命題となっています。市場で有利なポジションを確立することは決して簡単なことではありません。しかしデジタルの時代においては、有利なポジションを確立すれば、企業規模の大小や国籍、あるいは

組織であるか個人であるかさえも問わず、莫大な利益や業界の覇者となる可能性が待っているのです。

「データこそが21世紀の企業の資産である」と言われます。そしてそのデータの海から情報という宝を見つけ出す「データアナリティクス」は、今後の社会の変化を牽引するに等しい、重要な分野なのです。

データアナリティクスの利活用例

ここ最近、アナリティクスによる将来予測や人工知能など、データを活用した研究開発成果やそのビジネスにおける利活用が、IT企業を中心に話題となっています。

例えば、Googleは、人工知能「Deep Q Network」を開発し、かつて市場を席巻したATARIのゲーム49種類のプレー方法を習得させた[1]と発表しました。また、同社は、Google Cloud Platformを活用して2014年のワールドカップでの勝敗を予測し、14試合中13試合を的中させました[2]。

ロンドン警視庁では、犯罪捜査にデジタルの力を積極的に活用する試みが行われました。この中で「将来罪を犯しそうな人や組織を予測する」というソリューションを、アクセンチュアの支援のもとに開発しました。ロンドン市内で凶悪事件を引き起こした可能性のある組織と関連する人物を、予測分析の手法で特定・リスク付けし、実際にこれらの人物が犯行に及んだかどうかを追跡するというものです。

このソリューションは、「『マイノリティ・リポート』が実用化された」という記事[3]で紹介されました。このソリューションがより広範に導入されれば、まさに「マイノリティ・リポート」のごとく、犯罪の発生を未然に防ぐ画期的なソリューションになるかも知れません。

またIBMは、過去の経験から学習し、人と同様に与えられた情報か

---

[1] http://www.wired.co.uk/news/archive/2015-02/25/google-deepmind-atari
[2] http://googlecloudplatform.blogspot.in/2014/07/we-think-germany-will-win-but-dont-take-our-word-for-it.html
[3] http://r25.jp/topic/00038902/

ら学ぶことができるコグニティブテクノロジー「IBM Watson」を開発し、実用化を進めています。日本においてはソフトバンクがIBMと提携し、IBM Watson日本語版の提供を開始することも発表されています。今後、日本語での自然言語会話や文字情報、視覚情報などを理解する、人とのさらに緊密なコミュニケーションの実現に向けたサービス開発が進んでいくことでしょう。

　このような技術を支えるデータの多くは、インターネットを経由して収集され、分析結果が提供されます。CISCOによると2018年までに4G-LTEネットワークでアクセス可能な人口は49億人[4]に伸び、Gartnerによると2020年までにデバイスの台数は250億台まで伸びる[5]と予測されています。今後、より多くの人や機器によって生成される膨大なデータを収集して分析できるようになるため、それらを活用したビジネスがますます身近になることでしょう。

---

[4] Cisco Visual Networking Index: Global Mobile Data Traffic Forecast Update, 2013-2018, 5 February 2014
[5] Gartner Predicts 2015: Digital Business and Internet of Things Add Formidable Integration Challenges, 11 November 2014

2 製造業

　製造業には、自動車や電化製品などの工業製品から、小物雑貨や食品にいたるまで、ありとあらゆるモノを作るビジネスが該当します。

　この領域で近年注目されているのが、M2M（Machine-to-Machine）や前述したIoTです。単なる製品・装置であったものに、センサーと、インターネットやBluetoothなどの通信機能を付加します。それによって、センサーから収集した各種情報がインターネット経由でサーバに収集されます。そこで分析された情報を利用して、製品や装置が自らユーザに情報を提示したり、何らかのアクションを促したりすることが可能になるのです。

　その例を挙げてみましょう。ソニーはテニスラケットに装着して使用するセンサーデバイス「スマートテニスセンサー」[6] を開発し、販売しています。このセンサーを用いて、ボールを打ったタイミングのスイング速度やインパクト位置、ボールの速度や回転などを即時に分析し、スマートフォンやタブレットに情報を蓄積していきます。これらの情報に基づくレポートが自動で生成され、後から自分のプレーを振り返ることができるのです。

　また、フランスのテニスラケットメーカーであるバボラも、「Babolat Play」[7] というセンサー内蔵ラケットと分析サービスを提供しています。このラケットはハンドル部分にセンサーとUSBポートを内蔵しており、収集したデータからスイングを分析し、サーブ、スマッシュ、フォアハンド、バックハンドのどの領域を重点的に練習すればよいか、またその上達度合いを評価し、グラフで可視化して提供しています。

　米国のスタートアップ企業のVessylではスマートカップ[8] とも呼ぶことができる、液体成分センサーを内蔵したタンブラーを開発していま

---

[6] http://www.smarttennissensor.sony.co.jp/
[7] http://en.babolatplay.com/
[8] https://www.myvessyl.com/

す。このセンサーにより、注いだ飲み物が何であるかを検知し、摂取した栄養成分を記録し、カロリー、糖分、カフェインなどの取りすぎを警告するなどといったことができます。この製品により、不足している栄養を通知したり、飲みすぎを抑えたりすることで、健康の維持や安定した睡眠などといったクオリティ・オブ・ライフの向上が期待できます。

ドイツの農機具メーカーCLAASは、各種センサーとテレマティクス装置を搭載した農機具で、機器の遠隔診断サービスを提供しています。このサービスの特筆すべき点は、自社製品から取得したデータの分析だけでなく、肥料メーカーや畜産業者、保険会社など他社とのパートナーシップによって、農家が求める「生産高の向上」という成果を、トータルでサポートしていることでしょう。

このように、「テニスラケット」「タンブラー」「農機具」のような、一見データサイエンスとは関係のなさそうなモノが、インターネットに接続する機能を備え、データの収集と分析により、製品自らがユーザと会話するスマートデバイスとなり、ユーザに付加価値を提供するのです。

これらの事例は、将来の企業戦略に大きな示唆を与えます。IoTをはじめとしたデジタル化が進展していき、今まで思いもよらなかった製品がデジタルと融合することで、今までにない体験や価値を提供していくのです。

アクセンチュアが2015年1月に発表した調査レポート「Connected Digital Consumer Survey」では、スマートウォッチ、ウェアラブル・フィットネスモニター、スマート・ホーム・サーモスタット、仮想現実ヘッドセットなどの先端デジタル・デバイスについて、世界全体で約4割の消費者が今後の購入意欲を示しています[9]。数年後の市場を見据えたうえで、このデジタルの力にいち早く気付き、自社の製品にその価値を加えることによって、新しい市場を開拓し、自社の競争優位につながる打ち手にできるのです。

一方で、データやデジタルには、国境という概念が存在しません。このデジタルの波を見過ごしてしまうと、思いもよらない国籍の企業や業

【9】 2015 Accenture CMT Digital Consumer Survey

界が、自社の商圏に参入してくることもあるでしょう。デジタルの進展は、あらゆる産業分野にとって無関係ではいられない大きな波だといえます。そして、その波にのることがあらゆる企業に求められるのです。長らく自社の製品と市場を見つめ続けてきた企業は、自社の業界とは全く異なる業界の企業やその動向、スタートアップ企業が生み出しているテクノロジーなど、今まで以上に幅広いアンテナを張っておくことが重要です。

3 小売業

　小売業が成長するための条件は、①売上の向上、②費用の削減、③顧客満足度の向上、の3つに大別できるでしょう。この3要素についてデータを分析することで、オペレーションの改善や、商品・サービスの改良、マーケティング施策の立案に活用できます。

　「①売上の向上」に関しては第8章で紹介するアソシエーション分析を活用したクロスセルや、第14章で紹介するレコメンドエンジンの活用が広く知られています。また、「①売上の向上」と同時に「②費用の削減」を実現する例としては、欠品を減らしながらも不良在庫を減らすための在庫量の最適化ソリューションである、「アクセンチュア・フルフィルメント・サービス（AFS）」などが挙げられます[10]。

　ここでは「③顧客満足度の向上」に向けた、マーケティング施策の立案におけるデータ分析活用例を紹介します。

　KDDIグループで、Wi-Fiサービスを提供する株式会社ワイヤ・アンド・ワイヤレスは、急増する訪日外国人向けに無償のWi-Fi接続サービスアプリ「TRAVEL JAPAN Wi-Fi」を提供しています。「TRAVEL JAPAN Wi-Fi」は、訪日外国人が専用アプリをスマートフォンやタブレットにダウンロードし、位置情報や属性情報の提供を含めた利用規約に同意することで、全国最大20万ヶ所以上のWi-Fiスポットに無償接続できるサービスです。

　このサービスで特筆すべきは、Wi-Fi環境を提供するのと同時に、「どの国籍の人」が、「いつ」、「どこに」、「どのくらいの人数が訪れているのか」といった、訪日外国人のリアルな動態を、位置情報をもとにマップ上に可視化できる点です。さらに、自社の店舗の近くにいる訪日外国人に対して、特売情報や割引クーポンなどの情報をプッシュ配信することも可能です。

【10】工藤卓哉、保科学世 (2013)「データサイエンス超入門」、日経BP社

2015年12月からは、「TRAVEL JAPAN Wi-Fi」の機能を使って、訪日外国人の動態を、個人単位で手軽に把握することができる「インバウンド・サテライト」というサービスも開始されています。

「訪日外国人数が過去最高を記録」や、「爆買い」などのニュースが取り上げられています。ただし、日本政府観光局によると、観光を目的とした訪日外国人のうち、60%以上が個人旅行で訪日しています。つまり、訪日外国人が、日本に入国してから出国するまで、どこに立ち寄り、どのような経路で移動しているかなどを、リアルタイムかつ定量的に把握するのが難しいということです。そのため、インバウンドの大きな商機を十分に活用できる状況にありませんでした。

ランチタイムが終わったあと「午後3時から5時まで休憩」とするレストランも少なくありません。一方で、実は店舗の周りには、この時間帯にランチタイムと同じくらいの訪日外国人訪れていたことが判明したケースもあります。このようなデータを活用した店舗運営や出店計画を進めることで、店舗は機会損失を防ぎ、顧客満足度とロイヤルティの向上に寄与し、結果としてトップライン（収益）を伸ばすことが可能となります。

IDC社の調査[11]では、2019年までのIoT市場は、年平均成長率が11%強と、2ケタの成長が続くという予測が出ています。この数字は、IoTとつながるシステムやデバイス、基盤、分析やセキュリティサービスなどの市場規模の予測が組み合わされたものです。今後、IoT関連のインフラやソリューションの市場で2ケタ成長が続いていくということは、それらを活用してサービスを提供する企業や、サービスの範囲と地域が拡大していくことを意味しています。また、センサーデータやGPSデータ、ソーシャルのデータなどを活用して、自社の一連の販売活動におけるオペレーションをさらに高度化させる企業が増加するでしょう。

---

[11] IDC, 国内IoT市場2014年の推定と2015年〜2019年の予測

政府、自治体

IoTなどの新たなデータの活用が、国や経済、あるいは政府や自治体などの行政機関に、どのようなインパクトをもたらすのかに目を向けてみましょう。

政府や自治体への影響

アクセンチュアが行った調査「インダストリアルIoT（IIoT）による成功」では、IIoTを「端末や機器類が知能的につながることで新たなデジタルサービスやビジネスモデルを可能にするもの」と定義し、IIoTが今後日本や欧米の経済を大きく成長させるという期待を述べています。それによるとIIoTへの資本投資や、それに伴う生産性の向上によって、米国では2030年までのGDP（国内総生産）の累積値が6兆1000億USドル増加する見通しです。

仮に米国がIIoTの技術に対して50％多くの投資を行い、IIoTを実現させるためのスキルやブロードバンドネットワーク等を強化させた場合、2030年までの米国のGDPの累積値は7兆1000億USドル増加し、2030年のGDPを予測よりも2.3％押し上げる可能性があります。

日本で、米国と同様の追加施策を行うと、1兆1000億USドルとなり、2030年の日本のGDPを予測より1.8％増加させる可能性もあるのです。

先進国の中でも、特にドイツでは国を挙げて「インダストリー4.0」と呼ばれる活動に注力しています。工場を中心とした製造プロセスに徹底的にIoTの概念を組み込むことによって、モノづくりにとどまらず、そのプロセスで発生するデータを活用した新たなサービスを創出させるなど、製造業全体の収益モデルの変革に取り組んでいます。

日本では、2015年10月に「IoT推進コンソーシアム」が設立されるなど、産官学連携でIoT領域における世界での競争優位性の確立に向け

て本格的な活動が始まっています。

行政においては、国民・市民の統計データや、教育、医療、福祉関連データなど、すでに宝の山ともいうべき価値ある膨大なデータが蓄積されています。さらにIoTの進展も相まって、行政機関が入手し得るデータの量、速度、種類も格段に増加しています。

行政機関におけるデータ活用・分析で留意すべき点は、これらの価値あるデータをいかにして「オープン」なデータとして、データを持つ行政機関内に留めることなく、広く民間や行政機関横断的にデータを活用させる仕組みを作り上げるか、という点です。

この、行政機関が公開したデータのことを「オープンデータ」と呼びます。すでに世界中の国や自治体が保有するデータを、民間を含めた利活用のために、無料で公開する動きが盛んになっています。

安倍内閣では2013年に、「閉塞を打破し、再生する日本へ」「世界最高水準のIT利活用社会の実現に向けて」を基本理念として、「世界最先端IT国家創造宣言」を発表しました。この宣言の中で、行政機関が保有する地理空間情報、防災・減災情報、調達情報、統計情報などの公共データを積極的に民間に開放する、オープンデータの取り組みを強化することが明記されています。そして、行政が持つデータの民間における利活用を推進する体制を強化しています。とはいえ、こうした動きもオープンデータに向けた取り組みの先進国である欧米と比較すれば、まだ遅れているといえます。

各国のオープンデータ状況

各国の取り組みの例を見てみましょう。EUでは「EU加盟国は、公的機関が保有する情報の再利用が可能な場合には、商業・非商業の目的を問わず、これらの情報が再利用可能であることを確保しなければならない」(2003年 EU指令)、「欧州の政府機関は、まだ実現されていない経済的可能性の金脈(公的機関により収集された大量のデータ)の上に座っているようなものだ」(欧州委員会 プレスリリース 2011年12月12

日）と書かれているように、EU全体として10年以上前から、行政が持つデータを積極的に公開するという姿勢を示しています。

米国の例を見ると、オバマ大統領は就任直後の2009年1月に「透明性とオープンガバメント（Transparency and Open Government）」という覚書を出し、同じ年の5月には「オープンガバメント・イニシアティブ（Open Government Initiative）」を発表、さらに12月には「オープンガバメントに関する連邦指令（Open Government Directive）」を発表しています。これらに共通する「開かれた政府」の取り組みとして、国中に散在している公共データを集約し、簡単に検索してデータを取得できるポータルサイト Data.gov（http://www.data.gov/）を立ち上げました。

2012年5月には、「デジタル・ガバメント戦略（Digital Government：Building a 21st Century Platform to Better Serve the American People）」を発表しました。それまで公開対象となっていた数値データだけではなく、非構造化テキストデータも公開の対象とするものです。

さらに2013年5月には、政府が持つ情報のオープンデータ化を義務付ける大統領令（Executive Order - Making Open and Machine Readable the New Default for Government Information）も発表しています。この大統領令は、個人のプライバシーや国家機密に関わる情報の保護には格段の注意を払ったうえで、新たに行政で作成される情報・資料は、できる限り検索とアクセスをしやすくして民間でより簡単に再利用できるように公開することが義務付けられています。

オープンデータの取り組みにおいて、非常にユニークな取り組みを行っている地域の1つとして、北欧の「メディコンバレー」が挙げられるでしょう。

メディコンバレーは、デンマークとスウェーデンを跨いで形成されているバイオ産業クラスターです。欧州を中心に、世界中から350社を超える医療、バイオテクノロジー企業が集積しています。複数の大学・研究機関や、ライフサイエンス分野のベンチャーキャピタルもこの地域に集まっており、業界における世界最大規模のクラスターに成長しています。

メディコンバレーがここまで成長した大きな要因の1つとして、個人

の遺伝子情報が匿名化された上でデータベースに集積され、このデータをクラスター内の研究者が共同で利用できるという点があります。広く国民に情報を開示する広義のオープンデータの定義とは趣が違いますが、業界で共通する有益なデータを共有する基盤を作り上げたことで、このデータに価値を見出すヒト・モノ・カネが世界中から集まり、業界さらには地域の圧倒的な差別化が図られ、活性化や競争力の向上につながっているのです。

国内において、日本の競争力強化や地方創生に向けた議論や施策が進められています。積極的なデータの公開や共有を行うことは、これらの施策の実現を補って余りあるパワーを秘めていることを、我々は認識すべきでしょう。

ハッカソンとソーシャルの知恵

オープンデータと並んで盛んな動きが「ハッカソン」です。これは「ハック」と「マラソン」を掛け合わせた造語で、プログラマーやデザイナーらが短期間でアイデアを出したり、それに基づいてプロトタイプを開発したりするものです。

これまでハッカソンといえば、民間企業やベンチャーキャピタルが中心となり、アルゴリズムの高度化や新サービスの企画立案を狙ったものがほとんどでした。最近は、自治体でもこのハッカソンの仕組みを活用し、「オープンデータ」の利活用を加速させようという動きが始まっています。

慶應義塾大学SFC研究所とアクセンチュアは、神奈川県、佐賀県、会津若松市、鯖江市、流山市から提供されるデータから、これらの自治体が抱える課題解決に資する施策を競う、「Accenture DIG（Digital Innovators Grand prix）」[12]という学生向けのデータ分析コンテストを開催しました。「DIG」では、企業がスポンサーとなり、有志の学生が、分析結果から得られた知見や、市民生活の向上に貢献する便利なアプリ

---

[12] http://dmc-lab.sfc.keio.ac.jp/dig/

ケーションを開発した成果をプレゼンし、新しい政策や視点を公益に還元することを目的としました。

これは、「クラウドソーシング」と呼ばれる不特定多数の人からお金や工数を負担してもらうことで成立する仕組みにも似ています。ただし、「DIG」は政策制度設計に特化したもので、世界にも類を見ないものでした。自治体にとっては少ない予算で政策の検討や市民に役立つサービス提供につなげることができる一方で、学生にとっても新しい技術やコミュニケーション作法を習得する機会として機能し、さらにはこのアイデアによって社会に貢献することも可能になるのです。企業としては認知度の向上や世論の把握と新しい世論の形成（Thought Leadership）が可能になります。このような取り組みはこれからの産学官連携の新しい形として同様の取り組みが広がることでしょう。

行政データの公開とソーシャルの知恵がイノベーションを加速させるという流れで、米国では、行政が抱える問題をITテクノロジーを用いて解決することを目的とした「Code for America」という非営利組織があります。

WIREDの記事[13]によると、「Code for America」には、たった350万円（35,000ドル）の年俸ながら、就業を希望する人材からの応募が殺到して応募倍率20倍（2013年時点）となっており、「社会のために何かがしたい」という想いがITエンジニアの中で急速に高まっているとあります。そして、今や有能なスーパーITエンジニアたちが、世界的なグローバル企業（GoogleやYahooなど）でのキャリアを捨ててまで参加しています。このような動きをふまえて、「政府は、市民も民間企業も乗り入れることができる"プラットフォーム"として機能することが求められる」とも述べられています。

少子高齢化や都市圏への人口集中による地方の過疎化など、構造的な課題を抱える日本の自治体では、長期的にも税収の減少基調が変わることはないでしょう。一方で、市民からは、より個人のライフスタイルや嗜好にあったきめ細やかな行政サービスの提供が求められています。

---

[13] WIRED Vol.9

この相反する状況を、地方自治体の限られた予算や職員によってすべて解決するのは、非常に難しいでしょう。行政機関が持つ情報を積極的に公開・共有することで、地域産業の振興につながる企業や人材、さらには行政サービスの向上に資する新しい知見を、地域外から呼び込むことにつながるのです。

5 エンターテイメント業界

　スペインにあるTeatreneuという劇場で行われている独創的な課金システムを紹介します。この劇場では、デジタルと分析手法を組み合わせることで、「チケット大人1枚3000円」のような、劇場では当たり前の課金モデルを根底から覆し、さらに従来よりも売上増加につなげています。

　これは、シートに取り付けられたカメラで観客が笑ったかどうかを顔認識により自動的に判定し、観客は笑った回数に応じて金額を支払う（笑っただけ支払い：Pay-Per-Laugh）という仕組みです。これを紹介した記事[14]によると、1笑いにつき0.3ユーロ、最大で24ユーロを支払うこととなっているようです。Teatreneu劇場では、このシステムによって売上が25%アップしたということで、スペイン国内ではこの成功を受けて同様のシステムの導入を検討する劇場も登場しています。

　日本国内の動きに目を向けてみましょう。国内に大型エンターテイメント施設を建設する計画や、カジノを含む統合型リゾート（IR）の解禁に向けた議論が始まっているなど、エンターテイメント業界全体を盛り上げる、大きな機会が動き出しています[15]。

　もしIRが解禁された場合、日本に誕生する統合型リゾートとは、ギャンブル施設の「カジノ」だけでなく、ホテルやレストラン、ショッピングモール、劇場、展示場など数多くの施設を併設するものとなるでしょう。一施設当たりの投資額は、数百億円から数千億円とも言われています。

　IRの実現にあたっては、カジノ来場者の監視、認証、不正防止といったソリューションはもちろんのこと、来場者に対する非日常感や、個別のおもてなし感をいかに提供できるかが成功の大きなカギを握ります。

　満足度を向上させるための仕掛けや、運営を効率化・自動化させるた

【14】http://www.bbc.com/news/technology-29551380
【15】http://diamond.jp/category/s-jcasino

めのロボティクスなどのソリューションには、アナリティクスの力が欠かせません。センサーデータや、ID-POS情報、位置情報など、膨大なビッグデータから、前述のTeatreneu劇場のように、今までにない新たな顧客体験を生み出す革新的なサービスや、圧倒的なオペレーションの効率化を、アナリティクスで実現する絶好の機会であるといえます。

6 金融業界

　現在、「FinTech」という言葉が金融業界を席巻しています。FinTechとは、金融の「Finance」と技術の「Technology」を組み合わせた造語で、金融サービスそのものや、顧客接点をデジタルの力を活用して向上させていく取り組みの総称です。2015年には、国内メガバンクグループでFinTech専門組織の新設が相次ぎました。また、金融庁がFinTechの普及を見越して新たな法整備に乗り出したり、経済産業省では産業・金融・IT融合に関する研究会（FinTech研究会）を立ち上げたりといったように、官民挙げての金融機関のデジタル化に本腰を入れ始めています。

　アクセンチュアが行った調査結果によると、アジア・太平洋地域のFinTech投資は、2015年1月からの9ヵ月間で約35億ドルに達し、2014年の約8.8億ドルから急伸しています。日本も同期間においてすでに約4400万ドルに達しており、2014年度の5500万ドルに迫る勢いで堅調に推移しています。FinTech投資が旺盛な領域、分野に目を転じてみると、FinTech市場として先行している米国では「決済」「融資」に加えて、「資産管理」「トレーディング」「リスク・セキュリティ」など、より複雑な金融プロダクトに踏み込んだ投資が増加傾向にあります。

　FinTech投資が急増している大きな要因の一つとして、金融機関が変革を迫られている背景があります。変わりゆく規制環境に対応すると同時にコスト削減を進め、他業種からの新規参入企業と競合していくためにも、新たなテクノロジーを日々探し求めているのです。

　アクセンチュアでは、「アジア・パシフィック先進金融テクノロジーラボ」と呼ばれるプログラムを運営しています。将来有望なFinTechスタートアップ企業を選定し、大手金融機関や投資家と橋渡しするプログラムです。

　この2015年のプログラムでは、アジア・パシフィック地域で7社の

スタートアップ企業が選定されました。そのうち4社が「アナリティクス」をサービスの主軸に据えたサービスを目指す企業でした。

　Bitspark社は、香港を拠点としたスタートアップ企業です。新興市場における決済を支える、ビットコインとブロックチェーン技術を駆使した送金プラットフォームを提供しています。クラウド上に実装された基盤から、送金事業者や金融機関に向けて、決済情報の管理や、リアルタイムなビジネスアナリティクスサービスを提供しています。

　BondIT社は、イスラエルを拠点としたスタートアップ企業です。投資ポートフォリオ構成や、最適化、リバランス、モニタリングを支援するソリューションを提供しています。先端の機械学習アルゴリズムを採用し、簡単にクライアントのリスクプロファイルに沿った利回り・リスクの最適ポートフォリオを作り上げるソリューションを提供しています。

　Ironfly Technologies社は、2名の生物医学エンジニアが香港で設立したスタートアップ企業です。神経科学と認知心理学の最新研究を応用し、データを速やかに直感的かつ視覚的に表示することで、リアルタイムデータを元に、瞬時にそこから得られる洞察を導き出すプラットフォームを提供しています。

　Sybenetix社は、ロンドンに本社を置く企業で、行動科学者、数学者、技術者で構成されています。顧客であるヘッジファンドや資産管理会社、銀行に向けて、全社レベルでの投資管理を支援して、より組織的に投資パフォーマンスを向上させるための行動分析サービスを提供しています。

　このように、FinTechというキーワードとアナリティクスは表裏一体の関係があり、科学的根拠に基づいた金融サービス設計や、顧客接点のさらなる向上に結び付けたい金融機関の思惑とが合致した状況にあります。一方で、伝統的なビジネススタイルを持つ金融機関と、革新的なアイデアや技術を持つスタートアップ企業が効果的に協業していくためには、双方がお互いの価値やプロセスを理解して受け入れるという、企業文化の改革も必須な取り組みといえるでしょう。

7 デジタルにおける「人の力」

アクセンチュアでは、「アクセンチュア・テクノロジー・ビジョン」[16]として、最先端のテクノロジーを活用したビジネスの動向や事例を含むレポートを毎年発行しています。2016年版のレポートでは、「デジタル時代の主役は"ひと"」というテーマを設定しました。

デジタルと人というと、一見相反するように映るかも知れません。しかし、いかにデジタル技術が発展しても、その活用やアイデアの中心に据えられるのは「人」であるべきである、との考えです。つまり、消費者、市民、従業員、関係パートナーなどが、その商品やサービスからどのような結果を欲しているのか、という視点が不可欠なのです。

今から半世紀も前の1968年に、当時のハーバード大学のセオドア・レビット教授が「顧客が欲しいのは1/4インチピッチの（製品の）ドリルではなく、1/4インチの穴である」と語っています。消費者が欲しいのは、製品そのものでなく、そこから生み出される自分の思いに叶った結果であり、体験なのです。

身の回りでも、ラケットやタンブラーなどのように、まだまだデジタルとは無縁だと認識されているものが数え切れないほど多くあります。こうした身の回りのモノがデジタル化され、今まで思いもつかないデータが収集されて、共有される世界が訪れています。

「消費者は、どのような結果や体験を求めているのだろうか？」という、人を中心に据えた視点で発想を切り替え、データを分析することで、今までにない画期的な製品や新サービスが実現されるといったように、アイデア次第で無限の可能性を持っているのです。

【16】http://techtrends.accenture.com/jp-ja/business-technology-trends-report.html

第3章
分析で必須となる一般的な統計知識

本章では、データ分析をするにあたって必須となる一般的な統計知識について説明します。基礎的な統計知識を習得することで、データから得られる情報量が増え、目的に合った適切な分析の実施に役立てることができます。また、現在ビジネスの場面では、企業が保持するデータ、および外部データの量や種類が急速に増加しており、分析担当者ではなくてもそれらに触れる機会が非常に多くなっていることから、多種多様なデータを用いた効果的なビジネス施策検討、および企業の課題解決に向けて、基本的な統計知識を持つことは非常に重要となっています。ぜひこの機会に学び直すことをおすすめします。

なお本章は、記述統計・確率分布・仮説検定・ベイズ統計という統計学の基礎知識を紹介し、第Ⅱ部で解説する各統計手法のベースをご理解頂くことを目的としています。そのため、他の多くの書籍や統計学の教科書で紹介されている相関分析や分散分析、回帰分析といった統計手法の説明は紙面の都合上省略しています。これらの手法については別途、統計学の書籍をご参照ください。

1 データの基本情報を把握する

多様なデータを活用するための第一ステップは、まず「データの持つ基本的な情報を掴む」ことにあります。多くの意思決定には、データによる根拠付けが必要とされます。その際、正しくデータを把握している

かどうか、多角的にデータを捉えられているかどうかは、意思決定の成否に大きく影響することがあるのです。

統計学で用いるデータの種類を知る

そもそも、統計学で扱うデータとはどのようなものでしょうか。従来は、商品情報や顧客情報などの各種マスタデータや、POSトランザクションデータ、実験や検査によって測定された数値、各種調査やアンケートの結果などの構造化データが主流でした。近年では、画像データ、音声データ、センサーデータなど、非構造化データを含めた多様なデータが統計学を用いて分析される対象となっています。

まず、これらの多種多様な形式のデータが、どのように定義され処理されているかについて説明します。統計学におけるデータの定義を理解することで、次章以降に登場するさまざまな分析対象データが、各統計手法を用いてどのように分析されているのかについて、イメージしやすくなります。

まず、統計学では、データを大きく「量的データ」と「質的データ」に分類しています。

量的データとは、さまざまな計算に使用される数値データで、「測ること」が可能なデータです。量的データは、その測り方（尺度）によって、さらに比率データ（絶対的な0が存在する）と間隔データ（絶対的な0が存在しない）に分類されます。身長や体重などの0の概念が存在するものは比率データです。摂氏の温度や時刻などの、0という数字が「何もない状態」を意味せず単なる基準であり、値の間隔には意味があるものは、間隔データとなります。

間隔データについて少々補足をします。例えば、体温を考えてみてください。風邪をひいて熱が39度になった場合、私たちは平熱（36度前後）と比較することで、その意味（「熱がある」ということ）を知ります。平熱36度の人が40度の高熱を出したときに、「体温が11％も上昇した！」という表現はできないのです。そもそも、水が凝固する温度を

摂氏0度、水が沸騰する温度を摂氏100度と決めただけであり、摂氏0度は「絶対的に温度が存在しない状態」を表しているわけではないのです。このような性質を持つデータのことを間隔データと言います。

一方、質的データとは「測ること」ができない、「区別するため」のデータです。例えば性別や氏名などがこれにあたります。質的データも、その尺度によって順位データ（順序に意味がある）とカテゴリデータ（区別のみに意味がある）に分類されます。満足度や成績順位など、順番に意味があるものは、順位データです。性別、氏名、住所など、何らかの区別にしか使用されないものは、カテゴリデータです。

なお、質的データは、そのまま引き算や掛け算のような演算ができないため、統計学ではダミー変数などに変換されて使用されることもあります。ダミー変数とは、例えば質的データである「性別」の場合、男性：0、女性：1としてフラグ付された変数のことを指します。

以上の分類を、表3.1にまとめます。

表3.1 データと尺度

データ種類	データ名称	尺度	意味	例
量的データ	比率データ	比率尺度	0との関係に意味がある	身長、速度
	間隔データ	間隔尺度	値の間隔に意味がある	摂氏の温度、時刻
質的データ	順序データ	順序尺度	順序に意味がある	満足度、順位
	カテゴリデータ	名義尺度	区別することに意味がある	性別、氏名

私たちをとりまく多種多様なデータは、統計学では以上のように分類され、それぞれの特性や制約に合った算術方法や分析手法を通して活用されています。このように基本的なデータ種類を意識すると、日常で目にしているデータの見え方が少し変わってくるのではないでしょうか。

統計学の2つの分類

　統計学は、記述統計学と推測統計学の2つに分類できます。

　記述統計学は、対象のデータの特徴を把握するために、データを要約することを意図した統計学です。対象とするデータをすべて手に入れて分析できる状況では、記述統計で要約することにより、事実が正確に記述されます。

　しかし、対象とするデータをすべて集めることが困難なときや、そもそも対象のデータが無限にあると考えられるときもあります。そういった場合は、記述統計学ではすべてを把握できません。

　そこで、対象の集団から標本データと呼ばれる一部のデータをランダムに抽出し、その標本データから母集団の特徴を推測するのが、推測統計学です。

　統計学の最終的な目的は、推測し結論を引き出すことにあります。そのため、推測統計学が特に重要です。しかし、ここではまずその準備として記述統計学から説明します。

2 データの分布・ばらつきを掴む

データを可視化することの大切さ

　データの基本情報を数値から把握することと同様に、データの可視化によってデータに対する理解が進むことを、皆さんはすでにご存知かと思います。多くの書籍やレポート、ポスターなどを想像して頂いてもそうであるように、数の羅列だけでは感覚的に捉えられないデータも、グラフが添えてあれば理解しやすくなります。

　同様に、統計学でも、円グラフや棒グラフなどの基本的なグラフに加えて、度数分布表やヒストグラム（後述）を使用し、統計量を視覚的に捉えることが重要となります。最近では、データを人間が直感的に把握しやすい形で可視化する手法やそれを実現するソフトウェアやWebサービスも登場しており、これらを総称して「データ・ビジュアライゼーション（データの可視化）」と呼びます。

　「基本統計量から得られる情報を活用する」で後述する分散や標準偏差は、データがどれほどばらついているのかを示します。しかしこれらの数値は、「データのばらつきの大小」を把握可能にはしますが、具体的に「どのようなばらつきになっているのか？」を知ることはできません。このようなとき、度数分布表やヒストグラムを使用すると、ばらつきの把握や比較が格段に簡単になるのです。

　企業の内部コミュニケーション促進のために導入した社内SNSの使用状況を把握する例で説明しましょう（表3.2）。ログイン回数や投稿数、スレッド数などさまざまな指標を用いて評価することが考えられます。ここでは、個人の投稿数をアクティブコミュニケーションの指標として、各部署の使用状況を比較することとします。

表3.2　営業部と企画部の1ヵ月のSNS投稿数データ

営業部のメンバーの投稿数
33　28　28　3　33　24　34　4　0　32　32　33　31　1　1　20　2　2　24　34 28　32　24　3　20　0　3　0　0　36　31　20　23　38　27　34　31　1　36　0 3　32　26　26　25　31　29　37　25　31
企画部のメンバーの投稿数
15　20　19　21　16　14　25　19　27　19　11　14　20　11　21　16　15　16　14　14

営業部と企画部の個人の、ある1ヵ月のSNS活用状況を比較してみましょう。

まずは平均値を見ると、営業部が21.02投稿で企画部が17.35投稿と、営業部のほうが企画部よりもSNSを活用しているように見えます（表3.3）。しかし、本当にそのように判断できるでしょうか？

表3.3　営業部と企画部の投稿数の平均値

部署	投稿数平均値
営業部	21.02
企画部	17.35

ばらつきの状況を知るために、度数分布表（表3.4）を確認してみましょう。度数分布表とは、各範囲（階級）に当てはまるデータ数（度数）を集計した表のことです。

ここでは、個人のSNS投稿数の範囲（階級）と、それに当てはまるデータ数（人数）、および累積のデータ数の割合（累積相対度数）を集計します。度数分布表を確認すると、営業部のばらつきが大きいことがイメージできます。ただし、感覚的に把握することはまだ困難なように見受けられます。

表3.4 営業部と企画部の度数分布表

SNS投稿数 (階級)	営業部		企画部	
	度数	累積相対 度数(%)	度数	累積相対 度数(%)
0.0 - 2.5	10	20%	0	0%
2.5 - 5.0	5	30%	0	0%
5.0 - 7.5	0	30%	0	0%
7.5 - 10.0	0	30%	0	0%
10.0 - 12.5	0	30%	2	10%
12.5 - 15.0	0	30%	4	30%
15.0 - 17.5	0	30%	5	55%
17.5 - 20.0	0	30%	3	70%
20.0 - 22.5	3	36%	4	90%
22.5 - 25.0	4	44%	0	90%
25.0 - 27.5	5	54%	2	100%
27.5 - 30.0	4	62%	0	100%
30.0 - 32.5	9	80%	0	100%
32.5 - 35.0	6	92%	0	100%
35.0 - 37.5	3	98%	0	100%
37.5 - 40.0	1	100%	0	100%

　最後に、度数分布表をグラフ化したヒストグラムを描いてみましょう（図3.1）。ヒストグラムとは、横軸にデータの階級を、縦軸に頻度をとったグラフで、身近なデータを表す方法として非常によく使用されています。

図3.1　営業部と企画部のSNS投稿数ヒストグラム

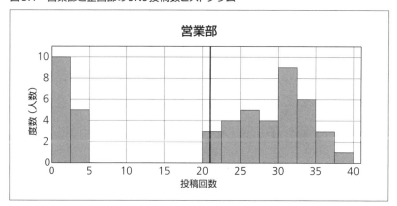

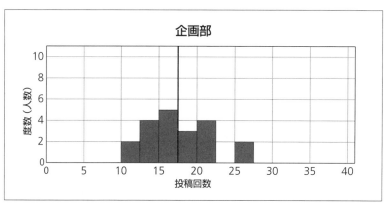

いかがでしょう。ヒストグラムを描くことで、観測対象の分布を視覚的に把握できることが理解いただけたかと思います。

ヒストグラムを見ると、平均投稿数の多かった営業部は、非常にばらつきが大きく、投稿している人としていない人の差が激しいことがわかります。一方、平均投稿数が少なかった企画部は、部内全員で使用してはいるものの、その回数が全体的に少ないことがわかります。

この結果を受けて、SNSの使用状況向上にむけたアクションも、部署ごとに変わります。例えば営業部では、全くSNSに投稿していない人に向けたPRが重要となるでしょうし、部署内でSNS活用頻度が高い人から活用していない人への活用方法共有なども有効かもしれません。

一方、企画部には部内全体に向けた投稿拡大のPRが重要となるでしょう。

このように、データのばらつきを視覚的に把握することで、アクションの対象を絞ったり、その方法を変えたり、より効果的な施策が打てるようになります。

基本統計量から得られる情報を活用する

前項ではデータを視覚的に扱うことを説明しました。ここからはデータをより数値で表現する方法について説明します。

データから算出される基本的な特徴を表す指標（値）のことを、統計用語で「基本統計量」といいます（記述統計量・要約統計量などとも呼ばれる）。データ分析を始める際に、必ず最初に確認するのがこの基本統計量であり、いわばデータのプロフィールのような役目を持ちます。先ほどのSNS投稿数の分析でも平均値を算出しました。どんなに高度な手法を用いようとも、この基本統計量をしっかりと把握していなければ、誤った分析対象や手法の選定につながる可能性があります。

基本統計量には、大きく分けて2つの役割があります。それは「データの代表値を知ること」、および「データのばらつきを知ること」です。

一般に、何かしらのデータや情報を把握しようとする際、最初に思い浮かべるのは合計（データ全体を合算した値）や平均（データ全体の合計値をデータ数で割った値）だと思います。企業の昨年の売上を確認する際には売上の合計を見るでしょうし、各部署の営業成績を比較する際には1人あたりの売上の平均などを参考にするのではないでしょうか。これらの値（代表値）は、データの基本的な情報を把握するための最も一般的で重要な指標であるといえるでしょう。

ほかにも、最頻値（最も頻繁に出現する（出現頻度が最も多い）値）、中央値（データを順番に並べたときにちょうど真ん中の値）、最小値（データ全体で最も小さな値）、最大値（データ全体で最も大きな値）なども、主にデータの代表値を知るための基本統計量といえます。

3.2 データの分布・ばらつきを掴む

　また、分散（データのばらつきを表す指標）や標準偏差（分散の平方根をとった指標）、変動係数（標準偏差を平均値で割った値）といった統計量は、主にデータのばらつきを表します。25%点や75%点などの四分位の考え方なども、ばらつき把握の一種だといえます。これらのばらつきを示す指標を用いることで、代表値だけでは把握できないデータ全体の様子を確認するのも、基本統計量の重要な役割です。

　以上の指標を、表3.5にまとめます。

表3.5　代表的な基本統計量（要約統計量）

統計量	数式	意味
平均（算術平均）（$\bar{x}$）	$\bar{x} = \dfrac{1}{n} \sum_{i=1}^{n} x_i$	分析対象グループ（母集団）データの和を、対象数（データの数）で除した指標
分散（σ^2）	$\sigma^2 = \dfrac{1}{n} \sum_{i=1}^{n} (x_i - \bar{x})^2$	分析対象のばらつき度合いを表す指標[1]
標準偏差（σ）	$\sigma = \sqrt{\dfrac{1}{n} \sum_{i=1}^{n} (x_i - \bar{x})^2}$	分析対象の平均的なばらつき度合いを表す指標。分散の平方根をとる[1]
変動係数（$C.V.$）	$C.V. = \dfrac{\sigma}{\bar{x}}$	平均や単位の異なるグループのばらつき度合いを比較するための指標。標準偏差を平均値で除することで得られる
最小値（Min）	－	分析対象の中で最も小さな値を示す指標
中央値（Median）	－	分析対象を大きさの順に並べたときちょうど真ん中の値を示す指標
最大値（Max）	－	分析対象の中で最も大きな値を示す指標
最頻値（Mode）	－	分析対象の中で最も出現頻度が大きな値を示す指標

　データの基本情報を正しく把握するためには、代表値とばらつきの両方を捉える必要があります。

【1】記述統計では、分散と標準偏差はデータの数nで割ります。推測統計になると、nの代わりにn-1で割った値を使用します。その理由については、より進んだ統計学の書籍を参照してください。

49

例えば、ある学校の各クラスの数学成績を比較し、各クラスの理解度を把握する場合を考えてみましょう。表3.6の試験結果データにあるような数値だけを見ても、なかなか比較が困難だと思います。

表3.6　A組とB組の数学の試験の結果データ

A組の試験の結果
95 42 72 85 82 94 72 85 65 93 63 50 76 87 99 85 42 61 34 94 64 89 94 34 88 84 67 90 80 70 84 11 49 93 97 60 88 53 51 87 21 96 92 84 70 98 99 79 85 42

B組の試験の結果
74 71 75 85 77 85 92 57 66 67 79 81 73 83 61 86 69 82 86 75 71 58 73 82 80 80 70 70 72 70 75 70 68 66 76 70 74 73 63 65 68 81 67 71 73 72 74 75 67 79

表3.7の基本統計量を見てみましょう。各クラスのレベルを比較するために、まずテストの平均点を見ます。平均値は非常に大切な代表値であり、分析の際必ず把握しておくことが重要です。A組の数学平均点が73.50点、B組が73.54点と、2つの組の平均点はほぼ同じです。これをもって2つのクラスは同程度と判断して良いでしょうか？　平均値のみで判断することが必ずしも正しいとは限らないケースも存在します。

表3.7　A組とB組の基本統計量（数学の点数）

基本統計量：A組	
平均	73.50
中央値	83
最頻値	87.5
標準偏差	21.732
分散	472.290
尖度	0.154
歪度	-0.978
範囲	88
最小	11
最大	99
合計	3675
データサイズ	50

基本統計量：B組	
平均	73.54
中央値	73
最頻値	72.5
標準偏差	7.344
分散	53.928
尖度	-0.115
歪度	0.128
範囲	35
最小	57
最大	92
合計	3677
データサイズ	50

ばらつきを測るための指標である標準偏差は、A組が21.732、B組が7.344と、A組のほうが大きくなっています。つまり、A組の点数は非常にばらつきが大きく、B組はばらつきが小さくまとまっていることがわかります。「ばらつきが大きい」ということは、A組には点数の高い生徒と低い生徒が混在していることを意味します。

図3.2のヒストグラムを見ると、B組は平均を中心として狭い範囲にばらついていることがわかります。一方A組は、同じ平均点にもかかわらず低い点数の人が多く、また高得点をとるグループもあることがわかります。この場合、B組と平均点が同じであるからといって同じ理解度であると判断してしまうと、点数が低く理解度の低い生徒たちを置いてけぼりにしてしまう可能性があります。一方、B組は、全員同じ程度の理解であると判断できます。

図3.2 A組とB組の数学の点数のヒストグラム

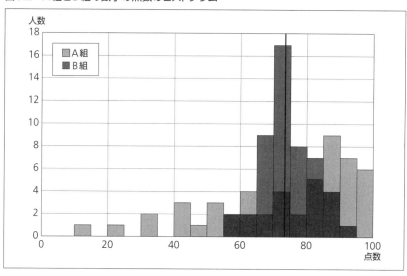

このように、データの持つ基本情報である基本統計量（要約統計量）は、データの基本性質を把握するためには不可欠です。高度なデータ分析に入る前に、まずはこのようなデータの持つ基本情報を正しく把握することが、効果的な分析対象や分析手法の選定につながることを意識するのが重要です。

統計的仮説検定を使いこなす

　前節まででは、記述統計学の導入として、まず収集したデータの代表値やばらつきの特徴を明らかにしたあと、データの現状傾向を把握にするデータの基本統計量やばらつき、データ・ビジュアライゼーションなどについて説明しました。本節からは、もう一つの統計学である、推測統計学に入りたいと思います。

■ さまざまな確率分布

　前節の冒頭で、推測統計学は得られた標本から母集団を推測する統計学であると説明しました。この推測を行うにあたって、確率の考え方を導入します。得られたデータの分布について、可視化方法としてヒストグラムをすでに説明しましたが、確率分布を用いることで母集団の分布が推測できるのです。

　確率分布とは、ある変数がとる値に不確実性がある場合、その値とそれが発生する確率を対応付けて数学の関数で表したものです。いかさまのないサイコロを振った場合、1から6までの値が出る確率がそれぞれ同等になるので、確率は1/6ずつになります。実は、このサイコロの目と出る確率も確率分布なのです。サイコロを1回振ったとき、1～6の目の出る確率は1/6と等しいため、このような分布は一様分布と呼ばれます。

　また、統計学を深く勉強したことのない人でも、「正規分布」という言葉は耳にしたことがあるのではないでしょうか。正規分布は、図3.3に示したような形状をしており、確率密度関数の下の面積が確率を表しています。平均値を中心とした左右対称の釣鐘の形をした分布であり、自然事象の多くがこの正規分布に従うと言われています。

図3.3 正規分布

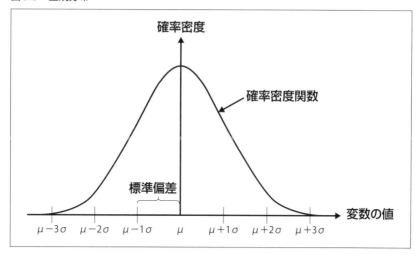

平均値を中心として左右対称ということは、「平均値に近づくにつれ生起確率が高く（発生しやすく）なり、逆に遠くなるにつれ生起確率が低く（発生しにくく）なる」ということを意味します。テストの点数や身長などをイメージすると、だいたい平均付近の人が多く、平均から離れるに連れて人数が少なくなるという印象をお持ちではないでしょうか。

後述する中心極限定理という、統計学において非常に重要な定理にも、この正規分布が登場します。さらに定理のみではなく、これから学ぶ多くの統計手法の前提にもなっているポピュラーな確率分布です。

実は、データが正規分布に従うとき、平均±標準偏差（σ）の間にデータの68.3%が、平均±2σの間に95.4%が、平均±3σの間に99.7%が収まることがわかっています。この性質を用いて推測を行うことを、この後説明していきます。

また、正規分布において平均が0に、分散が1になるように調整（標準化）した分布を、標準正規分布と呼びます。正規分布を標準化することで、平均と分散が異なった正規分布に従う別なデータでも、同じように扱えるようになります。標準化には、標準化変量（z）を用います。標準化変量は、個々のデータから平均値を引いたものを、標準偏差で除した値を指します。

正規分布以外にも、統計学では分布をさまざまな分類に定義しています。それぞれの確率分布は、その用途によって使い分けられます。表3.8で主要な分布を紹介します。

表3.8 主要な確率分布

		確率分布名	概要
確率分布	離散型確率分布	一様分布	とりうるすべての値の確率が等しいような確率分布
		二項分布	n回のベルヌーイ試行[2]における成功回数の分布
		ポアソン分布	n回（大きい）の試行で、まれにしか起こらない事象の生起回数の分布
	連続型確率分布	正規分布	平均μ、分散σ^2の左右対称で釣鐘型の形状をした確率分布
		標準正規分布	平均0、分散1に標準化された統計量zの正規分布
		カイ二乗（χ^2）分布	正規分布に従う複数の独立したデータから算出したz値をそれぞれ二乗して足し合わせたχ^2値の分布
		t分布	母分散が未知の場合に母分散の代わりに標本分散を用いて計算されるt値の分布
		F分布	2つの異なる独立したχ^2の比とその自由度から計算されるF値の分布

各分布は、用途や制約がそれぞれ異なっています。例えばポアソン分布は、一定の期間に起きる交通事故発生数や、一定時間内のサイトアクセス数など、ある期間内に発生する離散事象を扱った分布です。また、カイ二乗分布やF分布は、後述する仮説検定に使用されることで有名です。

表3.8以外でも、連続型分布のワイブル分布は、精密機器の稀な故障を表す場合などに使用されます。製造系の企業では、このような非常に発生しにくい事象分布を用いて、故障検知などを実施しています。確率分布は、私たちの身の回りの事象を確率的に捉えることを可能にしてくれるものであり、統計学では非常に重要な意味を持つ考え方なのです。

---

[2] 成功と失敗のような2つの種類の結果があり、かつ同時に起こらないような実験を同じ条件で独立に繰り返すこと。

大数の法則と中心極限定理

ニュースなどで世論調査の結果を見たときに、「世論アンケートに協力したことはないけれど、どんな人の意見が反映されているのだろう？」と思ったことや、ドラマ視聴率が◯％という数字を聞いたときに「視聴率ってどうやって調査しているのだろう？ 自分の家のテレビもカウントされているのかしら？」と疑問を持ったことがある人は少なくないのではないでしょうか。

そもそも、データを扱う場合、「今持っているデータがその調査対象の全量ではない」場合がほとんどだと考えられます。世論調査で日本全国民の意見を収集することはほぼ不可能でしょうし、医療の現場で得られるデータもすべての患者の情報を反映しているものではないでしょう。

統計学では、データの全量を母集団と呼び、そこから抽出されるサンプル群を標本と呼びます（図3.4）。さらに、母集団と標本それぞれの平均を「母平均」「標本平均」と呼びます。

世論調査のような大規模アンケートを実施する場合は、無作為抽出により3,000人～10,000人程度（調査内容によって異なる）を対象として選出し、調査データを収集しています。また、視聴率調査では、全国27地区のべ6,600世帯が無作為抽出され、調査対象とされています。

図3.4 母集団と標本

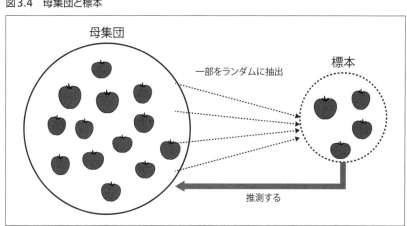

すべてのデータを集めることは困難ですので、サンプル調査をすることは自然かつ合理的です。しかし、「サンプル調査で十分な結果が得られるのか？」という疑問が湧く方もいるのではないでしょうか。

その疑問に答えるために、「大数の法則」と「中心極限定理」という、統計学で非常に大切な定理を説明します。

大数の法則とは、サンプルサイズを大きくすればするほど、標本平均は母平均に近づくという定理です。世論調査で、人数を増やせば増やすほど、その意見が真（日本全国）の意見に近づくことはイメージしやすいかと思います。

また、中心極限定理とは、母集団がどのような分布であっても、標本平均と母平均との誤差は、サンプルサイズを大きくすれば近似的に正規分布に従うという定理です。少しわかりにくいかもしれませんが、「仮に母集団データが正規分布に従っていなかったとしても、標本の数を増やせば、標本平均と母平均の誤差の分布は正規分布に近づく（＝平均を中心とした左右対称の分布になる）」ということです。仮に世論調査対象の母集団が正規分布に従っていなかった場合でも、サンプル数を増やせば、その平均は正規分布に従うので、正規分布を用いて推測できるということになります。

多くのサンプル調査では、この便利な定理の元、どの程度のサンプル数が必要であるかを考慮して実施されます。標本からとられた世論調査であっても、国民の意見を反映しているといえるのは、このような背景があるためです。

標本と母集団の関係を知る

続いて、前項で説明をしたことを用いて推測統計学を説明していきます。すべてのデータを調べるのが可能であれば最も正確ですが、現実世界ではそのような調査は困難です。そこで、未知である母集団から抽出された標本を用いて、母集団を推定するのです。

混同しやすい考え方ですが、母集団を対象にした統計量と、標本を対

象にした統計量は、別物であることを意識してください。例えば県の高校模試平均点は、その県でのみ試験が実施されていた場合は母平均です。しかし日本全国でも実施されていた場合は、1都道府県の平均にすぎず、母集団を代表した値ではありません。母集団に関する推測を行いたい場合は、母集団全体からランダムに抽出を行うのが基本です。基本統計量やその他のデータに触れる際は、その値がどのようなデータから算出されたものであるかを十分に意識する必要があります。

仮説検定のステップ

確率分布と母集団・標本の考え方にもとづき、母集団に対する「仮説」が統計的に見て確からしいかどうかを標本から確認する方法を、「仮説検定」といいます。あまり聞き慣れないかもしれませんが、統計学では検証したい事象を仮説と呼びます。例えば、新薬の投薬効果があるかどうかを知りたい場合に検定する仮説は「投薬効果がある」であり、販促キャンペーンを実施した場合としていない場合の売上に差があるかを知りたい場合の仮説は「キャンペーン効果がある」です。これら仮説を検証するために、統計手法である仮説検定を行います。

まずは検定のステップを説明し、後ほど検定の例を示しましょう。検定は、一般的に以下の4ステップで実施されます。

① 帰無仮説の設定
② 有意水準の設定
③ 検定統計量の算出
④ 判定

① **帰無仮説（H_0）の設定**

まずは検証する仮説を設定します。仮説設定では、検証したい仮説と反対の仮説「帰無仮説」を立て、この帰無仮説を棄却することによって、仮説を検証します。つまり仮説検定では、「検証したい仮説の正しさ」（これを「対立仮説」という）を確かめるのではなく、

「検証したい仮説の逆仮説（帰無仮説）が正しいとすると、入手した標本がどれほど稀で発生しにくい事象なのか」を確かめます。

例えば次の仮説の場合、「販促キャンペーンに効果がなかった」が正しくないことを証明します。

検証したい仮説（対立仮説）：販促キャンペーンの実施前後で売上に差があった（効果があった）

棄却すべき帰無仮説：販促キャンペーンの実施前後で売上には差がなかった（効果がなかった）

② **有意水準の設定**

帰無仮説を棄却する範囲の確率（有意水準α）を定めます。有意水準は5%もしくは1%に設定することが一般的です。帰無仮説を正しいとしたときに、対象データから算出した統計量の値が得られる確率が有意水準を下回ると、仮説を棄却します。つまり、仮説から得られるとはあまり考えられないデータであると判断する閾値が、有意水準です。有意水準によって定められる、帰無仮説が棄却される範囲を「棄却域」といい、その境界の値を「限界値」といいます。

なお、検定には片側検定と両側検定があり、両側検定における有意水準は左右それぞれ$\alpha/2$（つまり合計してα）です。

③ **検定統計量の算出**

対象データから、検定に使用する統計量（Z値、t値、χ^2、F値等）を算出します。算出する統計量は、検定内容と使用手法によって異なります。統計量の代表例は次のとおりです。

Z値・t値：平均値の差の検定

χ^2値：独立性の検定、適合度の検定

F値：等分散性の検定　等

なお、仮説検定には、母集団がどのような確率分布に従っているか、そして使用する統計量がどのような確率分布をするかの判断がとても重要です。検定を実施する際は母集団の分布に適切な仮定を置くことと、適切な手法を選ぶことが必要です。

④ **判定**

設定した有意水準において、算出した検定統計量が棄却域に入った場合は、帰無仮説は棄却され、対立仮説（検証したい仮説）を支持する結果が得られます。有意水準5%において「販促キャンペーンの実施前後で売上には差がなかった（効果がなかった）」という帰無仮説が棄却された場合は、販促キャンペーンには効果があった証拠が得られます。

算出された検定統計量から導かれる帰無仮説から標本データもしくはそれ以上離れたデータが得られる確率をp値と呼びます。帰無仮説からこの標本データが発生するのは稀な事象であることを意味し、対立仮説（検証したい仮説）を支持する証拠となるわけです。

なお、仮説検定の判定において、「帰無仮説が正しいにも関わらず、棄却してしまう」ことを、「第一種の過誤」と呼びます。そして、第一種の過誤を起こす確率を「危険率」と呼びます。逆に、「帰無仮説が間違っているにも関わらず、受容してしまう」ことを、「第二種の過誤」と呼びます。

仮説検定のステップは以上です。

仮説検定の例

ステップの説明のみでは、実際の検定をイメージしにくいかと思いますので、実際にどのように使用できるのか、例を示します。

例えばこのような会話が繰り広げられた場合を考えてみましょう。

A子さん「季節の変わり目って、肌の乾燥がひどいんだよね。でもWebに書いてある対処法ってバラバラで、何を試せばよいのか全然わからないよ」

B美さん「効果なんてどれも同じなんじゃない？ 要は気分だと思う」

C奈さん「そんなこと言わないで。効果があるって聞いて新発売の美顔器買っちゃったんだから！ 結構いい値段したし、効果がなかったら悲しくなっちゃう」

B美さん「じゃ、美顔器が本当に効果があるのか私たちで試してみればいいんじゃない？」
全員「試したいけど……どうやって？」

ステップ①：帰無仮説の設定

さて、このような場合、仮説検定を用いるとどのようになるのでしょう。まずはステップ①「帰無仮説の設定」から実践してみましょう。

帰無仮説は、検証したい仮説の逆を設定するのでしたね。ゆえに、この場合、私たちが棄却されてほしいと考える帰無仮説は「美顔器には効果がない」となります。

帰無仮説（H_0）：「C奈さんの購入した美顔器には効果がない」

つまり、美顔器使用グループ肌水分量平均（μ_x）と、未使用グループの水分量平均（μ_y）に差がない、ということを意味します（$H_0: \mu_x = \mu_y$）

ステップ②：確率の算出

次に有意水準を定めましょう。

今回は両側検定の有意水準 $\alpha = 5\%$ とします。つまり、帰無仮説が両側5％以下で棄却されれば、有意であると判定されるのです。

ステップ③：検定統計量の算出

帰無仮説を立てて、有意水準を決めたら、データを集めて統計量を算出します。サンプル数や母集団の正規性などによって、用いられる検定手法は異なります。今回は説明のために、最も一般的な t 検定（母集団の分散が未知で、サンプル数が少ない場合の平均値の差の検定）を実施しましょう。

会話していた3名が、友人17名に呼びかけて、美顔器を1ヵ月使用するグループ10名と、しないグループ10名に分け、肌水分量の測定を

実施した場合のデータが表3.9です。なお、グループ間での水分量の差異や、外的要因なども存在すると考えられますが、今回は検定の例示のため、考慮しないこととします。

表3.9 美顔器を使用・未使用のグループのデータ

	美顔器を使用したグループ (n_x=10)	使用していないグループ (n_y=10)
肌水分量平均	74.02 ($\bar{X}$)	70.61 ($\bar{Y}$)
標準偏差	3.27 (s)	-
t値 = $\left(\dfrac{\bar{X}-\bar{Y}}{s\sqrt{1/n_x+1/n_y}}\right)$	2.32	-

自由度（10 + 10 - 2）は18となりますので、ここで算出されたt値（t=2.32）と自由度18を用いて、帰無仮説が棄却可能か判定していきます。

ステップ④：判定

t検定に用いられるt分布表によると、自由度18の α =0.05（5%）の場合の限界値は2.10であることから、今回算出されたt値2.32は棄却域に入ることがわかります。つまり、帰無仮説は有意水準5%の両側検定において、棄却されました（図3.5）。このときのp値は0.032でしたので、確かに有意水準5%よりも下回っていることがわかります。

図3.5 検定結果

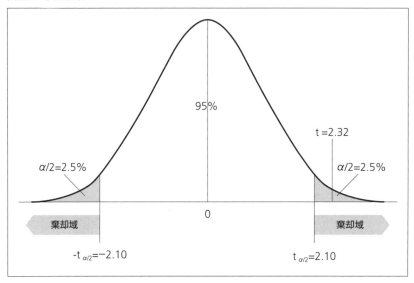

この結果を根拠として、B美さんの購入した美顔器は、肌水分量という点からは「効果がある」と判断できました。

C奈さん「よかった！！　この美顔器、良い買い物だったってことだよね」
A子・B美さん「(私も買おうかな……)」

いかがでしょう。検定を使用するイメージを持っていただけたでしょうか。ビジネスの場でも、簡単な効果測定であれば検定で対応可能な場合もあります。

今回のように、分散未知の2群の平均の差を検定する場合もあれば、母分散の比を検定したり、はたまた独立性の検定をしたりする場合もあります。目的とデータの特性によって、検定を有効に使い分けることが重要です。

また、検定の考え方は、さまざまな分析手法の中に多く散りばめられていますので、理解することをおすすめします。

4 ベイズ統計を知る

頻度主義とベイズ主義

ここまで紹介した仮説検定や手続き型の分析手法は、統計学の学術上の分類で「頻度主義」と呼ばれる系統に属します。それに対して「ベイズ主義」と呼ばれる、統計モデルの未知のパラメータを確率を用いて推測する統計手法の分野があります。

統計学の研究においては大きく分けてこの二つの系統に分類され、互いに論争が続いていました（表3.10）。今までの主流は頻度主義でしたが、以降で紹介するベイズ統計の応用によって、その有用性が着目されたこともあり、近年ではベイズ主義も脚光を浴びています。

表3.10 頻度主義とベイズ主義の違い

	頻度主義（統計的仮説検定）	ベイズ主義（ベイズ推定）
支持した学者	イェジ・ネイマン、エゴン・ピアソン、ロナルド・フィッシャーなど	トーマス・ベイズ、ハロルド・ジェフリーズなど
データの考え方	データは繰り返しの実験で得られるとし、試行のたびに確率的な変動がある	すでに得られたデータxは確定しているため確率的な変動はなく、定数として扱う
確率分布の考え方	データが得られている状態では、確率分布も確定しているので、パラメータθは未知ではあるが確定値である	確率分布のパラメータθは未知なので、確率で表現する
判断の方法	仮説を設定し、その仮説からデータが生成されたとしたときの確率を使用して、仮説を支持するかどうかの判断を行う	確率分布のパラメータθを確率変数として扱うため、母集団に対する推測結果が分布として得られる。この分布の最頻値や平均値、確信区間などを用いて判断を行う

ベイズの定理

　ベイズ統計を知る上で必要な確率の考え方について、例をあげて説明します。

　例えば、工場にて100個の部品を生産したとします。そのうち、10個が不良品で90個が良品だったとします。このとき、ランダムに部品1つを選び出したとき、不良品である確率「$p(不良品)$」はいくらでしょうか。10 ÷ 100 = 0.1、つまり10%ですね。

　続いて、この部品は表3.11のように3箇所の工場で生産されていたとします。このとき、ランダムに部品1つを選び出したとき、熊本工場で生産された不良品であった確率「$p(不良品, 熊本工場)$」はいくらでしょうか。5 ÷ 100 = 0.05、つまり5%です。このように二つ以上の事象が同時に発生する確率を「同時確率」と呼びます。

表3.11 各工場で生産された部品の不良品・良品個数

	熊本工場	大分工場	福岡工場	合計
不良品	5	2	3	10
良品	40	23	27	90
合計	45	25	30	100

　では、熊本工場で生産された全部品の中からランダムに部品1つを選び出したとき、それが不良品である確率はいくらでしょうか。このとき、分母は45で考えればよいので、5 ÷ 45 ≒ 0.111、つまり11.1%です。これを「条件付き確率」といい、「$p(不良品|熊本工場)$」の式で表し、「p 不良品 given 熊本工場」のように読みます。

　ベイズの定理は図3.6の式で示されます。

図3.6 ベイズの定理

$$p(\mathrm{A}|\mathrm{B}) = \frac{p(\mathrm{B}|\mathrm{A})p(\mathrm{A})}{p(\mathrm{B})}$$

式を見ると、左辺が$p(\mathrm{A}|\mathrm{B})$であるのに対し、右辺は$p(\mathrm{B}|\mathrm{A})$のように逆となっています。前述の不良品の例をあげると、$p($熊本工場$|$不良品$)$、つまり、全工場で生産された不良品から、ランダムに部品1つを選び出したときに、それが熊本工場で生産された不良品である確率は

$p($熊本工場$|$不良品$)$
$= (p($不良品$|$熊本工場$) \times p($熊本工場$)) / p($不良品$)$
$= (0.111\cdots \times 0.45) \div 0.1 = 0.5$

つまり50%となります。これは、ベイズの定理を使わずに計算した、5÷10=0.5＝50%と一致します。

　ここで、この式の意味を考えてみましょう。通常、確率というものは、不確実性を生み出す原因があり、そこから結果が決まると考えた方が自然です。今回の例で言うと、熊本工場がある一定の生産品質を有しており、すべてが良品とはいかず、ある程度の不良品を出してしまいます（原因）。そこで生産された製品（結果）から不良品率というものが算出されるという考え方です。これは自然な因果関係だと思います。これを順問題といいます。

　しかし、ベイズの定理は逆の考え方です。観測したのは不良品です（結果）。生産（原因）自体はすでに完了しています。事後の観測されたデータから、それを生み出したものが何であるかを推測する問題となっているのです。こういった問題を、逆問題と呼んだり逆確率と呼んだりします。

　また、いま手元にある部品が不良品かどうか、情報がなくてわからないとします。熊本工場から生産されたものを取り出す確率は、表3.10

より、100個の部品のうち45個を取り出す確率なので、45%です。しかし、手元にある部品が不良品であるという情報を手に入れると、ベイズの定理より、50%であると計算できました。新たな情報を得て、確率を更新することができるのです。これを「ベイズ更新」と呼びます。

ベイズ推定

ベイズの定理を確率分布の推定に応用したものにベイズ推定があります。図3.5の式で使われた事象Aと事象Bを、確率分布のパラメータ θ と、入手しているデータ x に読み替えます（図3.7）。

図3.7　確率分布に対するベイズの定理

$$p(\theta|x) = \frac{p(x|\theta)p(\theta)}{p(x)}$$

この式は、データ x を手に入れたときに、確率分布のパラメータが θ である確率を表しています。

図3.7の式で、右辺の $p(x|\theta)$ は確率分布のパラメータが θ であるときにデータ x が発生する確率です。ただし、データ x は既に発生してしまっているので値が確定しています。この場合 $p(x|\theta)$ は確率ではなくなってしまっているので、これを「尤度」（ゆうど、Likelihood）と呼びます。また、$p(\theta)$ は「x によらず、θ が得られる」であり、「事前確率」（Prior distribution）と呼びます。そして左辺はデータが得られた後にわかるパラメータ θ の確率なので、$p(\theta|x)$ を「事後確率」（Posterior distribution）と呼びます。

データが確定していることから $p(x)$ は定数なので、式から、事後確率は尤度と事前確率の積に比例するといえます。したがって、ベイズの定理は、以下のようにも表すことができます。

事後確率 ∝ 尤度 × 事前確率
（∝：左辺の値は右辺の値に比例することを表す）

これは、確率の値そのものを知ることよりも、さまざまなθの値のときの事後確率の比率のみわかれば、確率の値がなくとも判断ができるときに、非常に有用です。$p(x)$を計算するのが困難なことは、しばしばあります。

では、この事後確率とはどのように求めることができるのでしょうか。プログラム等で用いられる通常の確率分布では、xを確率変数とした計算をすることはできますが、確率分布のパラメータθを確率変数として扱えるプログラムライブラリは多くありません。それを計算できるようにしたのが、MCMC（マルコフ連鎖モンテカルロ法）という手法です。この手法により、コンピュータを用いて乱数を使ったシミュレーションを行うことでパラメータを推定できます。

図3.8は、ある観測値から正規分布への当てはめを行った際のパラメータ推定のイメージです。

図3.8 ベイズ推定のイメージ

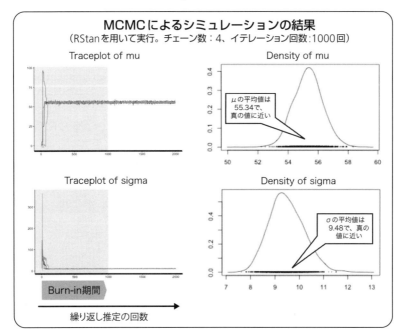

このようなシミュレーションを実行するためのソフトウェアとしては、これまでWinBUGSやJAGSなどが知られていました。近年は、2013年頃に登場したStan（http://mc-stan.org/）が、高速かつ多くのOSに対応していることから、ベイズ推定ソフトウェアのなかでシェアを増やしています。これらのような確率モデルを使って推論を行うプログラミング言語を、確率的プログラミング言語と呼びます。

Stanはコードをマシン語にコンパイルして実行するため高速に動作します。また、パラメータ推定に物理学のエネルギーの考え方を用いて効率の良いパラメータ推定を可能とした、ハミルトニアン・モンテカルロ法を実装しているという特徴があります。

ベイズの応用事例

ここまで、ベイズ統計学の理論的な側面とその計算方法を中心に紹介しました。ベイズの応用例として、主要な応用事例を表3.12に取り上げます。

表3.12 ベイズ統計/ベイズ推定のビジネスシーンにおける主要な活用例

活用例	どのようにベイズ統計/ベイズ推定が活用されているか
スパムフィルタ（ベイジアンフィルタ）	メールソフトやメールサーバに搭載される迷惑メールの判別機能。メールに含まれる単語がどのくらいの確率で「迷惑メールらしい単語」か、という数値を連続的に掛け合わせることで、最終的に受取ったメールが迷惑メールかどうかを判別する。このような単純ベイズ分類器を応用して、文書分類などにも応用可能。
項目反応理論	学力テストや心理テストなどにおいて、受験者の能力がある分布に従うと仮定し、各問題の正解・不正解データから、能力値を確率的に求める。また、各問題の潜在的特性（難易度や識別力など）を推定することもできる。これによって、異なるテスト問題であってもスコアの比較が可能になり、優れた問題とそうでない問題を識別することが可能になる。
複雑な統計モデルのパラメータ推定・階層的な統計モデルのパラメータ推定	例えば、コンビニエンスストアの日販（1日あたりの売上金額）を高い精度で予測するには、天候や店舗の広さだけでなく、周辺のオフィスや学校の数など地域のポテンシャルなどを加味した複雑なモデルや階層的なモデルを定義することがある。ベイズ推定では、このような複雑なモデルであってもパラメータ推定が可能であり、欠品や廃棄ロスの削減に活用できるほか、新規店舗の出店箇所の選定や顧客層を考慮した店舗設計にも活用可能である。

以上が、一般的な統計知識の説明です。一般的な統計知識とは、データを活用するための土台の知識といえます。具体的な分析の方法は第Ⅱ部の実践編で紹介します。

第4章 課題の定義、仮説立案

本章では、分析プロジェクトを進める上で欠かすことのできない課題定義・仮説立案を中心に、プロジェクトの進め方について解説します。この前の第3章では、分析で必須となる一般的な統計知識について説明しました。ご紹介したとおり、分析目的に応じてさまざまな統計手法が存在します。それらの手法をうまく当てはめるために、分析を始める前には必ず達成すべき目的は何かを定めて適切な手法やデータを選ぶ必要があります。本章では、目的を設定する課題定義・仮説立案からデータ分析後の運用までの各プロセスについて、ケースや事例を交えながら説明していきます。

1 アナリティクスアプローチの概要

ここ数年、企業内に多くのデータが蓄積されるようになりました。企業外のデータについても、政府によるオープンデータ化の推進や、IoT（Internet of Things）市場の拡大により、取得可能なデータが増加しています。また、ビッグデータへの注目度の高まりから、大学での統計分析に関する講義や「ビジネス統計基礎講座」のような社会人向けトレーニングが増加しており、統計に関する基礎知識を持つ人材が市場に増えつつあります。アクセンチュアにおいても、文系・理系問わず、「大学で統計を学んだ」「データ分析をして論文を書いた」という若手が増えました。

近年のデータも人材も、そしてツールも揃ったこのような環境は、まさに「いつでもアナリティクスプロジェクトをスタートできる環境」であるといえます。

確かに、データと人材が揃った環境であれば、手近なデータを分析し、統計的に有意な結果を得られるでしょう。しかし、拙速に始めても大きな効果は得られません。「分析プロジェクトを通じて達成したい目標は何か」という大きな絵姿（ビッグピクチャー）の設定が成果の質を決めるからです。

例として、ある仮想のストーリーを立てましょう。皆さんがコンビニのフランチャイズを展開する企業の一員である、ということを想定し、以下の課題が与えられたと想定してください。

● **課題**：関東地方の店舗における売上が芳しくなく、改善したい

売上不振の原因については、さまざまな要因が考えられるでしょう。店舗の立地が悪い、店員の態度が悪い、品揃えが悪い、競合店が目の前にできた、商品の鮮度が顧客の期待するレベルにない……など。

しかし、これらの事象のうち、何が大きく営業数値に影響を与えているのかは、まず正しく状況を「可視化」しないとわかりません。正しく状況を俯瞰して、細かな要因を把握せずにミクロ的視点だけで「から揚げ弁当の売上と店舗全体の売上は正の相関関係にある」という分析結果を得たとしても、意味がないのです。それらの分析作業は苦労の割に報われず、無駄になってしまいます。仮に、から揚げ弁当が店舗の売上に占める割合が、わずかだったとしたら、「売上UPのため、から揚げ弁当の製造数を倍にする」という判断を下しても当初課題に対応する回答とはなっていないのです。

故に、まずは現実性のある目標を立てなければいけません。そのためには、実際の店舗の売上の状況を正しく把握し、そこから自らを奮い立たせるような大きな絵姿を描き、その目標に至るには何が必要か、ということを理解する必要があるのです。

例えば、それは上意下達的に下された「関東地方の売上の数値を現在

の2倍にしたい」という漠然とした目標でも構いません。大切なのは、そこから実際に2倍にするにはどうすればいいのか、何を変えればいいのか、商品か店員かサービスレベルか、といった細かな要素にブレークダウンして、具体的な要素ストーリーに落とし、行動につなげていくことです。そこで初めて、分析という作業が必要になってきます。

　現場の状況を全く考えないデータ分析は単なる数字遊びに過ぎません。アナリティクスプロジェクトで最も大切なのは上に挙げた「売上を2倍にする」といった、大きな目標、すなわちビッグピクチャーの設定です。

2 アナリティクスプロジェクトの流れ

アナリティクスプロジェクトを成功させるために欠かすことのできないステップは3つあります。

①発射台・標的の設定
②データ分析
③運用

図4.1 アナリティクスプロジェクトの流れ

出典：アクセンチュア作成

①発射台・標的の設定

第1ステップである「発射台・標的の設定」では、アナリティクスプロジェクトの目的を設定する「課題定義」「仮説立案」と、データ分析ステップの下準備である「データ収集・加工」を行います。

- **課題定義**：分析プロジェクトで取り組む課題を明確化する
- **仮説立案**：課題を解決するための要件を明確化する
- **データ収集・加工**：データ分析で使用するデータの収集と加工を行う

課題定義は、先述したアナリティクスプロジェクトで最も大切な「目的」を設定するプロセスに該当します。プロジェクトの大きな目的は何か、それを解決するために明らかにすべきことは何かを定義します。次

に、その課題において具体的な問題箇所を解決するための仮説を立てます。この課題定義と仮説立案がプロジェクトの指針を決めるといっても過言ではありません。

そして、その次に来るデータ収集・加工も、データ分析のステップを成功させるために欠かすことができないプロセスです。そもそも課題や仮説を定義しても分析するためのデータ自体が存在しなかった場合には何もできません。また、形式上データが揃っていたとしても、中身を確認すると品質が悪くてとても分析に使えないこともあります。詳細は第5章で述べますが、分析の品質やスピードの8割は、データの収集・加工が決めると言ってもよいくらいです。

我々は、アナリティクスプロジェクトをロケットの打ち上げに見立てて、これら3つの重要なプロセスを合わせて「発射台・標的の設定」と呼んでいます。

②データ分析

発射台・標的の設定後は、第2ステップである「データ分析」へ進みます。このステップでは、仮説を検証する「データ探索」と、得られた結果から課題に対する施策を検討する「打ち手検討・モデル構築」を行います。

- **データ探索**：立案した仮説をさまざまな分析手法を用いて検証する
- **打ち手検討・モデル構築**：データ探索で得られた結果を解釈し、課題解決に向けた施策を立案・必要に応じて分析モデルを構築する

データ分析のステップでは、基本的に、発射台・標的の設定で立案した仮説を検証し、検証結果から課題解決に向けた打ち手を検討します。しかし、実際に作業を進める中においても新たな示唆を得られることがあります。データ分析のステップは、仮説を検証すると同時にデータから新たな気付きを得るプロセスでもあるからです。その場合、回り道になるように感じますが、一度仮説立案プロセスに立ち返ることになりま

す。新しい示唆から得られた仮説と他の仮説とを見比べて、何を分析する必要があるか検討しなければなりません。データ分析は、データを解析するステップであると同時に、発射台・標的の設定で検討した内容をブラッシュアップするプロセスでもあります。

③運用

データ分析後は、第3のステップである「運用」へ進みます。このステップでは、立案した施策に基づき「業務プロセスの変更」や作成した分析モデルの「評価・運用」を行います。

- **業務プロセスの変更**：課題解決に向けた施策に基づき、業務プロセスを変更する
- **分析モデルの評価・運用**：運用後、分析モデルが想定どおりの結果を残しているか評価、ならびに環境変化に応じた分析モデルのチューニングを行う

運用ステップでは、今まで机上で考えてきた施策を実行に移します。どんなに素晴らしい分析結果を得ても運用で躓いてしまっては当初の目的である課題を解決することができません。運用は、アナリティクスプロジェクトにおいて最後のひと踏ん張りのステップとなります。

以上の3つのステップについて、次節より詳しく紹介します。

発射台・標的の設定

いかなる企業も、その経営の目指すところ、すなわち「ビジネスゴール」を持っていることでしょう。先のコンビニの例でいえば「関東地方の売上を改善したい」とか、メーカーの例でいえば「次年度の利益を20％増加させたい」「海外市場におけるシェアを3割に押し上げたい」「製造コストを1年で10％削減したい」など、そのゴールは企業の経営方針や市場動向等によってさまざまです。

ビジネスゴールの達成のために、私たちが「発射台・標的の設定」が最も重要だと考えているのは、設定したゴールから仮説の検証作業にブレークダウンしたときに、何を分析するのかわからなくなり延々データから「新しい何か」を見つけようとして泥沼にはまってしまう、ということを防ぐためでもあります。換言すれば、ハイスペックな基盤や高度な手法を用いても、この発射台と標的が曖昧なままでは、ビジネスゴールの達成にはたどり着きません。

図4.1で示したように、発射台と標的の設定として、私たちは「課題定義」「仮説立案」「データ収集・加工」を推奨しています。以下、それぞれのステップについて詳しく説明します。

課題定義

「課題定義」とは文字どおり、ビジネスゴールの達成のために、企業が解決すべき課題を明確に定義することを意味します。

「課題定義などは、プロジェクトを進める上で当たり前のことではないか」と思われるかもしれません。しかし、実際に私たちがクライアントから受ける依頼には、「データを使って何かしてほしい。蓄積したデータを何かに使いたい」というものも多くあります。

もちろん、データありきでプロジェクトが始まることが悪いわけでは

ありません。しかしそのような場合でも、保持データの適用領域を見定め、どのような課題に対して活用できるのかを定義することがまず必要となります。課題定義をせずに、やみくもにデータ探索をしてしまい、「結局この分析結果から何が得られたのだろう？」という結末になると、分析にかけた工数や蓄積されたデータが無駄になってしまいます。データをいかに「役立つ」ように使えるか、それはこの課題定義にかかっているのです。

筆者は今まで、課題先行型とデータ先行型の両方のプロジェクトを経験しました。どちらの場合にも言えることは、日本ではプロジェクトの開始時点で課題定義ができている企業はまだまだ少ないということです。

実際に支援させていただいたプロジェクトでは、分析業務のみでなく、この課題定義から支援したケースがほとんどです。クライアントとチームを組み、お客様の視点と弊社データサイエンティストの視点を合わせることで、課題が明確になり、その後続となる仮説検証作業をより効率的・的確に行えるようになるのです。

課題定義のステップ

具体的な課題定義方法として、私たちは表4.1の2つのステップを実施しています。まずは企業の現場から課題をさまざまな視点で抽出し、抽出した課題を具体化します。さらに、課題の中から優先的に取り組むべきものを選定することで、プロジェクトスコープを決定します。

表4.1 課題定義の2つのステップ

課題設定ステップ	作業のポイント
課題の洗い出し・詳細化	● 対象業務（部門/部署）の有識者にヒアリング、課題を抽出・リストアップ ● 対象業務に関わるなるべく多くの部門から課題を抽出し、さまざまな視点・意見を盛り込む ● 抽象的な課題が多い場合は、より具体的な内容となるよう明確化
課題の優先順位付け	● リストアップした課題を、全社への影響度・効果・緊急性の高さを考慮して優先度付け ● 優先度付けには、マネジメント層・現場の双方の視点を取り入れる

オーダーオブマグニチュード

　課題の優先順位付けのポイントである課題の全社への影響度・効果・緊急性について、私たちが大切にしている考え方をご紹介します。その1つが「オーダーオブマグニチュード」です。これは、課題を解決した場合の効果の大きさ（規模）を大まかに把握することで、その効果の大きな課題から取り組むという方法です。

　コンビニフランチャイズの例を再度確認しましょう。課題として挙げられたのは以下のものでした。

- **課題**：関東地方の店舗における売上が芳しくなく、改善したい

しかし課題抽出時には、以下のように他の課題候補も出ていたとします。

- **課題候補1**：関東地方の店舗における売上が芳しくなく、改善したい
- **課題候補2**：関西地方の新規店舗の売上が伸び悩んでおり、改善したい

　内容だけ見ると、両候補とも重要な課題であると考えられます。しかし、両地域の売上を比較した結果、関東と関西では売上比率が70%：30%であり、店舗数が65%：35%、さらに関西の新規店舗は全体店舗数の5%に満たないことがわかっている場合はどうでしょう。当然関東

のほうを優先しましょう、ということになります。

パレートの法則

このような課題の優先順位付けを行う際によく用いられるのが「パレートの法則」です。「20：80の法則」とも言われるこの法則は、成果の大半は少数の施策によって達成されるという、「選択と集中」をポイントとしています（図4.2）。

効果として大きいことが期待される施策であったとしても、その施策を打つこと自体の難易度が高い場合は効果を得るまでに時間がかかってしまいます。そこで、パレートの法則の考え方を取り入れ、課題解決時の効果の大きさと、そこにかける分析作業の難易度、打ち手の即効性を軸として、最も有効な課題を選択することが大切です。

図4.2　パレートの法則

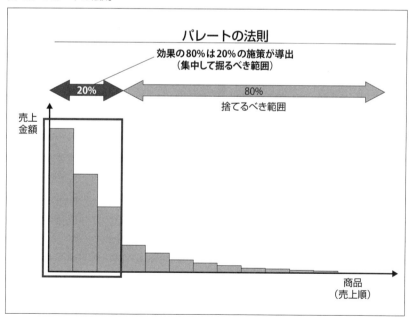

仮説立案

次に必要となるのが仮説立案のステップです。

実際の分析プロジェクトでは、なるべく多くの仮説を収集することに時間を割きます。「仮説立案よりも、データ分析にすぐに入ったほうが時間の有効活用なのではないか？」と思われる方も多いかもしれません。しかし、分析仮説を元にデータ探索に入ることが標的達成の近道になる例は非常に多く、逆に仮説立案を蔑ろにしたまま分析に入るほうが後々手戻りが多く発生して工数増加に陥りやすいことを、経験から学んでいます。

筆者が担当したプロジェクトでは、多くの場合、仮説は現場担当者から上がります。現状、多くの企業の現場では、定量化されていない経験や勘のようなものが業務を回している場合が多く、担当者もその現場の経験や勘にプライドを持って働いていると考えられますし、現場の生きた声は分析を担当する者にとって非常に大切なインプットとなります。一方で、近年ビッグデータ活用やデータドリブンの経営示唆をメインとした業務を目指そうと、経営層はデータ活用の可視化やプロセス化を推し進めています。

筆者は、日本企業が持つ現場力とビッグデータの融合が今後非常に重要であり、この仮説立案のステップこそ、その現場の力を分析に反映する一番の場面だと考えています。

仮説立案ステップ

私たちは表4.2の2つのステップで仮説立案を実施しています。課題定義のときと同様に、まずは現場担当者や関連人物から仮説を抽出し、検証する仮説を絞り込むことで、分析作業の要件を揃えます。

表4.2 仮説立案の2つのステップ

仮説立案ステップ	作業のポイント
課題に紐づく仮説の洗い出し・詳細化	● 対象業務（部門/部署）の有識者・業務担当者と共に課題に紐づく仮説の洗い出し ● 仮説の要素に対する詳細化 ● 網羅性/理論性を意識し、ヒアリングや外部から得た情報を構造化
仮説検証方法の検討・仮説絞り込み	● 仮説検証に必要なデータ項目・量が揃っているかを確認し、検証可能な仮説を絞り込む ● 仮説検証方法に適した検定手法の選定

　仮説の洗い出し・詳細化では、業務有識者からの意見が非常に重要となります。

　引き続き、「関東地方の店舗における売上が芳しくなく、改善したい」という課題を解決する場合を考えてみましょう。おそらく業務知識に乏しい分析者が1人でデータと向き合ったところで、課題に対して効果的な検証方法を見つけ出すのは困難です。しかし、実際の関東地方の店舗担当者にヒアリングをし、以下の仮説を共有してもらった場合はどうでしょう。

- **仮説アイデア1**：関東は、他地域よりも夕刻の調達内容が定番商品に偏っている可能性がある
- **仮説アイデア2**：常連の20代～30代前半の顧客は、いつも買っていく品物と似た新商品を買う傾向にある
- **仮説アイデア3**：特に、関東地域は客数に変化はなく、単価が上がっていないと考えられる
- **仮説アイデア4**：最近の傾向として、新商品は定番商品よりも価格を高く設定しているが、関東地域の夕刻売上はあまり芳しくない

　ヒアリング内容から、「品揃え」「年代」「単価」「新商品・定番品」「時間帯」など、仮説（要件）の軸が浮かんできます。これらの軸から仮説を整理し、深掘ることで、仮説が詳細化されるのです（表4.3）。特に5W1H（いつ、どこで、誰が、何を、なぜ、どうやって）などの観点で言葉を分解し、その要素を変えていくことで、さまざまな仮説が浮かん

でくるはずです。さらに個別の仮説を検証するにあたって利用可能なデータの検討や、プロジェクトによっては検証方法の検討を経て、分析プロジェクト内で実際に検証する仮説を絞り込みます。

表4.3 仮説の設定

課題	関東地方の店舗における、売上が芳しくなく、改善したい
仮説	● 関東は、他地域よりも夕刻の調達内容が定番商品に偏っており、それが売上の伸び悩みに関係している可能性がある ● 年代別にみると、関東の夕刻のメイン層は20代・30代となっており、年代が売上の伸び悩みに関係している可能性がある ● 関東地域は客数に変化はなく、単価が上がっていないことから、単価の低迷が売上の伸び悩みに関係している可能性がある ● 新商品は定番商品よりも価格を高く設定していることが売上の伸び悩みに関係している可能性がある
必要データ	商品マスタ／在庫実績／販売実績／入荷実績／顧客の購買履歴／従業員情報

　仮説立案によって分析の要件が整理されれば、次はどのようにしてデータを集め、加工するかという、より具体的なステップに進みます。分析プロジェクトでは、データの準備に工数が必要となりますので、課題定義・仮説立案をいかにしっかりと固めるかが、分析全体の流れを良くするカギとなります。

　今回の例で言えば、そもそも関東地方の売上データが存在しないと話になりません。また、商品ごとに細分化されている必要がありますし、年代別のデータが取れている必要もあります。他地域との比較上、他地域でも同様の粒度のデータが必要でしょう。さらには、何が新商品で何が定番か、といった定義も必要になってくるでしょう。

データ収集・加工／分析基盤の準備

　分析プロジェクトの失敗談として、以下のような話をよく耳にします。

- あると思っていたデータが実際にはなく、分析ができなかった
- 頑張って分析用プログラムを作ったが、処理時間がかかり過ぎて必要な期限までに結果を得られなかった

- データはあったが、分析するためには多くの加工作業が必要となり、想定していたスケジュールを大幅に超えてしまった

これらの失敗はすべて、データ分析ステップに入る前の準備不足が原因です。検証する仮説に見合ったデータと環境の準備ができていないと、データ分析に入った際に、手戻りやスケジュール遅延を招きます。

少しでもリスクを減らすためには、あらゆる方向からデータの品質や分析環境の性能を見極め、準備を進めなければなりません。

では、データ収集・加工／分析基盤の準備で具体的に何をする必要があるか、先ほどのコンビニフランチャイズを例に説明します（表4.4）。

表4.4 コンビニフランチャイズの仮説

課題	関東地方の店舗における売上が芳しくなく、改善したい
仮説	年代別にみると、関東の夕刻のメイン層は20代・30代となっており、年代が売上の伸び悩みに関係している可能性がある
必要データ	商品マスタ／在庫実績／販売実績／入荷実績／顧客の購買履歴／従業員情報
データ注意点	購買履歴は会員カード保持者のみ取得可能。販売実績には、年代と性別が付加情報として記録されている ※ただし、手入力

この仮説は一見すると、データさえ揃えば簡単に検証ができそうです。しかし、データは実際に確認するまで信頼できません。レジ担当者が顧客の年代を適当に入力した影響で、データが正確でない可能性や、会員情報に欠落があり利用できないといった品質上の問題がある可能性があるからです。ときにはPOSレジの故障によるデータの欠落もあるかもしれません。そのために、まずはサンプリングが大事です。とにかくまずはデータの一部でも良いので、実際に必要なデータが揃っているかどうか、検証対象が明らかになった時点で実データを見てみましょう。

もし、データが満足に揃わないのであれば、データを置き換えたり除外したりして、まずは何とかできる範囲内で行えることを考えましょう。長期的に考えれば、現場の入力担当者への分析への協力依頼や、精

度を上げるための啓蒙活動等も必要になってくるでしょう。

　こうした努力の結果、データ収集の目途が付いた後にようやく分析環境の準備に入ります。近年、データ蓄積方法や分析処理基盤のバリエーションが増えており、分析環境の選択に専門的な知識が必要になってきました。以前なら、「マシンを購入し、アプリケーションやリレーショナルデータベースをインストールして使う」のが一般的でしたが、それは徐々に変わりつつあります。

　クラウド環境の利用が一般的になり、分析処理基盤としてOSS（Open-source Software）が広く使われるようになりました。また、データの蓄積方法も、従来のリレーショナルデータベースだけではなく、非構造化データをそのまま格納できるHadoopなどのNoSQLデータベース製品の存在感も高まってきました。データを格納するソフトウェアという観点で、以前より、環境構築において選択の幅が広がっているといえます。

　今回の例においても、スケジュールや予算、分析対象データの種類や規模、メンバーのスキルセットなどを見極め、価格の面や拡張性の面、サポートサービスの面などを考慮し、環境を選択します。また分析担当者は、情報システム部のクラウド基盤担当者や、大量データ分析経験のあるデータ分析担当者に知見を仰ぎ、分析に最適な環境を構築する必要があります。

　が、まずは小さく初めて大きく広げることを考えます。いきなり大規模な環境を用意するのではなく、パイロット的に小さな環境を作り、そこで得た示唆を見せていくことで協力者を広げていくことが大事です。分析者は、必ずしもシステムに詳しい必要はありませんので、できる限り有識者への協力を仰ぎましょう。

　なお、データ収集・加工については第5章、分析基盤の準備については第6章で詳細に解説します。

データ分析

検証する課題と仮説が明確になり、分析環境の準備が終わったら、いよいよデータ分析へ進みます。データ分析はプロに任せておけばきっと何か有意義な示唆を出してくれる、と考える人も多いでしょう。しかし、データ分析の結果は、統計的な示唆でしかありません。結果を正しく解釈するには、統計的に判断する目と、現場をよく知る目がカギとなります。

例えば、コンビニフランチャイズの例で、以下の検証結果を得たとします。

- **仮説**：年代別にみると、関東の夕刻のメイン層は20代・30代となっており、年代が売上の伸び悩みに関係している可能性がある
- **検証方法**：アソシエーション分析（第II部で説明）を使って、夕刻時間帯における20代・30代の購買行動を他地域と関東地域で比較し、違いがあるか確認する
- **検証結果**：他地域の購買行動と比較した結果、すべての地域で若者が好む飲料と菓子類の併売率が落ちていることがわかった。ただし年代によるものではなく、全年代同時に該当商品の売上が減少傾向にあることがわかった。よって、他地域と関東地域の購買行動に年代による違いはないといえる。仮説を棄却する

元々この仮説が、「最近、常連の20代〜30代の購買単価が下がっている」というベテランのレジ担当者の声によって立案されたものであった場合、現場の担当者はこの検証結果に違和感を覚えるでしょう。しかし、個別に要素を分解し、それぞれの事実を正確に数字で伝え、さらには他の対象と比べることで、より詳細な事実を掴むことができます。前者はいわば「減少」という事実を捉えた絶対的な比較、後者は他地域との相対的な比較です。

今回の例でいえば、年代による差異でなければ、例えば「該当商品のマーケティング・キャンペーンが弱いのでは？」「該当商品の売上を競合他社の店舗に取られているのでは？」といった、新しい仮説が浮かんできます。

一方、出した結果に違和感が残る場合や、仮説を検証するにあたり選択した分析手法自体が適切でなかった可能性も想定されます。つまり、アソシエーション分析では捉えられないところ、例えば、購買行動の一つであるクーポン利用について、決定木（第11章で紹介）を使って利用頻度の高いグループを確認したところ、利用頻度の高いグループの多くが関東地域の20代・30代であることを確認できるかもしれません。仮説に見合った手法やデータを本当に選択できているかどうか、経験を積んで少しずつ直観的な判断を養えるようにしていきましょう（図4.3）。

さらに、データ分析から得られた結果を解釈し、課題解決への打ち手を考える「打ち手検討・モデルの構築」プロセスでも同じことが言えます。こちらも、データ分析時と同じように現場の声をよく聞き、施策を磨いていく必要があります。

次項以降で、「データ探索」と「打ち手の検討やモデルの構築」のプロセスについて詳しく解説します。

図4.3　分析プロジェクト成功のカギとなる2つの視点

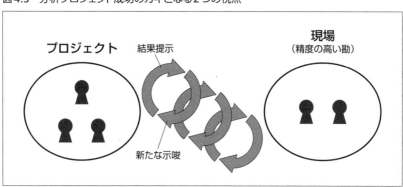

出典：アクセンチュア作成

データ探索

　データ探索では、仮説立案の際に想定した分析手法を軸に分析を進めます。第3章で紹介した基本統計量などの簡単なレベルであれば、分析担当者が表計算ソフトを使って分析できます。しかし、大量データや、専門知識が必要な分析手法を用いる場合は、必要に応じてRなどの統計ソフトを使用したり、専門家にデータ探索を依頼したりする必要があります。分析担当者は、分析内容の難易度を見極め、有識者へ適時相談するようにしましょう。

　筆者もデータ探索を進めるにあたって、よく同僚に意見を求めます。自分の知識やスキルだけでは押さえきれていない分析手法や、より効率的な分析方法を、同僚ができる可能性があるからです。また、日進月歩で技術の進化が進み、自分一人では多くの情報をキャッチアップできないという現状も、同僚と協力する理由の一つです。チームの垣根を越えて協力し合う姿勢もアナリティクスプロジェクトでは重要な要素であるといえます。

　データ探索の結果が得られた後は、先述したとおり、統計知識を持つ専門家と業務知識を持つ現場担当者の両者で結果を評価します。まず、業務をよく知る担当者の視点で納得のいくものかどうか確認します。そして、不自然なポイントがある場合は、分析担当者が「なぜそのような結果になったか」を統計的な視点から調査し、報告します。データを基に解釈を進める中で分析における問題点や改善が必要な点が見つかった場合は、再びデータ探索のための準備プロセスである「データ収集・加工」へ立ち返ったり、再度データを探索するためプログラムを修正したりします。

　このプロセスを繰り返す中で新たな仮説に気付くことがあります。例えば、先述したコンビニフランチャイズのデータから以下のような新たな示唆を得たとします。

- **新たな示唆**：他地域と比較した結果、関東地方はバイトの勤務歴で時間帯の売上に大きく差が出る

新たな示唆から考えられる仮説はさまざまです。「勤務歴の浅いバイトは品出しスピードが遅く本来売るべき時間までに商品を並べられていない」「レジ打ちスピードが遅くて想定している人数の顧客をさばけない」「併売用のクーポン券を精算時に渡していない」などなど。

このように、新たな仮説が生まれると「すぐに分析プロセスへ！」と気がはやりがちですが、常に仮説立案のプロセスに立ち返りましょう。他の仮説よりも重要度が低いことや、全く課題解決に関係ない仮説の可能性があるからです。この場合、現場の担当者目線ではバイトの勤務歴と売上の関係は既知の事実であり、分析不要かもしれません。もう一度、きちんと仮説立案プロセスに立ち返ることが、プロジェクトを成功させるためのカギであるといえます。

データ探索のステップでは、統計的な判断をする目と現場をよく知る目2つの観点からデータを見ることで、今まで感覚的にしかわかっていなかったことが実感としてわかることが多々あります。現場をよく知る担当者であっても、発射台・標的の設定ステップで仮説を網羅することは難しいのです。筆者もお客様へ分析結果を報告した後、「何となくそんな気はしていたが、やはりそうなのか……」という言葉をよくいただきます。また、その気付きにより生まれた仮説を検証することも非常に多くあります。

このように、データ探索から得られた結果をもとに分析方法の選択や計画を変更する柔軟な姿勢もデータ探索では大切です。その際も、先述したとおり、仮説検証に見合うデータの抽出や分析手法を選択するようにしましょう。なお、データ探索の具体的な手法については第二部で詳細に触れます。

打ち手の検討／モデルの構築

データ探索が終わり、統計的な示唆を得たら、課題解決に向けた施策を考え実行に移す準備を行います。

アナリティクスプロジェクトを行う中で、「カッコイイ分析モデルを作って、業務を改善してほしい」という声をよく聞きます。確かに、分析モデルを使うことで業務課題が解決されることはあるでしょう。しかし、分析プロジェクトのゴールを分析モデル構築に設定してはいけません。分析プロジェクトの目的は、あくまでも課題を解決することです。統計的な示唆と現場担当者の知見により、課題解決につながる施策を考えることが、打ち手の検討・モデルの構築で実施すべきタスクといえます。

再び、先述したコンビニフランチャイズを例に詳しく説明します。

- **統計から得られた示唆**
    - 関東地方の店舗は他地域に比べ、夕刻時間帯に定番商品が並ぶ傾向にある
    - 週2回以上同じ店舗を利用する20代・30代の売上高成長率が他の年代に比べ下がっている
    - 新商品の棚占有率と売上高には正の相関がある

この場合、打ち手となる施策としては「店舗レイアウトを変更し、売り場面積を広げ、夕刻時間帯の20代・30代をターゲットとした新商品占有率をN%以上にする」や「定番商品の需要予測精度を高め、棚効率を上げ、空いたスペースへ20代・30代に人気のある商品を投入する」など、さまざまに考えられます。

このプロセスにおいて、一度で絶対的な正解にたどり着けることはまずありません。継続的に示唆が正しかったのか検証する、そのためにできる限りさまざまな立場の人にヒアリングするなど他部署の理解や協力を得ることが、成功へのカギとなります（図4.4）。

図4.4　経営〜現場を巻き込んでのヒアリングと協力依頼

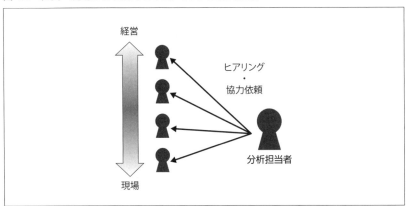

出典：アクセンチュア作成

　施策を検討した後に、各施策を実行した場合の経営効果を算出し、客観的な視点から改善効果を見極めます。今回の例において、前者であればレイアウト変更による費用を考慮した結果、見込める経営効果、後者であればモデルにより算出された需要予測から得られる経営効果を算出し施策を評価します。

　なお、施策立案の一部である分析モデルの構築方法については、データ探索同様、第II部で詳細に触れます。

5 運用

施策立案ができたら、いよいよ運用に移ります。

施策は、運用に落とし込めなければ、何の意味もない絵に描いた餅になってしまいます。しかし、施策を運用に落とし込めなかったというケースを耳にすることが非常に多くあります。原因は、そもそも評価や検証が困難な施策であることや、施策自体の実施が時間的・作業の難易度的に非常に受け入れがたいレベルにあることで、最悪の場合には現場がサボタージュに走る可能性すらあります。

運用を成功させるためには、施策を実行するための業務プロセスの変更と、ビジネス環境の変化に合わせた施策の変更・分析モデルのチューニング、そしてなにより現場の協力がカギであるといえます。

例えば、コンビニフランチャイズの例において、以下の施策が立案されたとしましょう。

- **施策**：店舗レイアウトを変更し、売り場面積を広げ、夕刻時間帯の菓子・飲料などの新商品占有率を20％以上にする

スムーズかつ現場が混乱しない運用のためには、各エリアマネージャーへの説明会開催や、レイアウト変更に伴う業務オペレーションの変更など、関係者を巻き込んでの実行が必要となります。

分析担当者も運用にノータッチではなく、施策を実施したことに対する効果をモニタリングして分析し、適宜、運用内容を変更しなければなりません。今回であれば、新商品占有率拡大により計画どおり売上が向上しているかのモニタリングや、分析モデルにより算出した20％という数字が適切なのか判断するために分析し、次年度のインプットとします。

運用ステップはアナリティクスプロジェクト全体像で説明したとおり、さまざまな部署を巻き込んで行う「最後のひと踏ん張りのステップ」

です。運用ステップのポイントを詳しく説明します。

業務プロセスの変更／モデルの評価・運用

　課題定義から打ち手の検討／モデルの構築まで、さまざまな部署に「知見」という形で協力を依頼してきました。業務プロセスの変更／モデルの評価・運用では、「業務」として協力が発生します。

　このプロセスで最も大切なポイントは、オペレーション以外の面でも現場の理解を得られるかという点です。例えば、コンビニフランチャイズのエリアマネージャーの評価が以下のように定められていた場合、施策が運用に乗らない可能性があります。

- **人事評価制度**：人事評価により次年度の年収が決まる。評価は、その年度に重視されるKPIによって定められ、100万円単位で変わるケースもある
- **該当年度に重視されるKPI**：エリアにおける定番商品の売上高

　この条件では、新商品の売り場占有率の拡大を指示されてもエリアマネージャーが協力姿勢を示すことは難しいでしょう。人事評価上、協力をしないほうが自分たちにとって有利だからです。このような場合、長期的には、施策に合わせて人事評価制度を見直すなどスムーズに現場が施策を受け入れるための環境作りが必要となる一方で、短期的には、彼らの利益にかなうように定番品の売上もUPするような施策を考えていく必要があります。

　制度以外に発生する例として、心理的な問題で変更が受け入れられずうまくいかないケースもあります。とある、売上予測値を自動作成するプロジェクトにおいて、運用開始時は予測値が現場で使用されていたのに、プロジェクト開始から少し経った頃、ある特定の部署で予測値が利用している様子がなくなったということがありました。よくよく調べてみると、自分の経験や勘に信頼を置く担当者が、モデルにより算出された数字を手直ししていたことがわかりました。分析モデルが算出する数

字に抵抗があったようです。

　こういったケースを避けるためには、まず現場に肌身で感じることができる（タンジブルな）具体的な利益があることを示さなければいけません。現場のビジネスは、アカデミックな数学の世界とは違い、実際の課題を解決できて初めて評価されます。そのためには常に、現場の課題意識と経営の課題意識の双方を両立する、難しい舵取りが必要になるでしょう。場合によっては担当者に統計基礎のような講座を受講してもらい、データ分析に関する理解を深めてもらうなどの対応も必要になってくるかもしれません。

　また、先述したとおり、運用後は施策の効果を評価し、分析モデルをチューニングする必要があります。ビジネス環境は日々変化します。同じモデルを何年も使い続けられるほうが珍しいのです。生きたモデルとしてビジネスの現場で使い続けるためには、運用の中で効果を常にモニタリングし、状況に応じて、パラメータ設定の変更やモデル適用範囲の見直しを行うことが、分析による施策の運用成功のポイントといえます。

　分析結果を有効に活用し、それによる果実（経営効果）を刈り取っていくには、常にそのサイクルをまわしていくことが大事です。運用設計をする際は、このようなことも視野に入れ、モデルのメンテナンスが簡単にできる作りにしておくことも、大切なことの一つです。

　本章では、分析にまつわる一連のプロセスの流れと、各プロセスで必要な作業や観点について説明してきました。分析プロジェクトではさまざまなことがおきます。そういった事象が発生し、何か判断に迷ったり、行き詰ってしまったりした場合に、原点（最初に設定した目標）に立ち戻り、何が必要なのかを再検討していくことが大切です。そのために、特に明確なゴールの設定と、さまざまな情報を得るための現場との協力を忘れないようにしましょう。

第5章 データ収集・加工

本章では、データ収集とデータの利用を見据えた加工について解説します。

第4章では、ゴールを見据えた課題設定と仮説の設定を説明しました。これまでに述べたとおり、分析とその前段階に必要となるデータの収集に関しても、あらかじめどのようなデータを集めるべきか、その収集軸を考えていくことが必要です。データの分析においては、必要となる収集・加工・蓄積の流れを経て、実際の分析作業が行われます。本章ではそれぞれの段階における海外の活用事例や、データ収集における注意点などを踏まえて説明していきます。

1 分析に必要なデータの種類

分析作業にはデータが必要です。データは目的に応じて、粒度・期間・精度が揃っている必要があります。そうでないと、往々にして、分析作業を始めてから行き詰まることになります。

企業が分析作業に利用するデータは、表5.1のように2×2の軸で大きく分けて4種類あります。これをまず理解する必要があります。

表5.1 データの種類

データ種類	構造化されたデータ	構造化されていないデータ
社内データ（クローズドデータ）	(A) 調達、生産、出荷、売上等の社内業務の実績データ、部門別等の予算データ、人事・営業員の成績など人事関連のデータ、顧客の属性データ、問い合わせ記録等 特徴：データ件数は中規模	(C) 工場内機器から取得できる各種ログ、社内のアプリケーション／Webサーバ等のログ、社内文書 特徴：データ件数は中〜大規模
社外データ（オープンデータ・SNSデータ）	(B) 天候データ、国勢調査、経済センサス、人口推計、労働力調査、家計調査、消費者物価指数（総務省統計局提供）、訪日外国人数（日本政府観光局） 特徴：データ件数は小規模	(D) SNSの書き込み、アップロードされた写真、Webデータ、公開されているセンサーデータ 特徴：データ件数は大規模

一般に、分析に用いられることが多いのは、(A)のエリアの構造化されたデータです。社内のERP等の基幹システムに蓄積されたデータ売上の実績や、営業員の成績、顧客からの問い合わせをまとめたデータなどがあります。これらは、売上の予実把握やマーケティングの成否判断、工場の生産性の向上などのため、DWH（Data Warehouse）やBI（Business Intelligence）ツールなどを使って、可視化や対応策の検討が行われてきました。可視化と予測を繰り返すことで、商品企画などの新たな価値を生み出す試みです。

あわせて、(B)の一般公開されたデータを分析している例も、小売業界などでは見受けられます。ただし、外部データの集計時期には4半期に1度などの制約があるため、多くの場合は社内のデータが用いられます。

しかし、2010年あたりを境にしてデータの増加するスピードが大きく変わり始めます。SNSが登場し、さらにiPhoneをはじめとしたスマートフォンが普及して、大量の(D)のデータがインターネット上を行きかうようになりました。その量は膨大で、2016年時点では全世界合計で毎秒2ゼタバイト[1]ものデータが流れると言われています。このよう

【1】 Cisco社「ゼタバイト時代：トレンドと分析」(http://www.cisco.com/web/JP/solution/isp/ipngn/literature/VNI_Hyperconnectivity_WP.html)

な、主に個人の端末から発信された大量データを利用した、さまざまな分析ビジネスが台頭するようになりました。さらには、工場や、航空機のエンジン、建設機器などから集まる大量のセンサーデータの活用も始まっています。多くのビジネスでは、これらのデータを大量に蓄積し、組み合わせ、つき合せ（マッチング）、個別のグループ（セグメント）同士の動向を比較することで、価値のある情報を生み出すことに成功しています。

　膨大なセンサーデータを独自に収集し活用するIoT（Internet of Things）の成功事例としては、GEの航空機エンジン事業やコマツのKOMTRAXが有名です。さらには米国において、IoTに向けて新しく開発されたセンサーやオープンデータの活用が実ビジネスに牽引される形で進みつつあります。

2 データの調達にあたっての注意点

　データの種類によらず、正しい分析活動を進めるにあたり、まず大事な原則があります。それは、必ず、加工された二次データではなく元のデータにあたる、ということです。ここを誤ると、他人の"意思入れ"がされたデータを用いることになり、最悪では正しい結果とは正反対の結果を導き出してしまうこともあります。留意しておきましょう。

　インターネット上には、加工された二次データを元にデータ分析して作ったグラフを載せている記事もあります。二次データは二次データ作者の意図を含んだ場合が多く、これらを元に使うと、自らの分析の方向にバイアスがかかってしまう可能性が非常に高いのです。

　大学で論文を書いたことのある方は「引用する論文は必ず、引用された二次資料でなく原典にあたれ」といわれたことがあると思います。システム開発をしたことのある方は、障害が発生した場合に「ソースコードと（開発元の）マニュアルを真っ先に見ろ」と言われたことがあると思います。分析におけるデータ参照でも、同じことが言えるのです。

　例えば、中国の景気の先を読もうとしたとき、ニュースサイトの検索で話題になった記事のデータを用いることが多いと思いますが、こうしたデータは記者の考えに沿って「部分的に切り取られた」データであることが多い、ということです。もし、中国の景気を占うのであれば、その源となっているデータにあたるべきです。

　多くのデータをあたるのは大変ですが、中国の景気の例でいえば、中国首相である李克強が2007年に景気指標として信頼に足ると語ったとされる[2]、電力消費と鉄道貨物輸送量、銀行融資を中華人民共和国の国家統計局[3]を分析するといった配慮は、最低限必要でしょう。

　図5.1は、2014年8月から2015年7月までの貨物輸送量です。新聞な

【2】WikiLeaksによって2007年の会議の発言が暴露された。原文はhttps://wikileaks.org/plusd/cables/07BEIJING1760_a.html。

【3】「国家数据」（http://data.stats.gov.cn/easyquery.htm?cn=A01）

どのニュースで大きく騒がれるほどには景気の後退が起きておらず、やや成長が止まったという程度であることが見てとれると思います。

図5.1　中国全土の貨物輸送量（月次データ）

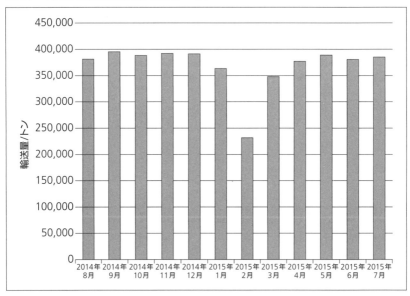

出典：「国家数据」のデータからアクセンチュア作成

天気を予測するためには、気象衛星ノア[4]のデータを直接受信する必要があるかもしれません。スマートフォンについては、SNSのつぶやきとGPS情報を利用するかもしれません。例えば、Webアプリおよびスマートフォンアプリで人気があり、一部LCCの業務でも利用されている「Flight Radar24」[5]では、航空管制に利用されるADS-B波を利用しています。

　価値のあるデータ分析を行う場合には、信頼に足る原本のデータを使うということです。言い換えれば、「また聞き」でデータ分析を行うと方向性を誤ってしまう可能性が高いということです。

【4】　NOAA（米国海洋大気庁：National Oceanic and Atmospheric Administration、http://www.noaa.gov/）所有の低軌道を周回する気象衛星
【5】　http://www.flightradar24.com/

3 データの品質について

　企業内でデータ分析活動をしようと考えたときに、「完全で漏れがなく、かつ誤りがない、品質の高いデータ」が揃うことは、まずありません。データには必ず欠損や誤りがあります。その原因を特定して正しいデータを取得しようとしても、社内データではともかく外部データでは、正しい値を再入手するのが困難なこともあります。

　となれば、「データの誤りや欠損は存在する」という前提で分析の計画を立てる必要があります。第4章で解説した課題定義や仮説提案のときに、このことを考慮せず、完璧なデータが入手できる前提で分析の計画を立ててしまうと、満足なデータが集まらずに行き詰まってしまいます。何が足りなくてどこを直せばいいか、分析を始める前にデータの品質についてチェックするといいでしょう。

　データの品質を図るにあたって必要なことは、次の3点です。

- 対象
- 精度・信頼性
- 粒度・期間

対象

　第一に、データは分析する対象の挙動を適切に捉えたものである必要があります。言うまでもないようにも思えますが、この原則が守られていない場合が多いことも事実です。周辺状況の情報からのみ分析を進めていくと、困難を極めます。まずは、本来の目的であるテーマに沿った分析対象のデータが含まれていることを確認しましょう。

　また、データには、対象によってある程度偏りがあります。顧客情報の例でいうと、問い合わせ窓口ごとに対象の層が異なります。電話が

窓口の場合は高齢者が、メールの窓口には若者から中年のデータが、LINEやTwitterを使った場合は若者が多く集まる、ということが往々にしてあります。これらを統計用語で、「サンプリングにバイアスがかかっている」と表現します。そのため、データの偏りの有無を調べたうえで分布を調べることになります。

データの分布を調べるにあたって、例えば、対象が自然現象であれば正規分布とみなしてシャピロ・ウィルク検定を行うなど、まずは対象とその偏りを調べてみるべきでしょう。

精度・信頼性

データの精度や信頼性については、本来想定される値（真値）を正しく表しているかどうかも考慮する必要があります。

データが真値と乖離してしまう原因としては、測定器による誤差や、アンケート回答者の誤記入、質問文読み飛ばしによる不正回答などがあります。これらを完全に避けることは難しく、現実的には真値から乖離したデータを除いて分析に使用することがほとんどです。しかし、除外すべきデータがあまりに多い場合には分析には使用できなくなります。

例えば、コンビニの店頭POSレジには、年代や性別を入力するボタンがあります。しかし、アルバイトが見極めを負担に感じて毎回同じボタンを押していた場合は、当然データの信頼性は落ちてしまいます。そのようなデータが混在している場合には、該当店舗を外すなど、データを清浄化する「クレンジング」と呼ばれる作業が必要となってきます。

クレンジングには、散布図やヒストグラムなどを視覚的に眺め、データの傾向を把握しながら誤りや不整合を除外していく、という地道な作業が必要です。

一番簡易な方法は、明らかに無効な値（Null値）を除外するというものです。しかし例外的な外れ値を除外する場合は、「何をもって外れ値とするか」の定義と閾値が必要になります。人間はデータや散布図を見て直観的にノイズや外れ値を推測できます。しかし、それを数式で定

義するには、人間の直観とある程度一致するように定義していくなどの負担が発生します。さらに、なんらかの値で置き換えるのであれば、中間値で置き換えるか平均値か、回帰式で予測した値かなど、さらなる負担が発生することになります。

データの粒度と期間

　データの粒度と期間も、分析の実施可否に影響します。粒度とは、データが日単位の集計値なのか年単位の集計値なのかといった、集計単位を表します。

　例えば小売業界でデータを分析する場合には、営業日や時間帯によって売上の数値に大きな違いが発生します。そのため、用途に応じて、リアルタイム・日次単位・週次単位と異なる単位のデータを用意する必要があります。

　曜日単位で集計するときには、日単位のデータから曜日単位のデータは作成できますが、年単位のデータからは不可能です。また週単位のデータから月単位のデータは作成できません（曜日の途中で月が切り替わるため）。週単位のデータを分析に頻繁に用いるのであれば、あらかじめ日次単位から週単位でデータを集計しておく必要があります。また、年単位のデータは日単位のデータから作成できますが、逆は不可能です。

　このように、データの粒度は細かければ細かいほど分析の幅が広がります。利用するデータの蓄積基盤によりますが、可能であれば細かい粒度のデータを取得しておいたほうが、後々の結果や課題の深堀りに役立ちます。

4 センサー／オープンデータを意識したデータの収集

　本章の冒頭で、データを、構造化されているか否かと、オープンかクローズかで、4つに分類しました。このとき、各グループのデータの量は"構造化されたデータ"＜＜"構造化されていないデータ"といった差があります。

　特に、社内外に限らず、センサーデータを蓄積し始めた場合は、その取得間隔を小さくとるほど、データの量は指数関数的に増えます。工場にある機器のアナログセンサーからデータを取得して故障を予知する場合でも、1秒ごとに取得するのがよいのか、1ミリ秒ごとがよいのかは、データを分析してみないとわかりません。微小な変化を捉えたいのであれば、「データの粒度と期間」の項で述べたように、データの粒度は細かいほうが望ましいでしょう。ただし、1秒ごとと1ミリ秒ごとでは、データの量に1000倍の差が出てきます。

　例えば、工場内に対象機器が100台あり、1台あたりにセンサーを10個付けるとします。1ミリ秒ごとにデータを取得した場合、1秒で100万件、1時間で36億件ものデータが発生します。当然、すべてを保存しするには膨大なストレージ費用がかかるため、現実的ではありません。よって、目的に応じて、データの粒度、つまり取得頻度を変える必要があります。

　一方で、これからはセンサーデータのように大量なデータを活用していくことが、ビジネス環境上、避けて通れないかもしれません。それに備えた指針を考え、常に改変していくことが必要になっている、といえるでしょう。

5 データの加工

　取得したデータは、分析するにあたって加工する必要があります。一般には、集計したり、基本統計量と呼ばれるデータの集合から数値を追加したりします。しかし現実世界ではデータの補正というやっかいな話が必ずついてまわります。

　対処方法は大きく4つあります。

- イレギュラーなデータを除外する
- イレギュラーなデータを、他の値で置き換える
- イレギュラーなデータの影響を弱める
- イレギュラーなデータもそのまま利用する

　データは通常、分析の対象です。ただし、現実世界で収集されるデータは、人為的なミスやセンサーの誤検知などによって、必ずといっていいほど誤りや欠落があります。これらを補正するには、対象とする業務内容に応じてふさわしい値で補完（データ全体の中間値や平均値で欠落を補填）したり、余分な値を"例外"としてはじくか分析への影響を弱め（誤差の大きさによってペナルティを与え）たりします。

　これらの作業をするうえで当然のことながら「何を何で置き換えるか」といった考慮、つまりルールが必要になってきます。ペナルティは誤差と呼ばれる数値から自動的に決めることができますが、置き換えルールは自ら考えねばなりません。

　表5.1で分類したうち、（A）のような構造化された社内データであれば、業務担当者の経験と勘から仮説に基づいてルールを作れます。一方で、（D）のような大量かつ非構造化されたデータの場合は、ルール作りの作業が膨大になることもしばしばです。

　そこで、あえて加工しないという選択肢も出てきます。代表例は、自動翻訳の分野です。構文を構成する文法（ルール）に基づいて元データ

を分解・加工し、構造化したデータを個別に分析していく……というステップを踏むのではなく、機械学習と呼ばれる手法を駆使して、データからアルゴリズムに基づいて結果を導出させる[6]、という方法です。

　一概に、どの分析やデータには加工が必要で、どの方法には加工が必要で、どの方法には不要かということは言えません。ただし、データの量が指数関数的に増えるに比例して、処理基盤のコストも下がり、あえて加工自体を大幅に減らす手法が出てきていることも、頭の隅に置いておきましょう。

【6】「データサイエンティスト養成読本 機械学習入門編」p.10

6 データ活用上の新しい動き

少し話題がそれますが、センサー等から発生する膨大なデータを分析するにあたって、データ加工上、先に述べたようなデータのクレンジングと、そのあとに行うべきマッチングの、2つの点を考えておく必要があります。つまり、膨大なデータを収集・加工した後、価値を生み出すためのマッチングという段階が必要になるということです。

2015年6月7日の日経新聞の記事[7]によると、有力ベンチャーの中で特に有望なユニコーン[8]と呼ばれる企業価値100億ドルを超える企業として、表5.2の企業があります。

表5.2　企業価値100億ドルを超える7つのベンチャー企業

企業名	企業価値
ウーバーテクノロジーズ	412億ドル
スナップチャット	160億ドル
パランティアテクノロジーズ	150億ドル
スペースX	120億ドル
ピンタレスト	110億ドル
エアビーアンドビー	100億ドル
ドロップボックス	100億ドル

このうち、ウーバーテクノロジーズ、パランティア、エアビーアンドビーの3社は、収集・加工したデータの"マッチング"をサービスにしているのが特徴です。

ウーバーとエアビーアンドビーの2社は、顧客とサービス業者がそれぞれデータを出し合い、ソフトウェアが顧客とサービスを1対1で"マッチング"することで、リアル世界のサービスを簡単に受けられる

【7】 日経新聞2015年6月7日版「米の活力映す 企業価値10億ドル超のベンチャー台頭」(http://www.nikkei.com/article/DGXLASGM06H03_W5A600C1FF8000/)

【8】 希少という意味で、企業価値10億ドルを超えるベンチャーには想像上の動物ユニコーンの名称があてられている

ようにしています。

一方、元NSA職員が設立し、テロリストの情報探索などで一躍有名となったパランティアは、少し異なります（図5.2）。収集した膨大な人の群に対するデータの中から、対象者に属性データを付加する加工や、別人と考えていたものを一人の人間として洗い出す加工を行うことによって、対象者の特徴を明確化していくことを目的にしています。リアル世界での膨大なデータを元に、日本でいう「名寄せ」、つまりデータ加工の延長線にある整理自体をビジネスにしたものといえます。情報を徹底的に集め、ふるい分け、対応する振舞いの人物に結びつけ、対象者を徐々に浮かびあがらせるには、当然シビアなデータの取捨選択が求められます。

図5.2　マッチングの形態の違い

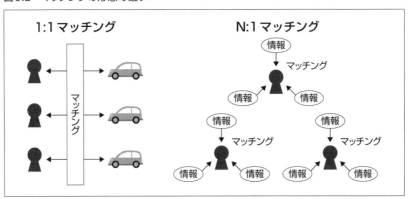

これらの企業のサービスは、従来企業が行ってきた①可視化、②予測、③最適化の流れに加え、新たに①情報の関連付け、②傾向の把握、③対象の特徴の判断という流れが新たにビジネスとして成立しつつあることを意味します。

後者の流れは今までも、銀行の与信やクレジットカードの発行可否、保険加入の判断など、各種属性を集計し点数化する"スコアリング"業務に使われてきました。今後は、表5.1で（A）にあたる構造化された社内データの枠を超えて、膨大なオープンデータから判断する時代がやってくることを意味します。

個人情報とプライバシー

　先に述べたとおり今後は分析を目的としてデータを収集・加工すること自体が大きなビジネスとなってきますが、その際に避けて通れない大きな問題が1つあります。それは、ご存知のとおり個人情報の保護、という問題です。特に、BtoC企業が売上や利益の拡大を目的としてデータを分析するにあたっては、事前に取り交わした合意に基づき、集めたデータの秘匿性を考慮し、適切な利用を行うことが絶対条件となります。もちろんBtoB企業も最終的な消費者を意識して業務を行う以上、必ず厳しく守る必要があります。

　特に2015年10月からは先に述べたマッチング、特に税負担の公平性や利便性の向上を目的とするための手段として、"マイナンバー制度"が導入されています。しかしマッチングが簡易になるということは万が一情報が洩れてしまった悪意を持った人間が情報を関連付けることも簡易になるわけで、それは大きな問題になり得る、ということも考慮する必要があります。つまりマイナンバーを軸として紐付けられる可能性のある情報すべてにおいてデータ収集・加工に対する配慮が必要になるのです。そして、この部分においては、法的な義務と道義的な責任が伴うことを忘れてはなりません。

法的な責任

　法的な義務とは、法律を守るということです。法律の条文の厳守や、漏えいを防ぐための十分な配慮、適切な仕組みと正しい運用が必要なことはいうまでもありません。日本においては、個人情報保護法がそれにあたります。

　しかし、多くの場合、法律が制定された国や地域と、その適用範囲を意識せずに、代表的な国内の法律のみを考慮してしまう場合が多いよう

です。大切なことは、法務担当者が国内外の法律の原文を読んでその解釈のみを分析担当者に渡すのではなく、分析担当者自身も原文およびガイドラインを熟読し、そのリスクを意識し続けることです。

というのも、時代の趨勢に応じて法律の解釈が変わり、当初は問題なしと判断されていたルールが、後々になって不適切と判断されてしまうことが往々にしてあるためです。そのため、他人が独自に解釈し要約した情報をもとにルールを設定するのではなく、元々の法律の条文が何を目的として設置されたものなのか、その依拠する部分は何なのかを読み違えないようにすることが大切です。

まずは、「個人情報の保護に関する法律」第二条の原文[9]を熟読するところから始めましょう。多少要約となりますが、日本国内における個人情報とは以下の情報を指します[10][11]。

①生存する個人に関する情報（日本国民に限定しない）
②特定の個人を識別できるもの
③他の情報と容易に照合して、特定の個人を識別できるもの

日本国内とお断りしたのは、国や地域によって定義する情報の範囲が異なるためです。積極利用を進める米国と、情報の商業利用に慎重な欧州とでは、その定義する範囲も異なってきます。近年、米国を中心としてルールの適用範囲が拡大していることを見過ごしてはなりません。

また欧州では、欧州在住の国民の個人情報を国境を跨いで第三国へ移転する際には、制限事項が存在します（データ保護指令）。一部の国では、該当国内において行うビジネスに関連した個人情報を、その国の中に設置したサーバで保管することを原則とするという動きも進んでいます。

現在、国境を跨ぐ電子商取引について、共通するルールの制定を目的とした検討も進んでいます。しかし、国益に関連する部分でもあり、残

---

[9]「電子政府の総合窓口e-gov」で全文を参照可能（http://law.e-gov.go.jp/htmldata/H15/H15HO057.html）
[10] 個人情報保護委員会「個人情報保護法とは」(http://www.ppc.go.jp/personal/general/)
[11] 経済産業省「個人情報保護」(http://www.meti.go.jp/policy/it_policy/privacy/)

念ながら完全なルールは存在していません。

一方、米国では、通称「愛国者法」と呼ばれる法により、対テロを目的にありとあらゆるデータや通信に対して捜査や傍受などが認められています。有名なところで、AmazonのクラウドサービスAWS（Amazon Web Services）では、たとえ日本から利用したとしてもこの法律の適用範囲となることがサービスの要綱に明記されています。また、なんらかの訴えがあった場合には、米国のワシントン州法に基づいて裁判が行われると明記されています。

明確に法律を制定していない国のことも、頭の隅に置いておく必要があります。必ずしも法治の概念を厳密に運用する国ばかりではなく、遡及法を設定し、未来に制定される法律によって現在の企業活動が後から違法とされる国があることは事実です。

今後、こういった世界の動向をつぶさに把握していく必要があります（表5.3）。

表5.3　個人情報に関する各国の関連法律例 [12]

対象国	法律の名称
米国	愛国者法
イギリス	捜査権限規制法
EU	データ保護指令
中国	データ規制捜査権限法

道義的な責任

道義的な義務というのは、たとえ法律を厳密に守っていたとしても、適切な説明や情報公開により世間の一定の了解を得ていないと、いざ活用企業側がその内容を発表した途端に大きな反発を受ける可能性があ

【12】総務省「参考資料」（http://www.soumu.go.jp/main_content/000067990.pdf）10ページ「国境をまたぐデータ保存時の法的リスク」より抜粋

る、ということです。

必ずしも法的な違反ではないので、直接的な罰則の適用を受ける可能性は低いでしょう。しかし、企業ブランドの毀損や売上の減少など、間接的な損害を受ける可能性は多いにあり得ます。

すでにいくつかの事例により、道義的な責任のリスクは認識されています。今後はさらに、IoTサービスの拡大によって詳細かつ大量なデータが企業へ流れ出していくため、このリスクは非常に重要になってきます。

そのためには、常日頃から自らの企業活動におけるデータ取得と活用について合意を得ておく必要があります。そして、運用が変更となる際には、消費者にしつこいと思われるぐらいに周知を繰り返す必要があります。

運用におけるグレーゾーン

企業では、より消費者の動向をつぶさに観察し、周辺情報と組み合わせて最適な商品やサービスを勧めて売上を拡大したくなります。また、それらを広告宣伝企業がより強く行おうという欲求が生まれることは、営利企業である以上、止められません。

一方で消費者側にとって、過度に行動を監視されるような状態は心地よいものではありません。度が過ぎればその企業のサービスや商品を購入しなくなり、最悪の場合は企業を訴える可能性もあります。

しかし、明確な線引きがなく一定のグレーゾーンが存在するのであれば、どうしたらよいのでしょうか。基本ルールとしては、細かなポイントであっても必ずデータ保持者側の了解を取るように明文化すること（オプトインを徹底し、オプトアウトの選択肢も用意して周知する）、実際の運用に際して判断に迷う際には常にリスクを低下させる安全側に判断を振るということが最も有効です。

先行者利益を確保するために、あえてグレーゾーンをギリギリまで挑戦するよりも、一歩下がった周辺情報や個人をまったく特定できない

"群"の形で精度を上げていけば、売上や利益の確保という目的には適うはずです。

　個人の情報をより詳細に掴むこと自体は目的ではありません。あくまで、売上や利益の拡大のためのデータ活用に何が大切なのか、その優先順位を吟味したうえで、分析用のデータ取得を考えることが必要でしょう。

　本章では、データの利活用を見据えて、データの取得や加工に関わる部分で注意すべき点を述べました。法的な義務を伴うものから些細な注意点まで、さまざまな観点から細心の注意を払うべき部分は多々あります。分析にあたって、まずは考えを具体化して、実際に進めていきつつ直す、ということも大切です。

　原理原則は守りつつも、実践を経験して学びつつ、より精度の高いデータを効率的に集め、分析作業自体の負荷とならないように進めていくことが、今後のデータ活用に求められていくでしょう。

第6章 アナリティクスを支える システム基盤

分析を継続的に行うためには、個別のツールだけではなく、システムとして統合された分析基盤が必要です。本章では、分析基盤設計の具体的な考え方と、その背景となる分析基盤アーキテクチャの近年の転換などについても解説します。

分析基盤の必要性

アナリティクスを本格的にビジネスに活用するには、分析専用のIT基盤の検討を避けて通ることはできません。

もちろん、専用の分析基盤がなくとも、分析担当者に一定のITスキルがあれば、分析を実施することは可能です。自身のパーソナルコンピュータにRやPythonなどをインストールし、各部署から個別にデータを集めてくるというものです。分析の初期の段階では、このような方法も効率的です。

しかし、長期的にビジネスに活かしていくには、次のような限界があります。

- **扱えるデータが限定される**
  分析がパーソナルコンピュータで実施できる範囲のものに限定されるため、大量のデータや大規模な計算処理が必要な分析は難しい
- **分析に利用するデータを揃えるために多くの人手が必要**
  分析に利用するデータを分析の都度集めてくることになるため、手間

がかかるうえ、毎回同じデータが手に入るとは限らない。また、データが分析担当者の手元だけにしかないため、他部署のメンバーや上司や経営者など、担当者以外からの分析結果の検証が難しい

- **分析プロセスが属人的になりやすい**

  分析プロセスに分析担当者に依存する部分が大きく、担当者本人以外は分析内容を把握しにくくなる。また、分析に専門的な知識が常に必要となる。分析をシステム化すれば、分析の専門家でなくとも、必要なデータを揃えれば分析結果を得られるパッケージ化が可能になる

- **継続的な分析結果提供が難しい**

  データの収集、加工、分析、可視化のプロセスを人手で継続するのは非常に難しい。システム化することにより、人手で行っていた部分を自動化し、常に最新の分析結果をビジネス意思決定者に届けられるようになる

分析基盤導入の目的は、人手で行っている分析プロセスをITシステム化して、これらの課題を解決することです。分析プロセスをシステム化することによって、継続的かつ効率的な分析が可能になり、より効果的にデータをビジネスに活かせます。

2 分析基盤の設計の進め方

まず、分析基盤を設計する上での基本的な考え方を見ていきましょう。

分析基盤を検討するときには、具体的にどのようなソフトウェアやインフラを使うかを考える前に、求められるアウトプットとインプットデータを整理してから、それを実現するデータ処理フローを整理する必要があります。

アウトプットとインプットを考える方法としては、ビジネス上必要になるであろうアウトプットから分析内容とインプットを検討するトップダウン型のアプローチと、利用可能なデータからそれを活用する基盤を考えるボトムアップ型のアプローチがあります。

基本的には、トップダウン型のアプローチで必要な分析内容やデータが網羅できるほうが望ましいでしょう。しかし、分析基盤構築の初期段階では、利用可能なデータがどのようにビジネスに活かせるか明確になっていないこともよくあります。その場合は、後者のボトムアップ型のアプローチにより、利用可能なデータから、主に技術的な観点で後から利用しやすい形にデータを統合します。

分析要件からのトップダウン型のアプローチ

分析したい内容からトップダウンで検討する場合は、分析の要件定義から分析の仮説を立て、そこから分析手法やインプットデータを検討します。

表6.1は、あるサービスでユーザの退会を予防することをビジネス要件とした場合の例です。分析目的、利用する手法、必要なデータを整理したものです。分析の目的を明確にした上で、それを検証するにはどのようなデータが必要かを洗い出していきます。

表6.1 分析目的と分析手法・利用データ

分析目的	分析手法	利用データ
利用時期、利用頻度、利用金額からユーザをセグメントに分ける	クロス集計	サービスアクセス履歴、購買履歴、退会履歴など
退会するユーザは、ある年代、性別に偏っているか確認する	クロス集計	退会履歴、ユーザ属性など
退会するユーザ同士に一般に類似する行動を調べる	相関分析、回帰分析、生存時間分析、ランダムフォレストなど	サービスアクセス履歴、退会履歴サービス外の閲覧履歴など
…	…	…

データソースからのボトムアップ型のアプローチ

一方、データソースからボトムアップ型で進めていく場合は、データを種別ごとに整理して洗い出していく方法が有効です。分析に利用するデータは、その取得元から表6.2のように整理できます[1]。

表6.2 取得元ごとのデータ分類

取得元	分類	内容
内部（自分たちが作成・保持しているデータ）	既存データ	業務システムデータやドキュメントデータなど、自分たちがすでに持っているデータ
	新規データ（分析用に新たに生成）	分析のために新しく取得するデータ。例えば、IoTデータ分析のために新しく取得するセンサーデータや新規アンケートのデータなど
外部（自分たちのものではないデータ）	顧客企業・パートナー企業データ	分析プロジェクトの顧客企業や、共同プロジェクトの際のパートナー企業など、社外ではあるが、該当プロジェクトの範囲で利用可能なデータ
	サードパーティデータ	データを販売しているサードパーティから購入したデータ
	一般公開データ	公開されているWebサイトのデータやソーシャルデータ、公共機関のオープンデータなど、利用規則の範囲で誰でも利用可能なデータ

---

[1] Big Data for Big Business? A Taxonomy of Data-driven Business Models used by Start-up Firms (Cambridge Service Alliance, 2014)

トップダウンとは逆に、このようにデータを整理しながら、どのようなデータソースが利用可能かを洗い出し、そこからどのような分析が可能かを検討していきます。

　データソースは多ければ多いほど、分析の幅は広がりますが、その分だけ分析基盤を構築し、運用するための工数が必要になります。

　リストアップしたデータソースを一度に統合することが難しい場合は、データソースの優先順位付けを行い、分析基盤構築後に統合対象データソースを増やしていく方法も有効です。

3 分析基盤の処理フローの設計

ここまでの作業で、利用するデータや手法が明確になったら、それらを実現するデータ処理フローを作成し、それを実際の分析基盤のインフラ構成、ソフトウェア構成にまで落とし込んでいきます。

分析の対象となるデータの多くは、業務システムのトランザクションデータやマスタデータ、システムログなど、もともと別の用途に使われているデータです。分析のために作られたものではないため、このようなデータ処理フローが必要になります。データを元の場所から収集した後、分析の目的に合うように加工し、求めるアウトプットまでつなげていくのが、データ処理フローを考える目的です。

データ分析におけるデータ処理フローは、「収集」、「蓄積」、「処理」、「分析・可視化」の4つの工程に分けて考えることができます（図6.1）。

図6.1 データ分析におけるデータ処理フロー

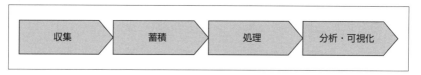

収集

各種データソースから分析に利用するデータを収集する部分です。分析基盤のスタートとなります。

データ収集の方式には、データが生成される度にストリームデータとして分析基盤にデータ転送する方式と、定期的にバッチでデータ転送する方式の2つがあります。

前者は、システムログやアプリケーションログを収集する際に最近よく使われるアプローチです。収集ファイルをログコレクターソフトウェ

アで監視し、データが追記され次第、データを分析基盤に転送します。

　後者は、業務システムのデータの取り込みや定期的に出力されるファイルの取り込みで利用されるアプローチです。業務システムデータを取り込む場合は、業務システムのデータベースに業務時間外にアクセスし、データを一括で取得して転送します。ファイルから取り込む場合は、ファイル出力先を決めておき、そこから決まった時間にファイルを分析基盤にコピーします。

　この取り込みの処理は、データ分析が行われるようになってから存在している典型的な処理の一つであり、「ETL」という名前がついています。ETLとは、Extract（データソースからの抽出）、Transform（データ蓄積用のデータ加工・スキーマ変更）、Load（蓄積用データストアへのデータ投入）の頭文字を取ったものです。また、ETLを実行するための「ETLツール」と呼ばれる専用ソフトウェアがあり、これを使って一連の処理を簡単に実現することができます。

　データ収集の方式を決めるにあたっては、データソース側の制約と分析のリアルタイム性が主な検討要素になります。

　分析にリアルタイム性が求められるのであれば、ストリームデータ転送が必要となります。ただ、バッチ転送と較べて、ストリームデータ転送はシステムの構築や運用のコストが高くなります。コストと見合わせて、最終的なアーキテクチャを決める必要があるでしょう。また、データが夜間のみしか取得できないという制約があれば、必然的にデータ収集は夜間バッチで行うことになります。

蓄積

　収集したデータは、その特性に合わせて適切な分析用データストアに蓄積します。データストアは、非構造化データをそのまま格納できるデータストアと、データを構造化した上で格納するデータストアの2つに大きく分けることができます。データソースと分析結果の活用方法から、どちらの方式で蓄積するほうがよいかを決定します。

前者には、Hadoopの分散ファイルシステム「HDFS」や、Amazon Web Services（AWS）が提供している「S3」、Microsoftが提供している「Azure BLOBストレージ」などがあります。いずれもデータをファイルとしてそのまま格納でき、データベースへのデータ格納の際に必要なテーブル定義等を行わなくともデータ蓄積が開始可能で、PBクラスの大量のデータも格納可能なスケーラビリティを持っているのが特徴です。

後者では、データウェアハウス（DWH）と呼ばれる分析専用のデータベースソフトウェアがよく使われます。DWHは、ウェブシステムや基幹システム等で利用される一般的なリレーショナルデータベースシステムと基本的な操作方法は共通しています。ただし、一件ずつレコードを読み書きするのではなく、属性や時間別等の軸で大量の履歴データを集計・分析することに特化しています。

一般的なリレーショナルデータベースシステムも、DWHと同様な用途に使うことはできます。しかし、データ量が巨大になってくると、過去の履歴全体を利用するようなデータの読み出しのパフォーマンスが劣化しやすくなります。

一方、DWHは、そのような用途向けに作られているため、データ量が多くなってもパフォーマンスが劣化しにくいのが特徴です。マシンを追加して、データを複数ノードに分割することで速度向上を図ることもできます。ただし、当然のことながらDWHも万能ではありません。データの書き換え等に制約があり、一般的なリレーショナルデータベースと置き換えられるようなものではありません。自分たちのユースケースから適切なソフトウェアを選ぶことが重要です。

Hadoop登場以前は、大量の非構造化データを高速に処理する方法がなかったため、DWHに保存するのが一般的でした。しかし、データ分析の対象として、システムログやソーシャルメディアのデータ、センサーログデータなど、DWHでは扱うことが難しい非構造化データが増えてきています。そのため、DWHよりも、上に挙げたような非構造化データを格納可能なデータストアを利用することが多くなってきています。

また、DWHとデータストアの両方を構築し、まず非構造化データとしてデータを格納した上で、データのクレンジングや集計を行い、構造化データとしてデータを保存するという構成もよく利用されます。最終的に構造化データとして使う場合でも、非構造化データ用のデータストアを併用することで、収集時にはできる限りデータソースに近い形でデータを保存して、後から利用目的に応じて柔軟に利用できるようにするのです。

処理

処理工程の目的は、分析アルゴリズムを用いてデータを加工し、その結果を可視化ツールに渡す、もしくは、可視化ツール用のデータストアに格納することです。

データ処理の方式は、データ収集の方式とも対応しています。データが収集される端から逐次処理するストリーム処理と、一定期間のデータを蓄積して処理するバッチ処理の2つの方式に大きく分かれます。前者は、リアルタイムダッシュボードなど、その時々のデータの変化を即時表示するために用いられます。また後者は、履歴データによる日次レポートなど、定期的な分析に用いられます。

分析にリアルタイム性が必要であれば、ストリーム処理ができるソフトウェアおよび基盤により、前処理から分析アルゴリズムの適用まで逐次行うシステムを構築する必要があります。ただし一般に、ストリーム処理基盤のほうが、バッチ処理の基盤よりも構築や運用が難しくなります。

バッチ処理基盤で大量の非構造化データを処理する場合は、特別な事情がない限りは、Hadoopを使うのが一般的です。Hadoopは、数千台規模のサーバを1つに束ねて巨大な1つのコンピュータ（クラスター）として利用できるようにするソフトウェアです。2004年にGoogleが発表した「MapReduce」と呼ばれる大規模データ処理手法の論文が元になっており、Yahoo!で開発していました。現在はApache Software

Foundationに管理が移管され、オープンソースコミュニティでの開発が進められています。

　Hadoopの分散処理のポイントは2つあります。1つは、大量のデータを複数のサーバに分散させて持たせることです。これにより、1台のサーバでは保存することができないPB（ペタバイト）クラスのデータをクラスター上に保持し、処理できるようになっています。

　もう1つは、分散したデータを、分散したまま、データを保持しているサーバ上で処理して、結果のみを集約する仕組みです。大量の非構造化データを分析する際には、複数サーバで分担してデータを処理し、必要な結果データのみに絞って集約します。これによってデータの移動を極力少なくし、大量データでも高速に分析できるようになっています。また、サーバを増やせば増やすほど、データ処理速度を上げることもできます。

　なお、メモリに乗る範囲のデータ量であれば、Rなどスタンドアロンの分析ツールで充分なことが多いでしょう。メモリに乗り切らない大きさのデータを扱う場合は、Hadoopと、RやMahoutなどを組み合わせて処理することになります。

　これには、高度な分析基盤の構築・運用スキルが必要です。そこで、SASやSPSSなどの分析専用の商用ソフトウェアを導入することで、分析作業の負荷を軽減するという選択肢もあります。使いこなすには統計の知識が必要ですが、分析作業をサポートする高度な分析機能やGUIを備えています。リレーショナルデータベースだけではなくHadoopへも対応するなど、システム面でもデータ処理を実行する助けとなることでしょう。

分析・可視化

　分析・可視化工程では、処理されたデータをビジネス上の利用目的に合わせて、適切に分析します。そして、グラフやチャートなどの人が見て判断できる形に可視化したり、外部のアプリケーションに分析結果を

提供したりします。

前者の代表例には、経営者や一般社員、分析担当者向けに、ビジネスインテリジェンス（BI）システムや分析システム等があります。「BIツール」と呼ばれる分析・可視化機能が一体となったパッケージソフトウェアや、統計分析ソフトウェアです。

後者の代表例としては、スマートフォンアプリへのプッシュ配信や、ECサイト上でのレコメンド、ユーザ属性に応じたWebサイトの最適化、予防保全のための故障診断・予測システムなどがあります。外部システムへの分析結果の提供方法はインターフェースによりますが、データ分析結果を返すAPIを用意して複数のアプリケーションから利用する構成がよく利用されます。

データ処理フローの全体像

ここまでデータ処理フローの工程を個々に見てきました。図6.2に、これらの全体像を整理します。

分析基盤を設計する際には、この大きな流れのもと、ビジネス要件を踏まえて具体化したブループリントを作成し、個々の設計を詰める際の指針とします。

図6.2　データ処理フローの全体像

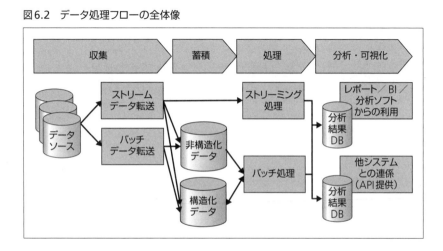

4 分析基盤のアーキテクチャ設計のケーススタディ

ここまで、分析基盤設計の基本的な考え方を見てきました。続いて、具体的なシステム構成を考えてみたいと思います。

具体的なシステム構成は、実現したい要件によって異なります。ここでは、ケーススタディによって具体的なシステム構成の方法を見ていきます。

ケーススタディにおける分析の目的と前提条件

ここでは、ECサイト向けの分析基盤を新規に作る場合を考えます。分析の目的と前提条件は、次の通りとします。

- **分析の目的**
  - ①ECサイトでの購入者と非購入者のECサイト上での行動や属性を比較し、購入者を増やすための施策を検討したい
  - ②ECサイトへのアクセス状況やレスポンスタイムをリアルタイムに表示したい

- **前提条件**
  - (A)ECサイトへのアクセス数は非常に多く、一日あたり数百GB以上のログファイルが生成される
  - (B)データをクラウド上に上げることには特に制約はない。ただし、できるだけ特定のクラウドサービスに依存せず、サービス間での乗り換えが可能な構成とする必要がある

この分析目的①②を達成するための分析手法と利用データを整理すると、表6.3のようになります。この表の3つを実現することが、分析基盤の当面の目的です。

表6.3　ECサイト向け分析基盤の分析目的と分析手法、利用データ

	分析目的	分析手法	利用データ
①-1	購入者と非購入者にどんな違いがあるか、サイトの閲覧傾向を確認する	クリックストリーム分析、クロス集計、機械学習	アクセスログ、購買履歴、ユーザマスタ、商品マスタ
①-2	購入者と非購入者を分ける特徴を抽出する	クロス集計、機械学習	アクセスログ、購買履歴、ユーザマスタ、商品マスタ
②-1	ページごとのアクセス数とレスポンスタイムをリアルタイムに表示する	ストリーム処理での単純集計	アクセスログ、レスポンスタイム

クラウドかオンプレミスか

さて、続いて実際の基盤の中身を考えていきます。

最初にぶつかる検討課題は、クラウドを利用するか、それともオンプレミスのサーバとデータセンターを利用するかという点です。

近年「クラウドファースト」というスローガンで、まずはクラウド利用を最初に検討すべきという話がよく聞かれます。分析基盤は、大量のデータを載せる必要があり、かつ、処理の柔軟性が求められるため、クラウド利用のメリットが大きく、クラウドファーストでの検討が向いている領域です。

分析基盤でのクラウド活用の一番のメリットは、スピードとスケーラビリティです。オンプレミスで分析基盤を作る場合は、サーバの調達からソフトウェアのインストールから設定まですべて自社内でIT部門などの協力により行う必要があります。それに対して、分析基盤のクラウドサービスを利用すれば、セットアップ済みの分析基盤をブラウザ上の簡単な操作だけで手に入れることができます。

データ分析では、必ずしも最初から大きな成果を得られるわけではありません。そのため、オンプレミスでデータ分析環境を構築しようとしても、社内でハードウェアとソフトウェアへの投資の稟議を得るのに時間がかかったり、ハードウェアの購入やセットアップなどに時間がか

かったりしてしまい、思うように分析作業が始められないことがあります。それに対してクラウドを利用すれば、最初から大きな投資を行わなくても、まずは手持ちのデータを分析できる環境をすぐに試すことができます。

また、クラウドによるクイックな分析から有効な示唆が得られた後は、その結果を大量のデータで補強したり、別のデータに対しても同様の示唆が得られるかどうかを確認したりすることとなるでしょう。その際にもスケーラビリティというクラウドのメリットが有効です。クラウドでは必要なときに必要な量のコンピューティングリソースを得ることができるため、まずは最小限のリソースで分析基盤をスタートさせ、必要に応じて拡張していくことも容易です。データ量や計算量に応じてディスクを増やしたり、CPUリソースを追加したり、不要となったら返却したりすることで、最小のコストで最大の効果を得ることができます。

近年では、Hadoopのマネージドサービスや、機械学習のサービスなど、クラウドベンダーが分析基盤に必要な機能をサービスとして提供するケースが増えてきています。分析基盤は大規模・複雑な構成になることも多いのですが、これらのサービスを上手に組み合わせることで、分析基盤の構築・運用が楽になる点も、クラウド活用の大きなアドバンテージです。

一方、自社のポリシーでクラウドにデータを置けないなどの理由があったり、クラウド上では実現が難しいようなSLA（サービスレベル・アグリーメント）や処理速度が求められたりする際には、オンプレミスも選択肢となります。とはいえ、米NSA(国家安全保障局)や、CIA（中央情報）など、高度なセキュリティを要求される組織ですら、クラウドは利用されており、むしろクラウドはセキュリティ面からも安全だといえます。

なぜならば、物理およびネットワークの高度なセキュリティ対策を設計・運用するには、多くの、そして継続的な投資とスキルが必要となるため、通常の企業では一定のレベルまでしか実行できないケースが多い

からです。これに対しクラウドを利用することで、クラウド事業者が多額の投資を行って運用している最新のセキュリティ対策を利用できます。そのため、ほとんどのケースでは、自らシステム運用を行うより少ない投資で、高度なセキュリティ対策が実現できます。もちろんクラウド事業者が提供するセキュリティサービスの理解と、これを設計・運用するスキルは必要ですが、適切な設定を行うことで、大きなメリットを享受できるのです。

データ分析基盤を構築するために必要なIaaSやPaaSのサービスを提供しているクラウドサービスには、「Amazon Web Services（AWS）」「Microsoft Azure」「Google Cloud Platform」「IBM Bluemix」などがあります。また、「Treasure Data」など、サービスに合わせたデータ収集の仕組みを追加するだけで、それ以降の蓄積、処理、可視化までを担ってくれる分析基盤のSaaSもあります。ソーシャルメディアの分析など、特定の分析領域に特化した高度な分析をSaaSとして提供しているベンダーも次々に登場しています。

アクセンチュアでも、Accenture Insight Platform（AIP）という、クラウド上で分析基盤を構築・運用するサービスを提供しています。AIPは、データ容量や使いたいソフトウェアなどの要件を伝えるだけで、短期間で分析環境を構築できます。さらに、パッチ適用などの環境運用サービスも提供します。また、ソフトウェアベンダーが提供する分析ソフトウェアも、アクセンチュアの包括契約によって、月額課金で安価に提供しています。これによって、たとえ分析システムを構築・運用するリソースを持たない組織であっても、分析を始めたいときにクイックに分析作業を開始できます。

今回のケーススタディでは、前提条件の（B）からクラウドを利用します。その中でも、クラウド間での移行が可能なベンダーを選定します。先ほど例に挙げたベンダーは、構成次第でいずれも要件を満たすことができます。どのサービスを選ぶかは、コストや分析のユースケース、エンジニアの有無、自社のIT戦略との整合など、複数の要件を踏まえて総合的に判断することになります。

分析基盤の機能とシステムブループリント

利用する基盤を決めたところで、今度は実現したい機能から構成を考えていきましょう。

最初に分析の目的から必要な分析方法を洗い出しました。リアルタイムでのアクセスログの集計と、蓄積したアクセスログと購買履歴を使った分析の両方が必要でした。

データ処理フローのそれぞれの工程に求められる機能は、次のように整理できます。

- 収集
  - アクセスログは、リアルタイムの集計と蓄積データの分析の両方で利用するため、Webサーバからログコレクター等でストリームデータとして抽出し、ストリーム処理基盤に流すとともに、データストアへ格納
  - 購買履歴、商品マスタ、ユーザマスタは、業務システムから取得する。分析は一定期間ごとに行われるため、バッチデータ転送でよく、ETLツールが利用可能
- 蓄積
  - アクセスログは、ストリームデータとして送られてきたものを保存
  - 購買履歴、商品マスタ、ユーザマスタは、定期バッチにて保存
  - アクセスログおよび購買履歴は、データ量が非常に多くなるため、できるだけ安価で大量のデータを保存できる基盤に入れる
- 処理
  - アクセスログは、ストリームデータを受け取って、ストリーム処理で集計
  - 購入者・非購入者の分析の際には、収集したすべてのデータを利用する。特にアクセスログは大量になるので、Hadoopを使った分散処理が必須
- 分析・可視化
  - アクセスログからのアクセス状況の可視化では、ストリーム処理の

結果を追記してグラフ化する機能が必要。ただ、複雑な分析処理は必要ない
- 購入者・非購入者の分析結果は、属性別の集計結果として可視化するほか、分散処理基盤上での機械学習による購入者予測を実施

整理した結果が図6.3です。これが今回のECサイトデータ分析システムの基本構成となります。

図6.3　ECサイトデータ分析システム基本構成

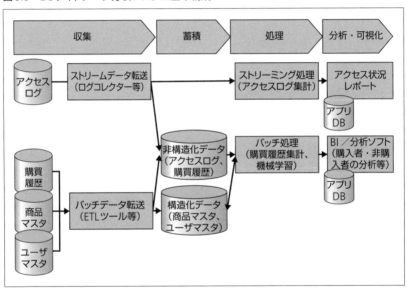

実際に分析基盤を実装する際には、ここで作成したブループリントに沿って、具体的な製品やコンポーネントを検討していきます。

5　分散処理基盤としてのHadoopとSpark

　データ分析基盤で利用されるソフトウェアは、日進月歩で進化しており、その時々で最適なソフトウェアは変わり続けており、同じ要件でもその時々によって、最適なプロダクトやコンポーネントは変わっていきます。

　前述したように大量のデータを扱うための環境として、従来は専用のデータウェアハウス（DWH）ソフトウェアが利用されてきました。DWHソフトウェアは大量のデータを扱うための高度な機能を備えていますが、一般に、高額なライセンス料と高性能なハードウェアのインフラ投資が必要です。

　しかし今日のビッグデータの時代では、Webやモバイルのログやソーシャルデータなど、日々発生する大量のデータには、従来の環境では処理性能が充分でなかったり、投資が高額になりすぎたりします。

　そこで開発されたのがHadoopのアーキテクチャです。Hadoopは、複数台の安価なサーバを使用し、処理を並列分散させることで、大量データの処理を可能としました。また、サーバを追加することでシステムの処理性能を容易に増強することを可能としました。

　しかし、初期のHadoopアーキテクチャ（実際には並列分散処理を行うMapReduceフレームワーク）も万能ではありませんでした。Hadoopはビッグデータに対するバッチ処理には力を発揮しますが、処理速度が充分でなかったり、リアルタイムに発生するデータへのストリーミング処理が行えなかったりすることが弱点でした。この弱点によって、初期のHadoopでは、Webサイトを訪れたユーザに対する即時のアクションができなかったり、大量データに対する機械学習の処理に時間がかかったりといった、システム的な制約がありました。

　これに対応するため、開発された新しいフレームワークがSparkです。Sparkによって、従来のMapReduceでは実現できなかったストリー

ミング処理や、繰り返し同じデータでの計算を行う機械学習などの計算処理を大きく改善することができました。

このように、データ分析を行う基盤も、システムで実現する業務によって、日々新しい機能が求められていきます。昨今注目を集めているIoT（Internet of Things）の世界では、センサーなどのあらゆる機器がインターネットと接続してデータを送信することで、これまで以上に生成されるデータが増えます。さらに、機器が産み出す特定のデータに対して、即座に何らかのアクションを取ることで、ビジネスを有利に進める可能性があります。このようなビジネスニーズに応えるため、分析基盤はより大量のデータを、より高速に処理できるように進化していくでしょう。

この進化にはOSS（オープンソースソフトウェア）の活用も欠かせません。OSSは優秀な技術者によって世界中で開発されており、商用ベンダーのソフトウェアに勝るとも劣らない製品が続々とリリースされています。特に分析システム向けのOSSは多数リリースされており、注目を集めています。システム基盤を構築するには、これらのOSSの動向にも注目が必要です。

ソフトウェアベンダーでも、OSSを採用してビジネスサポートを加えるといった動きがあります。クラウドサービスでも、OSSの機能を取り込んで独自の新しい機能として仕上げ、リリースするといったことも進んでいます。

より効率的に分析システムを構築する上では、OSSとクラウドの活用をぜひ検討してください。OSSとクラウドでは、日々新しいソフトウェアやサービスが開発されていますが、基盤構築の基本的な考え方は大きくは変わりません。分析基盤の設計が必要になった際には、最新の動向を情報収集して、最適なシステムを考えてみてください。

データ分析基盤の転換

　ここまで、分析基盤設計の基本的な考え方を書きました。最後に、この考え方の背景となった最近のデータ分析基盤の大きな転換について触れたいと思います。

従来の分析基盤

　従来、分析基盤と言えば、データウェアハウス（DWH）に企業内の業務システムのデータを集約し、そのデータをBIツールで分析する、BIシステムを指すことが一般的でした。DWHは言葉の通り「データの倉庫」です。ここに分析に利用するデータをすべて保存し、データを一元化します。

　DWHには、一般的なリレーショナルデータベースソフトウェアを使うこともできますが、性能を求める際にはDWHに特化した専用のソフトウェアやアプライアンスを利用します。

　DWHにデータを格納する際には、「スタースキーマ」と呼ばれる、時系列のデータを時間や属性などの複数の軸で分析することに特化したテーブル構造にするのが一般的です。「スタースキーマ」では、過去の履歴データを蓄積する履歴テーブルの周りに、商品名や顧客名などの属性を記録した属性テーブルを配置します。このような構造にすることで、属性ごとの過去データの一括読み込みを高速化しています。

　DWHを中心としたBIシステムは、業務システムのデータベースのデータを利用して、意思決定に必要なデータを迅速に分析する点では非常に優れたシステムです。しかし、近年、ビッグデータの登場により、DWHではカバーしきれない領域が出てきました。

　DWHではデータを格納する際に、データを分析する軸をあらかじめ決めておき、それに合わせたスキーマ設計を行う必要があります。その

ためには、データを入れる前に分析の要件定義を行い、最適なデータ構造を導き出す作業が不可欠です。このような作業をスキーマ設計時点で行っておくことで、分析時の手間を最小限にすることができます。

ビッグデータによるアーキテクチャの変化

しかし、ビッグデータは多様なデータ構造を持ち、データを蓄積する時点ではどのような軸で分析するか、すべて網羅的に定めることが難しいという性質があります。そのため、DWHにデータを格納しようとすると、設計時点から大きな手間がかかってしまいます。

調査会社のガートナー社は「ビッグデータ」の特徴を「3V」で定義しています。3Vとは、ボリューム（Volume、データ量）、速度（Velocity、入出力データの速度）、バラエティ（Variety、データタイプとデータ源の範囲）の3つの頭文字を取ったものです。これら3点が増加して既存システムでは扱えないデータを、ビッグデータと定義しています。

データの多様化に伴って、データ分析に利用する手法も多様化しています。集計や統計的手法だけでなく、機械学習のような過去の全履歴データを利用し、データベースでの行ごと・列ごとの読み書きに向いていない分析手法も使われるようになってきました。

これらの課題を解決したのが、分散ファイルシステム「HDFS」と分散処理を組み合わせた「Hadoop」でした。HDFSは、Hadoopクラスターの各サーバにデータを分散して蓄積する分散ファイルシステムです。Hadoopを利用するアプリケーションからは、HDFS上のデータは通常のファイルと同じように見えます。データベースのように保存する際にテーブル構造等の構造を作る必要もなく、生のデータをそのままコピーして蓄積できます。

HDFS上に保管されたデータは、実際にはクラスター内のサーバに分割して保存されます。アプリケーションから処理する際には、できるだけデータが保存されているサーバで処理が実行されるように、処理内容が分割されます。

Hadoopの登場により、データ分析基盤のアーキテクチャは大きく変化しました。DWHとは異なり、データの利用法やスキーマを定めることなくデータを格納し、データを利用する際に分散処理のパワーを使って、必要な形式、必要な属性、必要な軸で取り出せるようになったのです。

このアーキテクチャの変化は、「Scheme on Write」から「Scheme on Read」への変化と呼ばれます。前者はデータを格納する前にデータの使い方と分析手法を定め、その目的に適うデータスキーマにデータを蓄積していくアプローチを表しています。後者は分析に利用する可能性があるデータがあれば、とにかくデータを蓄積しておき、データを利用する際にデータに意味を与えるアプローチを表しています。この変化は、現在は当たり前のものとして受け入れられていますが、分析基盤の設計の「コペルニクス的転回」ともいうべき大きな変化でした。

本章の分析基盤設計の考え方は、この変化を前提にしています。ITは非常に変化の大きい領域ですが、このような大きな流れを捉えることで、新しいものが出てきた際にも、それを取り込んで拡張可能なアーキテクチャを考えることができます。

本章では、分析基盤の設計という、おそらく一般的にはなじみのない分野の話をしました。

データ分析基盤の分野では、HadoopやSparkといった新しいプロダクトの話題を多く見かける一方、それらを活用するための土台となる基本的なシステム構成の話を見かける機会は少ないように思います。

ただし、ビッグデータは先に述べたように「3V」（Volume、Variety、Velocity）が特質と言われています。分析基盤で扱わなければいけないデータの量やバラエティはますます増加し、それに対応した新しいシステムやプロダクトを次々に導入していくことが必要になります。そのような新しい事態に対応するときにこそ、基本的な考えが重要になってきます。

第II部

データアナリティクスの実践

第7章 機械学習と人工知能

近年では人工知能（AI:Artificial Intelligence）が話題です。AIはこれまでも何度かブームがありましたが、近年注目されている背景には、Googleなどの先進的な企業や研究者が機械学習やディープラーニングといった手法による取り組みを進化させてきたことがあります。本章では、機械学習やディープラーニングとアナリティクスとの関係について解説します。

1 人工知能と技術的特異点

「技術的特異点（Technological Singularity）」という単語を耳にしたことがあるでしょうか。技術的特異点とは、発明家のレイ・カーツワイルと数学者のヴァーナー・ヴィンジによって提唱された概念です。優れた人工知能が生まれて特異点が出現し、その特異点の後は科学技術の進展が、ムーアの法則と同様に指数関数的に、人類の理解を超えるスピードで加速するというものです。ヴァーナー・ヴィンジが著作で「超人的な人工知能が人類に取って代わる」というセンセーショナルな表現を用いたため、技術的特異点の概念が大いに話題を呼び、急速に普及しました。

この一見遠い未来の話のような概念を支えるのが人工知能です。昨今、ディープラーニング等の機械学習技術の発展の影響か、"人工知能"という単語が頻繁に用いられ、目にしない日がないほどです。

さて、みなさんは「人工知能の定義について教えてください」と言われたとしたら、どう答えますか？

実は、今のところ人工知能について厳密な定義は存在しません。その

一因として、人工知能の研究のややこしい生い立ちが挙げられます。この章ではまず、どのように人工知能という言葉が生まれたのか、見ていきましょう。

1940年代初頭から、ニューラルネットワークやサイバネティクスといった、今でいう人工知能の研究分野に近い取り組みはすでに、散発的に存在していました。1947年にはエニグマ暗号の解読で有名なアラン・チューリングがロンドン数学学会における講義で、彼が設計したACE（Automatic Computing Engine）の拡張により [1]、特定の問題に限らず、さまざまな問題を解ける万能な"human computer"ができると示唆しています。ここで初めて人工知能の概念が提唱されたと言われています。

"人工知能"という単語自体が用いられたのは、1956年のダートマス会議と呼ばれる研究会からだと言われています。その研究会の発起人の一人であったジョン・マッカーシーは、人工知能を"It is the science and engineering of making intelligent machines, especially intelligent computer programs."（"intelligent"な機械やプログラムを作る科学/工学の取り組み）[2] と定義しています。つまり、人工知能という研究分野は、最初から人工知能という言葉の確たる定義からスタートしたというわけではなく、ヒトのようにさまざまな問題を解決できるような仕組みがあればよい、という素朴な需要から生まれたものだと考えられます。

さて、"intelligent（知的）"な機械（ないしプログラム）ということですが、何をもって知的とするのかは非常に難しい問題です。そもそも、機械が"intelligent"になりうるのか、という疑問は古くから存在します。

この問題に対して答えを出すべく、1950年にアラン・チューリングが、機械が知的であるかどうかを判定するためのテスト（チューリングテスト）を考案しています。チューリングテストとは、ある機械に対して質問をし、審査員がその機械からの回答を見て、人間からの回答と考えられるかどうかの判定をするというものです。もし人間からの回答だと審査員に思わせることができたならば、その機械は"intelligent"で

【1】 http://www.vordenker.de/downloads/turing-vorlesung.pdf
【2】 http://www-formal.stanford.edu/jmc/whatisai/node1.html

ある、ということになります。

　一見すると、このチューリングテストで機械が知的かどうか判断できそうです。ただ、チューリングテストには反論も存在します。その中で有名なものとして、ジョン・サールによる"中国語の部屋"と呼ばれる思考実験があります。

　中国語の部屋の概要は以下のとおりです。まず、中国語が理解できない人を、中国語の質問とそれに対応する回答のマニュアルとともに、小部屋に閉じ込めておきます。その部屋の外には審査員がいて、中国語の質問を書いて部屋の内部とやりとりします。すると、回答が返ってくるので、審査員はこの部屋の中には中国語が理解できる人がいると思い込んでしまう、というものです。

　部屋の中にいるのは中国語を理解していない人で、ただマニュアルにそって回答しているだけなのに、それは果たして"intelligent"と呼べるのか？　同じことがチューリングテストを通過した機械にもいえるのではないか？　というのがジョン・サールによる問題提起です。"中国語の部屋"以降、人工知能の実現可能性は長年議論の対象となっています。

　そもそも何をもって"intelligent"とするかという疑問に答えるには、人間（あるいは動物）の"intelligent"な行動の仕組みに対する理解が必要です。しかし、現状、脳科学は生物の脳の仕組みを完全には解明できていませんし、認知科学は生物と世界との関係を完全に解明できていません。そのため、何をもって"intelligent"と呼ぶのか厳密な答えは当面出ないと考えられます。チューリングテストは"intelligent"かどうかの判断を人間にゆだねるという、あくまで近似解を示すものだといえます。

　以上のように、そもそも人工知能が実現可能かどうかの答えは出ていませんが、"知能"ライクなふるまいをする機械やプログラムに関する研究は、古くから行われています。その一つに、"学習する"機械である機械学習の取り組みがあります。

　この機械学習のプログラムは、従来のプログラムと何が違うのでしょうか。簡単な例を使って、機械学習と従来の静的なプログラムの違いについて説明をします。

2 機械学習とディープラーニング

知能の本質は学習すること

　みなさんは、毎日たくさんやってくる電子メールを、どのように分類しているでしょうか。何かルールを作ってフォルダに振り分けるというのが一般的なやり方かと思います。件名に「Xプロジェクト」という単語が入っている場合にはXプロジェクトのフォルダに振り分ける、飲み仲間のYさんから受信したメールは「非業務」フォルダに振り分ける……など。このように、経験に基づいて分類の固定ルールを決めて適用するのが、従来の静的なプログラムに近い考え方です。

　ところが、実際はもう少し複雑です。Xプロジェクトのメールなのに件名に「Xプロジェクト」が入っていなかったり、飲み仲間のYさんが珍しく真面目な仕事のメールを送ってきたりすることもあるでしょう。こうしたことは、メール本文を読んではじめて気が付くものです。これに対して、手動でルールを「送信したのがYさんで、かつ本文中にレストラン口コミサイトへのリンクが含まれたら非業務フォルダに振り分ける」のように変えることで、対応することはできます。

　しかし、迷惑メールの場合はどうでしょうか。みなさんも迷惑メールを目にした経験がおありかと思いますが、迷惑メールにはパターンがたくさんあります。そのため、迷惑メールを迷惑フォルダに振り分けるために、いちいち前述のようなルールを作っていては大変です。また、迷惑メールのパターンも時々刻々と変化しており、昨日がんばって作ったルールが明日には当てはまらなくなる、といったことも起こりえます。

　実際には迷惑メールは、ナイーブベイズという手法に代表される機械学習で分類されています。そのようなサービスを提供するプロバイダもありますし、デフォルトでフィルタリング機能を持つThunderbirdのようなメーラーもあります。

　機械学習でメールを分類する場合も、内部でルールを持っているのは

同じです。しかし、これまでに得られた過去データから自動で学習してルールを作っているという点が、従来型の静的プログラムと大きく異なります。学習によってルールを書き換えるので、より現状にマッチしたフィルタリングを行えます。

　例えば、不動産の勧誘に関する迷惑メールをいくつも受け取っているときに、そのようなメールに「迷惑メール」とラベルを付けます。すると、機械学習により迷惑メールの特徴を学び、"本文に「不動産」「お買い得」という文言が入っていれば迷惑メールとする"というようなルールが作られます。さらに、あるときから不動産の勧誘に関するメールがぱったりと来なくなり、その代わりに身に覚えのない請求をしてくる迷惑メールが増えたとします。ここで、そのような架空請求メールに「迷惑メール」とラベルを付ければ、機械学習が"本文に「請求書」とあり特定のURLへのリンクが貼ってあるものは迷惑メールとする"といったように学習してくれます。

　このように、学習して分類の精度を上げる（賢くなる）という点が、従来の静的なプログラムと機械学習が異なる最大のポイントです。

　この迷惑メールフィルタの例は、正解データ（この例では、「迷惑メール」というラベル）を元にして学習を行う「教師あり学習」[3]に分類されます。そのほか、正解データがなくても、似たようなクラスを探索していくクラスタリング手法や、類似性を探求する協調フィルタリングなども、「教師なし学習」[4]と呼ばれる機械学習の仲間です。

　教師あり学習と教師なし学習の中間といえるものとして、強化学習というものも存在します。強化学習では、正解データのかわりに「報酬」と「罰則」を与え、最終的な報酬の量を最大化するように試行錯誤して、行動のルールを学習していきます。

　例えば、すごくおいしい料理を出すレストランに、夏のものすごく暑い日に地図もスマートフォンも持たずに行くことを考えてみてくださ

【3】 教師あり学習（supervised learning）とは、事前に与えられたデータをいわば正解の例題とみなして、それに基づいてデータを学習させていく方法。
【4】 教師なし学習（unsupervised learning）は、出力すべき正解でデータを与えずに、データの構造や法則を見出していく方法。

い。一回目は、道がわからずさんざん汗をかいていやな思いをしながら、ようやくたどり着いておいしい料理にありつきます。その後は、なんとなく「こう進めば時間がかかって暑い思いをすることなく、おいしい料理にありつける」ということを学習していって、最終的には最短の経路でレストランに行けるようになるでしょう。この例では「時間がかかって、暑い思いをする」のが罰則にあたり、「レストランでおいしい料理にありつける」が報酬に該当します。できるだけ暑い思い（罰則）を少なくし、最終的な報酬の量を最大化するように経路を最適化する、というイメージです。

ディープラーニングはなぜ注目されるのか

昨今の機械学習ブームの引き金となった出来事に、ディープラーニングと呼ばれる機械学習技術の発展があります。ディープラーニングとは、何層か積み重ねた"深い"ニューラルネットを用いた機械学習の仕組みです。画像や音声の認識に活発に応用されており、非常に高い精度で分類できる点で注目されています。

例えば2014年3月に、Facebookが開発したDeepFaceと呼ばれる顔認識技術が、97.25％という人間とほぼ互角のレベルを実現したことが発表されています。

また、2016年1月には、Googleが開発したAlphaGoと呼ばれる囲碁プログラムがプロ棋士と対戦し、5戦のすべてで勝利を収めました。このAlphaGoにはディープラーニングの技術が使われています。これまでにも、IBMのスーパーコンピュータDeep Blueとチェスの世界王者であるガルリ・カスパロフとの対戦や、ドワンゴが主催しているコンピュータとプロ棋士との対戦である将棋電王戦のように、コンピュータが人間とボードゲームで対戦してコンピュータが好成績を収めるという例はありました。しかし、囲碁はチェスや将棋と異なり、盤面が広く考慮すべき手がたくさん存在し、また、駒自体に明確な役割があるわけではないため、盤上の状態を評価しづらいという問題があります。そのた

め、囲碁でコンピュータが人間の名人に勝つことは難しいと言われていました。それだけに、このAlphaGoの勝利は驚きをもって受け止められました。

　ディープラーニングが注目を浴びるもう一つの要因として、"特徴量の自動抽出"と呼ばれるものがあります。従来の機械学習では、分類すべき対象から、分類のために注目すべき"特徴量"と呼ばれるポイントについて、前もって指示を与える必要がありました。しかし、ディープラーニングは"ここを見て判断しなさい"と指示せずとも分類できる点が、従来の機械学習手法とは一線を画しています。我々は、ある動物を見てそれがネコであるかどうかの判断をするときに、特にどの点に注目するかを意識せずに判断できます。このことから考えても、ディープラーニングはよりヒト（動物）に近い判断をしていることが理解できると思います。

　このディープラーニングの技術の発展で、"intelligent"な機械の実現に一歩近づいたといえましょう。

3 オープンソースを味方に機械学習を学べる時代

　現代を生きる読者のみなさんが機械学習に取り組む場合、大変強い味方があります。それは、豊富に収集されるデータと、安価に購入可能なPC、そして今すぐにでも利用できる状態にあるオープンソースソフトウェア（OSS）の存在です。我々は豊富なデータに囲まれ、何度でも試行し、失敗することが許される、本当に恵まれた時代に生きているのです。

　例えばディープラーニングについて、GoogleのTensorFlowや、MicrosoftのCNTK（Microsoft Computational Network Toolkit）といったライブラリやツールキットが無料で公開され、誰にでもディープラーニングを扱える状態になっています。

　また、MOOC（Massive Open Online Course）と呼ばれるオンライン講座もこのようなオープンソースの利用を促進する一因となっています。実際に、オンライン講座を提供する「Udacity」では、GoogleがTensorFlowの使い方を説明する講座も提供されています。

▌データを放り込むだけで成果が出る？

　上の話から、「大量のデータさえ放り込めば、機械学習で勝手に学習してくれて、ものすごい成果が生まれ続けるのだろう。機械学習を無料で使えるライブラリも、丁寧に使い方を解説してくれる講座もあるし、もう勝ったも同然だ！」と考える方もいらっしゃるかもしれません。

　しかし、実際のビジネスにおいてはそうはいきません。機械学習の前段として、第5章で紹介したように、データの前処理をどう行うか方針を考え、その方針に従って前処理を行う必要があります。また、使用目的に応じてアルゴリズムを選択し、その後適切に評価する必要もあります。

オンライン講座は確かに丁寧にライブラリの使い方を教えてはくれますが、ここまでは教えてくれません。機械学習のライブラリも、その使用方法を提供するオンライン講座も無料で提供され、機械学習がみんなの手の届くものになった今、結果の質の良しあしを決めるのは、データ取得・前処理からモデルの評価までの一連のプロセスをつなぐ力です。

また、それと同じぐらい重要なのが、現状を客観的に見つめ、課題を明確に設定し、解決策を選ぶという力です。近年の機械学習ブームを見ていますと、解析技術論や並列分散処理基盤にフォーカスした話が数多く見受けられます。しかし、コンピュータサイエンスや機械学習とは全く別の次元で、世の中の事象はもっと複雑になりつつあります。エピデミック・パンデミック抑止や、ゲノムやコホート分析による予防医療、あるいは再生医療などを含む医療政策、紛争における国際情勢、宗教問題、少子高齢化における経済・教育・労働・医療・移民・海外移転政策、公共政策全般の抜本的な見直し、ビジネスにおける市場や関連法規制、新たな技術革新の台頭などです。

私たちが対峙する課題や挑戦は、もはや国境を越えてグローバル化、複雑化しており、単一の事象を単一の手法のみで解決できるものではなくなりつつあります。ここにおいて、現状を客観的に見つめ、課題を明確に設定し、解決策を選ぶという力が、今世界の経営者や政治家、官僚をはじめ、いかなる組織のリーダーにも求められ始めています。

技術的特異点は、別に怖くない

ここまでややこしい話が続きましたが、データがあふれる現代を生きるみなさんに心がけてほしいのは、ごくごくシンプルなことです。それは、

「で、その解析結果を、どういうアクションにつなげていきたいの？」

と問い続けることです。忘れてはいけない大切なことは、何が目的なのかを常に意識し続けることです。つまり何を課題解決の目的としている

のかを念頭において作業しないと、技術をうまく適用できないのです。

そしてさらに重要なのは、現実の問題解決に活かすためにどうアクションをとるかということでしょう。

本章の冒頭で述べた「技術的特異点」を思い出してみてください。未来の科学技術の進歩を支配するのは人類ではなく強い人工知能であるというもので、かなりセンセーショナルな概念でした。人工知能の判断力が、人間をも超越する時代が来るのかもしれません。

短期的な利益だけではなく、長期的な利益を見据えて時にはリスクをとるような、高度な人間の判断力には全く意味がなくなってしまうのでしょうか？　人工知能がすべての人間活動の営みを代替する時代が来るのでしょうか？

それは、脳科学がヒト（生物）の脳の仕組みを完全に解明し、認知科学が世界とヒト（生物）との関係を完全に解明しない限り、実現は難しいと考えられます。ここに人が介在する世界の複雑性という面白みがまだ残っているのです。

それに、前述したとおり現代はオープンソースのライブラリや無料のオンライン講義など、意欲さえあれば難しい技術でも自分のものにできてしまう時代なのです。技術的特異点後の世界も、私たち人間がそうした飛び道具を使って指数関数的に飛躍していけるのではないか、と信じてやみません。

読者のみなさんが、分野を問わず客観的な意思決定プロセスとアプローチに興味を持ち、失敗を恐れずに果敢に挑戦し続け、各分野で、そして世界で活躍されるリーダーとなることを願っています。

第8章 アソシエーション分析：購買分析からレコメンデーション応用まで

前章では、人工知能プログラミングの概要から入りました。この章からは、具体論に入ります。

まずはコンビニエンスストアなど商品明細POSデータに代表されるトランザクションデータを扱っていきたいと思います。皆さんが日々の生活で少なからずお世話になっているであろう身近なデータを扱うことで、機械学習に対する親近感を持っていただけたらと考えています。できる限り実際の状況を意識しながら、探索問題の一つであるアプリオリアルゴリズムの応用、アソシエーション分析の基礎について解説していきます。

1 購買分析に効く！ アソシエーション分析

アソシエーション分析（別名：マーケットバスケット分析）は、90年代に考案された分析手法です。代表的な論文にRakesh Agrawal氏らが1993年に執筆した「Fast algorithms for mining association rules」［Agrawal, R.; Imieliński, T.; Swami, A.］があり、トランザクションデータの規則性を抽出する実践的方法論が紹介されています。

この分析手法が、売り上げ向上施策によく使われているのはご存知かもしれません。蓄積された顧客ごとの取引データを分析し、併売の関係性が強い事象の組合せやその割合、統計的に見て強い関係を持つ事象間の関係（ルール）を抽出するデータマイニング手法で、「商品Aを購

入した人は、商品Bも購入する確率が高い」という法則性（アソシエーションルール、指標詳細については後述）を見つけ出す分析手法です。

アソシエーション分析の活用例で有名なものとしては、小売店における前述したトランザクション形式の代表例であるPOSデータを利用した分析が挙げられます。同時に購入されている確率が高い商品を明らかにし、その上で、店舗別のレイアウト設計や、棚割り、商品配置の最適化、顧客別のクロスセル、アップセル、価格最適化に活用するケースです。

例えば、スーパーマーケットなどの小売店舗におけるPOSレジで支払いと同時に次回利用可能な動的なクーポンが発行されるケースがあります。このようにトップライン増強策としての販売促進に利用されている実例を、実務の世界でも良く見ます。

飲食店においては、追加注文のレコメンデーションのようなクロスセルへの活用などが可能です。既存顧客に対し、より上位の、高価なものを購入してもらうことをアップセルと呼び、いつも購入している商品やサービスに加え、関連する別の商品も推薦して、売上につなげることをクロスセルと呼びます。アソシエーション分析は、このクロスセルに高い頻度で活用されます。

ECサイトでは、購買履歴を分析し、顧客ごとに最適化された商品が並んだトップページを提供することで顧客の利便性と顧客満足度（CS）の向上に貢献できます。また、購買履歴だけでなくウェブサイトへのアクセスログを用いて、ページ閲覧履歴の解析などにも応用できます。

各業種・業態別に見たアソシエーション分析の活用対象は表8.1のようになります。

表8.1 アソシエーション分析の活用対象

業種/業態	分析	活用により得られる効果（例）
GMS（総合スーパーマーケット）、CVS（コンビニエンスストア）等、流通小売業全般	同時購入商品の組合せ、上記の店舗間比較	店舗内での商品陳列の最適化、購買動機の把握、店舗間での顧客嗜好の比較、新規出店時の地理的特徴の把握
eコマース・デジタルコンテンツ産業	IDに紐付く過去の累積、購買履歴、サイト内のページ閲覧履歴	顧客ごとにカスタマイズされたメールマガジン、インターネット広告、トップページによるコンバージョン率の向上
通信サービス・工業製品	製品本体とオプション製品（サービス）の組合せ、オプション製品（サービス）同士の組合せ	携帯電話、プロバイダの料金プラン、付加オプションサービスの提案、オプション商品同士のセット販売による顧客インセンティブ
外食産業	トッピングメニューの組合せ、食べ物・飲み物・サイドメニューの組合せ	追加オーダーのレコメンド、新商品、セットメニューの考案、（時系列比較による）顧客動向の調査
金融サービス	金融商品の購入状況	投資対象銘柄の提案、顧客の嗜好、選択基準の把握

　このようなアソシエーションルールを発見する手法としては、「アプリオリ（Apriori）アルゴリズム」が広く知られています。アプリオリアルゴリズムでは、全アイテム（商品）の組合せに対して、"ある商品Aとある商品Bが同時に購入される確率（支持度）"を求め、さらに"ある商品Aに関するルールのうち、商品Bを含んでいる確率（確信度）"を求めることで、意味のあるルールを導き出します。つまり前者は特定の併売パターンの全体に占める割合、後者が特定の併売パターンでの結びつきの強さを表します。

　アプリオリアルゴリズムのほかには、「FP-Tree」と呼ばれるツリー構造のデータモデルを利用して高速化を図った「FP-Growth」アルゴリズムがあります。また、系列性を考慮したアソシエーション分析（例えば、商品Aの後に商品Bを購入する確率と商品Bの後に商品Aを購入する確率を別として扱う）としては、「SPADE」アルゴリズムが知られています。

アソシエーションルールと評価指標

　アソシエーションルールは、「X⇒Y（XならばY）」の形式で示されます。このXを「条件部」、Yを「結論部」と呼びます。典型的な例としては、「シャンプー⇒リンス（シャンプーならばリンス）」、「ビール⇒枝豆（ビールなら枝豆）」などが想像できそうです。また、「レタス&ハム⇒コッペパン（レタスとハムならばコッペパン）」のように、条件部に複数の商品を仮定することも可能です。

　多くの場合、POSデータから得られるデータはSKU（最小管理単位、Stock Keeping Unit）単位で記録されます。ただし、SKUごとに分析するとアイテム数が多すぎて有用な結果が得にくいため、グループ化の工夫が必要です。そしてグループ化の単位を「分析したいとしている」単位でグループ化することが重要です。このためにコード体系を整理する工程が必要となります。

　ビールに例えると、「食料品＞飲料＞アルコール飲料＞ビール＞ABC（ブランド）＞ABCビール＞ABCビール（350ml缶）」といったレイヤーのうちどこでグループ化を行うかを、分析で明らかにしたい仮説と目的から検討し、設定する必要があります。ここは、マーケターの分析の着眼点や目的が強く要求される領域です。

　例えば、対象となる併売SKUの中に、同じブランドがあっても、パッケージングのボリュームに対する嗜好性を取りたいという特殊なケースもあるでしょう。事実、これまでのプロジェクトを通じた分析の経験上、清涼飲料水1本あたりの消費量に対する嗜好性が時間別（午前と午後等）に変化する傾向にあることがわかってきています。そうした分析には、同じ味やブランドの中で、SKUに容量ラベルがカテゴリ分けの軸に入っていることが重要になるでしょう。

　また、純粋に併売の傾向を顧客セグメント別に把握していきたい場合、属性情報による分布の絞り込みやグループ分けも重要になるケースがあ

ります。例として、コンビニなどでは、朝のコーヒーに対する併売対象SKUの分布が、性別により大きく特徴量を決定づけることがわかってきています。そのため、合わせて学習対象のデータについて、分布を時間帯や性別（あるいは、商材によってはほかの属性）で分けるなどの目的設定が必要になるでしょう。こういった要素が、分析の着眼点を鍛えるポイントや醍醐味になったりします。

マーケットバスケット分析での評価指標（KPI）としては、主に支持度、確信度、リフト値が挙げられます。それぞれの特徴と解釈を整理すると表8.2のようになります。

表8.2 アソシエーションルールと評価指標

評価指標	説明
前提確率	全体の中でXを含むトランザクションの比率。Xは条件であるため、内部には複数アイテムやSKUを保持可能
支持度 (Support、同時確率)	全体の中でXとYを含むトランザクションの比率。つまりその併売ルールの出現率を表す
確信度 (Confidence、条件付き確率)	Xを含むトランザクションのうち、Yを含む確率。注意として、Xは必ずしも単品アイテムやSKUを表現しているわけではなく、条件と読み替えて複数商品の場合もある。このため、ある意味前提条件部と言い換えることもできる。確信度が高いほど、その前提条件において結論づけられる対象併売ルールの結びつきが強いことがわかる。確信度の高いルール＝良いルール
リフト値 (Lift、改善率)	確信度を前提確率で割ったもの。一般には1以上であれば有効なルールとみなされる。Xを買ってYも買う確率は普通にYが買われる確率の何倍であるか。つまりリフト値が極端に低い場合、意味のあるルールとは言えなくなる

3 Rのarulesパッケージを使ってみよう

アソシエーション分析はR、SAS Enterprise Guide、SAS Enterprise Miner、WEKAなど、主要な統計分析ソフトウェアやデータマイニングツールに実装されています。また、SAP HANAのPredictive Analysis Library（PAL）のようなデータベースの分析機能（インDB分析機能）を用いて実行可能な製品もあります。このような機能を持った製品では、データウェアハウスと統計分析ソフトウェアの間でのデータの受け渡しが不要なため、全体として高速な処理が期待できます。

本章では、アソシエーション分析に対応し、かつデータの入出力や加工、整形など、豊富なデータ操作機能を持った統計分析ソフトウェアとして、Rを用いたアソシエーション分析の実行方法について概説します。

Rでは、アプリオリアルゴリズムを用いたアソシエーション分析のパッケージとして、「arules」があります。arulesは、Rのアドオンパッケージレポジトリである CRAN（The Comprehensive R Archive Network）で公開されています。arulesを利用することで、数行のコーディングでアプリオリアルゴリズムを実行できます。本章では、このarulesパッケージを利用してアソシエーション分析を行う手順を概説します。

なお、R自体の基本的な使い方は、「実践！WebマーケターのためのR入門」（http://markezine.jp/article/corner/513）のような記事で詳述されていますので、参考にしてください。

以下は、2015年9月現在の最新版R（R-3.2.2）およびarules 1.1-9での手順です。

▍(1) arulesパッケージの導入

Rを起動して以下のコマンドを実行します。これは、arulesパッケージをインストールし、ロードします。

```
install.packages("arules")
library(arules)
```

(2) データセットの読み込み

arulesパッケージ付属のサンプルデータセット「Groceries」を読み込みます。これは実在する店舗における30日間のPOSデータで、9835トランザクション、196カテゴリで構成されています。このデータセットでは商店で販売されている「milk（牛乳）」や「root vegetables（根菜類）」といった商品の併売情報が記録されています。

本分析では、このデータを用いてどのような商品とどのような商品が同時に購入されているかを明らかにすることで、同時に購入されている商品を近くに配置する、商品の近くに同時に購入されている商品を用いたレシピを掲示する、もしくはスタッフによる商品の勧奨を行うなど、クロスセル（併売）の取り組みの判断材料を提供することが目的です。

```
data(Groceries)
```

なお、自身で用意したデータセット（図8.1）を利用する場合は、read.transaction関数でテキストファイルをRにロードできます。引数はそれぞれ、ファイル名、記載方法（format）、区切り文字（sep）を示します。

```
Groceries <- read.transactions("Groceries.txt", format = "basket", sep=",")
```

図8.1 用意するテキストファイルの例

```
citrus fruit,semi-finished bread,margarine,ready soups
tropical fruit,yogurt,coffee
whole milk
pip fruit,yogurt,cream cheese ,meat spreads
other vegetables,whole milk,condensed milk,long life bakery product
whole milk,butter,yogurt,rice,abrasive cleaner
rolls/buns
other vegetables,UHT-milk,rolls/buns,bottled beer,liquor (appetizer)
pot plants
whole milk,cereals
tropical fruit,other vegetables,white bread,bottled water,chocolate
citrus fruit,tropical fruit,whole milk,butter,curd,yogurt,flour,bottled water,dishes
beef
frankfurter,rolls/buns,soda
chicken,tropical fruit
butter,sugar,fruit/vegetable juice,newspapers
fruit/vegetable juice
packaged fruit/vegetables
chocolate
specialty bar
other vegetables
butter milk,pastry
whole milk
tropical fruit,cream cheese ,processed cheese,detergent,newspapers
tropical fruit,root vegetables,other vegetables,frozen dessert,rolls/buns,flour,sweet spreads,s
bottled water,canned beer
yogurt
sausage,rolls/buns,soda,chocolate
```

(3) データセットの確認

ロードしたデータ（併売された商品の組合せリスト）から、head関数を用いて最初の6件のみ取り出し、inspect関数で表示します（図8.2）。

```
inspect(head(Groceries))
```

図8.2 先頭の6件の表示

```
> inspect(head(Groceries))
  items
1 {citrus fruit,
   semi-finished bread,
   margarine,
   ready soups}
2 {tropical fruit,
   yogurt,
   coffee}
3 {whole milk}
4 {pip fruit,
   yogurt,
   cream cheese ,
   meat spreads}
5 {other vegetables,
   whole milk,
   condensed milk,
   long life bakery product}
6 {whole milk,
   butter,
   yogurt,
   rice,
   abrasive cleaner}
> |
```

(4) 読み込んだデータセットの基本統計量出力

summary関数で、データセットのサマリを表示します（図8.3）。

```
summary(Groceries)
```

図8.3 データセットのサマリ

```
> summary(Groceries)
transactions as itemMatrix in sparse format with
 9835 rows (elements/itemsets/transactions) and
 169 columns (items) and a density of 0.02609146

most frequent items:
      whole milk other vegetables       rolls/buns             soda           yogurt
            2513             1903             1809             1715             1372
         (Other)
           34055

element (itemset/transaction) length distribution:
sizes
   1    2    3    4    5    6    7    8    9   10   11   12   13   14   15   16   17
2159 1643 1299 1005  855  645  545  438  350  246  182  117   78   77   55   46   29
  18   19   20   21   22   23   24   26   27   28   29   32
  14   14    9   11    4    6    1    1    1    1    3    1

   Min. 1st Qu.  Median    Mean 3rd Qu.    Max.
  1.000   2.000   3.000   4.409   6.000  32.000

includes extended item information - examples:
       labels  level2           level1
1 frankfurter sausage meet and sausage
2     sausage sausage meet and sausage
3  liver loaf sausage meet and sausage
> |
```

出力した基本統計量は以下を示します。

- **most frequent items**：頻度（商品が売れた数）
- **element（itemset/transaction）length distribution**：1トランザクションで購入した商品の数
- **Min, 1st Qu., Median, Mean, 3rd Qu., Max**：最小値、第一四分位数、中央値、平均値、第三四分位数、最大値

(5) 購買アイテムの相対出現頻度によるヒストグラムを出力し確認

itemFrequencyPlot関数で、商品ごとの購買アイテムに対して相対出現頻度によるヒストグラムを表示します（図8.4）。引数のsupportで支持度4%以上の商品に限定し、cex.namesでラベルの大きさを調整します。

```
itemFrequencyPlot(Groceries, support=0.04, cex.names=0.8)
```

図8.4 購買アイテムの相対出現頻度によるヒストグラム

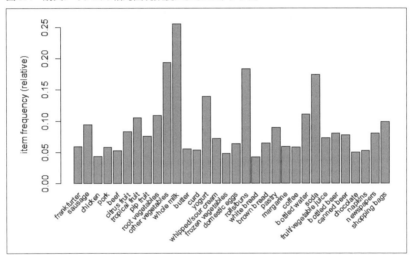

(6) アプリオリアルゴリズムによるアソシエーション分析の実行

apriori関数を実行します。引数のsupportは支持度（デフォルト値0.8）、confidenceは確信度（デフォルト値1）を表します。この例では、引数として支持度に0.5%以上、確信度1%以上を閾値設定し、その条件下で2138個のルールが見つかりました（図8.5）。

```
rules <- apriori(Groceries, parameter = list(support = 0.005,
  confidence = 0.01))
```

図8.5　アソシエーション分析の実行

```
> rules <- apriori(Groceries, parameter = list(support = 0.005, confidence =
+ 0.01))

Parameter specification:
 confidence minval smax arem  aval originalSupport support minlen maxlen target   ext
       0.01    0.1    1 none FALSE            TRUE   0.005      1     10  rules FALSE

Algorithmic control:
 filter tree heap memopt load sort verbose
    0.1 TRUE TRUE  FALSE TRUE    2    TRUE

apriori - find association rules with the apriori algorithm
version 4.21 (2004.05.09)        (c) 1996-2004   Christian Borgelt
set item appearances ...[0 item(s)] done [0.00s].
set transactions ...[169 item(s), 9835 transaction(s)] done [0.00s].
sorting and recoding items ... [120 item(s)] done [0.01s].
creating transaction tree ... done [0.00s].
checking subsets of size 1 2 3 4 done [0.00s].
writing ... [2138 rule(s)] done [0.00s].
creating S4 object  ... done [0.00s].
> |
```

(7) 特定の商品に注目したルールの確認

　結論部となる併売対象が「beef（牛肉）」になる可能性に注目し、潜在ルールとなる前提条件を呼び出します（図8.6）。前述の理由で、最も重要な評価指標であるリフト値が高いルールでなければ役に立たないため、まずはリフト値が上位のルールを確認します。この例ではsort関数でリフト値の高いルールが上位になるようルールをソートし、head関数で先頭6件を出力し確認します。

```
beefRules <- subset(rules,subset= rhs %in% "beef")
inspect(head(sort(beefRules,by= "lift")))
```

図8.6 併売対象が「beef」になるルール

```
> beefRules <- subset(rules,subset= rhs %in% "beef")
> inspect(head(sort(beefRules,by= "lift")))
  lhs                    rhs       support     confidence lift
1 {root vegetables,
   other vegetables} => {beef} 0.007930859 0.1673820  3.190313
2 {root vegetables,
   whole milk}       => {beef} 0.008032537 0.1642412  3.130449
3 {root vegetables}  => {beef} 0.017386884 0.1595149  3.040367
4 {other vegetables,
   rolls/buns}       => {beef} 0.005795628 0.1360382  2.592898
5 {pork}             => {beef} 0.007625826 0.1322751  2.521174
6 {other vegetables,
   whole milk}       => {beef} 0.009252669 0.1236413  2.356613
> |
```

結果から、「root vegetables（根菜類）& other vegetables（その他の野菜）⇒ beef（牛肉）」、「root vegetables（根菜類）& whole milk（牛乳）⇒ beef（牛肉）」のルールで高いリフト値があることが読み取れます。ただし支持度を見る限り、3つ目のルールが影響上は大きくなりそうです。

とはいえ、この情報からは決定的に不足している情報があることがわかるでしょう。例えば価格情報です。売り上げに対する影響度が把握できていない場合、その分析はバランスを欠く可能性があります。このため、単にアソシエーションルールをベースにマーケティング戦略を立案することはできないことがおわかりいただけるでしょう。

マーチャンダイジングの視点として、価格戦略も含めて影響度を検討し、戦略を立案していく視点が必要になるでしょう。分析だけができても、必ずしも売り上げに寄与しなかったり、成功しなかったりするのは、こうした実務視点が抜け落ちた結果、リフト値などに一喜一憂するだけで、目的を設定していないために、売り上げ等の指標に影響を与えられないケースが非常に多いからです。筆者も実際のプロジェクトで、多くの失敗例を見てきました。分析をする際に目的が重要と言われる最大のゆえんです。

(8) 分析結果のファイル出力

実務ではこれらの分析結果をファイル出力して保存したりするニーズもあるでしょう。こうしたニーズに応えるために、write関数で結果をCSVファイルに出力可能です。下記コマンドを実行すると、ワーキングディレクトリ（作業フォルダ）にCSVファイルが出力されます。標準の状態ではWindows版Rでは「ドキュメント（マイ ドキュメント）」フォルダ、MacOS版Rではホームディレクトリとなります。なお、ワーキングディレクトリは、getwd()関数を実行することでその場所を確認できます。

```
write(beefRules, file="data.csv", sep=",", col.names=NA)
```

図8.7は、出力したCSVファイルをエディタで開いたところです。

図8.7　出力したCSVファイル

```
,rules,support,confidence,lift
63,[] => [beef],0.0524656837824098,0.0524656837824098,1
702,{pork} => [beef],0.00762582613116421,0.132275132275132,2.52117427505024
704,{margarine} => [beef],0.00620233858668022,0.105902777777778,2.0185151539621
706,{butter} => [beef],0.0057956278596848,0.104585715963303,1.99343930019202
708,{newspapers} => [beef],0.00640569395017794,0.0802547770700637,1.52966227225596
710,{domestic eggs} => [beef],0.00599898322318251,0.0945512820051282,1.80215476545418
712,{fruit/vegetable juice} => [beef],0.00508388408744281,0.0703234880045007,1.34037113357102
714,{whipped/sour cream} => [beef],0.0067107269954245,0.0936170212765957,1.78434768266535
716,{pastry} => [beef],0.00630401626842908,0.0708571428571429,1.35054263565891
718,{citrus fruit} => [beef],0.00843924758515506,0.101965601965602,1.9434722777746
720,{sausage} => [beef],0.00559227249618709,0.0595238095238095,1.13452842377261
722,{bottled water} => [beef],0.00620233858668022,0.05611775528978884,1.06960876603696
724,{tropical fruit} => [beef],0.00762582613116421,0.0726744186046511,1.38518005228051
726,{root vegetables} => [beef],0.01736888357905444,0.159514925373134,3.04036684311003
728,{soda} => [beef],0.0081342145399849,0.0466472303206997,0.889099825976902
730,{yogurt} => [beef],0.0116929334011185,0.0838192419825073,1.59760124980225
732,{rolls/buns} => [beef],0.01362480935434467,0.0740740740740741,1.41185759402814
734,{other vegetables} => [beef],0.01972547025927881,0.10194429847609,1.94306623161308
736,{whole milk} => [beef],0.0212506354855109,0.0831675288499801,1.58517954697588
1376,{root vegetables,other vegetables} => [beef],0.0079308591764078,0.167381974248927,3.19031
1379,{root vegetables,whole milk} => [beef],0.00803253685815963,0.164241164241164,3.13044932230
1382,{other vegetables,yogurt} => [beef],0.00518556176919166,0.11943793911007,2.27649637819291
1385,{whole milk,yogurt} => [beef],0.00610066090493137,0.108892921960073,2.07550753387076
1388,{other vegetables,rolls/buns} => [beef],0.0057956278596848,0.136038186157518,2.5928983737
1391,{whole milk,rolls/buns} => [beef],0.00681240467717336,0.120287253141831,2.29268436947657
1394,{other vegetables,whole milk} => [beef],0.00925266903914591,0.123641304347826,2.3566128454
```

また、PMMLパッケージを使用して、「PMML（Predictive Modeling Markup Language）」と呼ばれるXMLベースのファイル形式で出力し、PMMLに対応した分析ソフトウェアとの間で相互に分析用データモデルを連携することが可能です。詳細はCRANのPMML（http://cran.r-project.org/web/packages/pmml/index.html）を参照してください。

4 分析結果をビジュアル化してみよう

　分析においては、ときには統計の知識がない方々にも、きちんと客観的なデータに基づいた意思決定の必要性を説明して、プロジェクトを推進していく必要があります。このときに強力な支援をしてくれるのが、数字を統計値で説明するのではなく、視覚化することで感覚的にデータを理解してもらう手法です。

　Rには、arulesVizパッケージというアソシエーション分析のビジュアリゼーションに特化したパッケージが用意されています。本節ではarulesVizパッケージを用いていくつかの方法で分析結果のビジュアリゼーションを行う方法について概説します。

▍(9) arulesパッケージ、arulesVizパッケージの導入

　arulesパッケージとarulesVizパッケージをインストールしてロードします。

```
install.packages("arules") # 前節にて既にインストール済みの場合は省略
install.packages("arulesViz")
library(arules) # 前節にて既にロード済みの場合は省略
library(arulesViz)
```

▍(10) アプリオリアルゴリズムの実行

　前節と同様の手順で引数のみ変更して、アプリオリアルゴリズムを以下のように実行し、結果をあらかじめrules変数に格納します。前節と違い、閾値を緩めに設定しているため、より多くのルールが検出されます。

```
data(Groceries) # 前節にてロード済みの場合は省略
```

```
rules <- apriori(Groceries, parameter=list(support=0.001,
confidence=0.5))
```

(11) 散布図の出力

plot関数により、検出されたルールを視覚化します(図8.8)。X軸が支持度を、Y軸が確信度を表します。散布図から支持度と確信度のばらつきの度合いを全体的に俯瞰でき、パラメータ設定の参考情報に活用することができます。

```
plot(rules)
```

図8.8 ルールの散布図

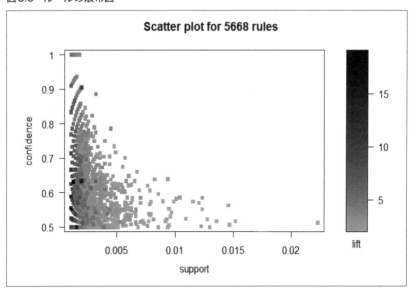

(12) アソシエーションルールのバブルチャート

plot関数のmethod引数を変更することで、ルールを視覚化します。

例えば"grouped"を指定すると、横軸（LHS）がアソシエーションルールの左辺（条件部）を、縦軸（RHS）が右辺（結論部）を表すようになります（図8.9）。支持度が高いルールほど大きく、リフト値の高いルールほど濃く出力されます。またこの例では、画面内に収まるよう、ルールの左辺部を30件になるようグループ化しています。

図から、有効な組合せとして、例えば、濃く表示されているルールで、「Instant food products他2点⇒hamburger meat」や「yogurt他9点⇒salty snack」が挙げられます。

数字にアレルギーを持つ方々でも、これなら数字を見なくても、重要性についての当たりがつけられるために、非常に便利ですよね。百聞は一見にしかずとはよく言ったものです。

```
plot(rules, method="grouped", control=list(k=30))
```

図8.9　条件部と結論部によるバブルチャート

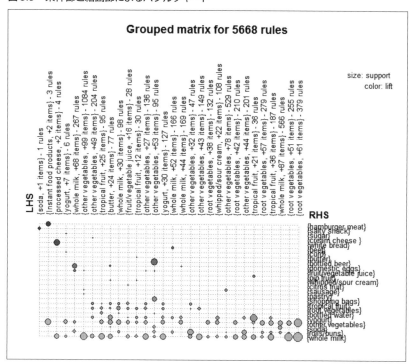

(13) アソシエーショングラフの出力

続いて、リフト値の上位10項目を抽出し、有向グラフ形式でプロットします（図8.10）。なお、各ノードはマウス操作で移動可能です。

```
rules_high_lift <- head(sort(rules, by="lift"), 10)
plot(rules_high_lift, method="graph", control=list(type="items"),
 interactive=TRUE)
```

図8.10　アソシエーショングラフ（Windowsの場合）

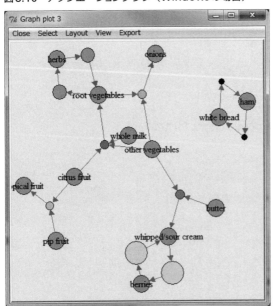

Mac OS版のRではレンダリングエンジンが異なるため、やや異なるレイアウトで表示されます（図8.11）。

8.4 分析結果をビジュアル化してみよう

図8.11 アソシエーショングラフ（Mac OSの場合）

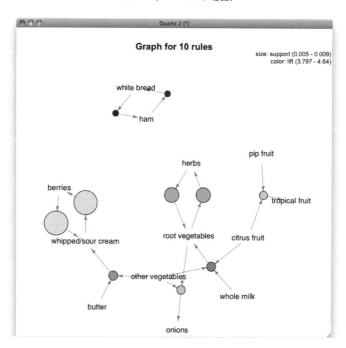

このアソシエーショングラフを見ると、パン（white bread）を購入した人はハム（ham）を購入する可能性が高い、柑橘類（citrus fruit）を購入した人は次にトロピカルフルーツ（tropical fruit）や根菜類（root vegetables）を購入する可能性が高い、ということが明らかになります。

このように、アソシエーション分析を用いると、膨大なトランザクションデータを眺めても簡単には発見できない法則性や規則性が容易に見つけられるようになります。

(14) DOT形式、GraphML形式での出力

アソシエーショングラフをDOT形式やGraphML形式などのグラフ描画に特化したフォーマットで出力することで、オープンソースのグラフ描画ツールGraphVizやGephi、CytoScapeなどからインポートでき

るようになります。

　以下はGraphML形式で出力する場合のコマンド例です。引数はそれぞれ、出力対象の分析結果、出力ファイル名（file）、形式（format）、出力単位（type）です。

```
saveAsGraph(rules_high_lift, file="rules.graphml",
    format="graphml", type="items")
```

　Gephiを用いてアソシエーションルールを可視化すると、図8.12のようになります。Gephiのようなグラフ描画に特化したツールを利用すると、ラベルの色や大きさの変更、拡大/縮小のような操作が容易に行えます。この例は、データのロード後に、ラベル（商品名）の表示や、不要なラベルの除去、リフト値の高いルールを濃く大きい円で表示する処理などの加工を行った状態です。

図8.12　Gephiでアソシエーションルールを可視化

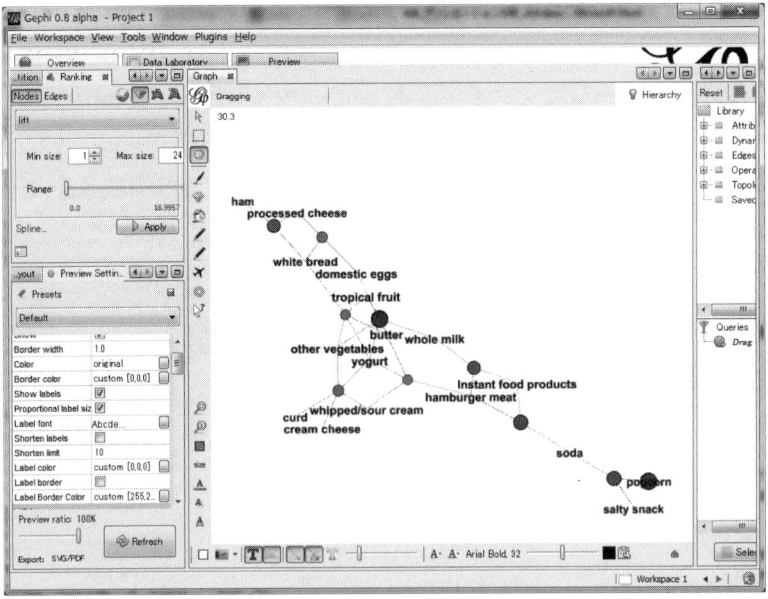

まとめ、アソシエーション分析の応用

　本章では、アソシエーション分析の概要とarulesパッケージを利用したRによるアプリオリアルゴリズムの実行方法を概説しました。また、arulesVizパッケージにて、分析結果の可視化を行う方法を紹介しました。

　実際の分析現場では、購買履歴データやウェブサーバのアクセスログは、数億～数十億件のような膨大なデータになることもしばしばあります。そのため、Rで分析するにはメモリ上にデータを載せられないといった理由で、分析できなかったり、大変時間がかかったりすることも考えられます。その場合はRではなく、ほかの環境で専用のプログラムを作成したり、アソシエーション分析が実行可能なほかのソフトウェアを試したりする必要があると考えます。

　また、商品ごとのカウント処理のように、直列型の前後関係を必要としない処理では、HadoopのMapReduceが活用できる場合があります。HDFS上に格納されたデータを、PythonやRubyなどで標準入出力を用いてMapReduceジョブを実行するHadoopストリーミングや、SQL類似の記述をMapReduceに変換し実行するHiveなどを用いて、大量のデータであっても簡単に高速な集計処理を行うことが期待できます。

　筆者がアソシエーション分析をマーケティング以外の領域で活用した事例としては、訪日外国人の行動履歴をモデル化し、アソシエーショングラフとして可視化し、レポートしたケースがあります。

　図8.13のアソシエーショングラフ（ダミーデータを使用して作成）では、太さがサポート値を示しています。お台場を訪れるエンドユーザは、新宿のほか秋葉原にも訪れる確率が高く、小田原を訪れるユーザは新宿にも訪れている確率が高いということを示します。

図8.13 訪日外国人の行動のアソシエーショングラフ（ダミーデータから作成）

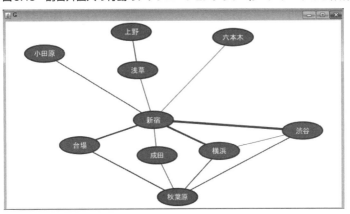

このようなレポートを活用することで、これまで困難とされてきた訪問者の圏内圏外分析が可能になるかもしれません。「ある自治体を訪問している日本人や外国人訪問客は、ほかにどのような自治体を訪問しているか」といった類似性を計算することが可能になります。どの場所を訪問するエンドユーザに、どのような場所をレコメンドすれば、より満足度の高いルートや旅程を組むことが可能か、といった情報を定量的に把握でき、娯楽施設、公営施設や、クレジットカード会社などの加盟店への送客・誘客戦略、自治体の観光政策の施策立案などに活用することが期待されています。

このように、アソシエーション分析はマーケティングの領域以外でも、法則性を導くという目的で幅広く活用可能であり汎用性の高い分析手法だと言えます。

Column

コラム：アソシエーション分析ができないケースもある

筆者が過去に担当したお客様で、eコマースサイトのIDに紐づく累積購買履歴をもとに、アソシエーション分析によるクロスセル（複数商品の同時購入による顧客あたりの購買品目向上施策）の推進を実施しようとしたケースがあります。お客様から受領したデータを確認したところ、アソシエーション分析を行うのに十分なボリュームと十分な期間のデータが提供されており、一見容易

にアソシエーションルールが導け、エンドユーザへの商品レコメンド施策などが実現できそうだと判断しました。

しかし、実際に分析に入ってみると、いくつかの点でアソシエーション分析が実施できず、困難に直面しました。まず、データを確認すると、以下のことがわかりました。

① 1点買いが多く、リピーターも少ない状況

ほとんどのエンドユーザが1点だけ購入し、その後購入した実績がないため、2つ以上の商品購入状況を捕捉できずアソシエーションルールが導けないため、アソシエーション分析が無理だったのです。振り返って考えてみると、お客様が販売していた商品はいわゆる日用品などではなく、やや高額な商品として分類されるもので年に数回購入するかしないか程度の商品であったことを確認し忘れていたことが原因でした。

② ブームや一発もののヒットの状況

いわゆる一発モノの商品が多く、数週間から数ヵ月間の商品がブームになっている期間中には莫大な売り上げが見込まれていましたが、ブーム終了後に購入するエンドユーザは極めて稀でした。これでは分析のサイクルを考慮しても、アソシエーションルールが導けた時点で、既にブームが終了している場合があり、そのような状況で購入するエンドユーザが極めて少なく、商品勧奨による効果が得にくいのです。

③ 商品数が極端に少ない状況

お客様が実際に販売している商品数は、コード体系こそ異なるものの、実質的に30点程度でした。これでは、業務部門のスタッフならば感覚的に理解している程度のアソシエーションしか導けません。アソシエーション分析の本質である、「大量の購買パターンから隠れた一定の法則性を発見すること」がそもそも実現できないのです。

これでは、わざわざデータ分析に投資をしてまで行う効果は非常に薄く、業務部門のスタッフの知恵で商品勧奨を実施したほうがROI（投資利益率）を考慮するとはるかに効果が高いでしょう。一歩間違えれば、お客様に必要のない投資をさせてしまい、結果的にデータサイエンスがお客様を不幸にさせてしまうケースにもつながりかねないところでした。

このように、データサイエンスをビジネスの場で活用するには、ただ単に統計学やコンピュータサイエンスについて学ぶだけでなく、どのような商品をどのような客層にどのような接触方法でどのような販売方法をしているかといった、基本的なビジネスの仕組みについて知る必要があります。そのため日頃から、ビジネス誌やIR情報などから情報を収集したり、実際のエンドユーザの購買行動を観察し説明できる程度に準備しておいたりすることも重要な仕事の一つだといえるのです。

第9章
クラスター分析（前編）：グループ化、セグメンテーションから戦略を練る

この章と次の章では、クラスター分析を紹介していきます。この章では、クラスター分析のビジネスにおける応用例、その分析手法の概要と分析実施時の心構えについて、次の章ではRによるクラスター分析の実施方法を、実データを使って説明します。

1 クラスター分析とは

クラスター分析（別名：クラスタリング）は、異なる特徴を持っているデータの集合において、特徴の類似性が高いデータをグループ化する機械学習のサブセットの1つであり、データマイニング手法です。クラスター分析を行うことで、個々のデータはそれぞれの特徴に基づいて複数のグループのいずれかに分類され、結果として同じような特徴を持つ（類似度が高い）データのグループが1つのクラスターとして識別されます。つまり、1つのクラスター内のデータが同質になり、かつそれぞれのクラスターが異質になるように分類することが、本手法の目的となります。

データを分類する機械学習の手法としては、クラスター分析（Clustering）と同様にクラス分類（Classification）がよく知られています。クラスター分析とクラス分類の大きな違いは「教師データの有無」にあります。教師データとは分析モデルをコンピュータに学習させるため、人間の視点で作成した見本データのことです。この定義に従うと、

少しだけ違和感が残る方もいるかも知れません。

　第15章で紹介するディープラーニングは、上述した特徴の抽出プロセスを完全に機械化するため、「人間の視点」というものが存在しません。ディープラーニングを除くクラス分類問題時は、データ収集タスクにおいては、ターゲット変数に対して正解付のラベリングという恣意性の入りやすい事前準備を実施する必要があることを少しだけ補足しておきます。クラス分類は教師ありの分析手法であり、事前に目的のカテゴリへ分類済みの教師データから分類の基準を見つけ出し、その基準に基づいて未分類データのグループ分けを行う手法です。

　それに対して、クラスター分析は教師なしの分類手法であり、分類されていないデータの特徴を表す属性値からデータ間の類似性を探し出し、それを評価することでグループ分けを行います。

　クラスター分析は、目的のカテゴリを事前に設定するクラス分類と比較して分類の客観性が高いと言えますが、データをいくつのグループに分類してよいか、各グループがどのような特徴、性質を持っているかは、分析者がクラスター分析の結果と目的に応じて考察と解釈を行う必要があります。

　また、考察と解釈を行うだけでは実務に耐えうる解析結果にはなりません。実務の世界では考察と解釈に応じた施策を実施することで、初めて解析という行為に意味を持たせることができるからです。ここを忘れる解析担当者があまりに多いのも事実でしょう。

2 ビジネスにおける応用例

　クラスター分析は、データの特徴と構造を探索的に捉える有用な分析手法であり、天文学、考古学、遺伝学等のさまざまな研究分野において活用されています。ビジネスの分野においても、マーケティングの戦略立案をはじめ、クラスター分析は多岐にわたって活用されています。ここからはマーケティングにおけるクラスター分析の代表的な3つの活用例をご紹介しながら、実務におけるクラスター分析の特徴を確認しましょう。

(1) 市場細分化に基づくターゲット市場の選定

　企業の製品市場では、顧客がそれぞれ異なる属性（性別・年齢・趣味・嗜好等）を持っています。顧客をその属性に基づいてグループ化し、自社製品に見合ったグループの顧客に対して効果的なマーケティング施策を展開していくのが、市場細分化の基本的な考え方となります。

　顧客市場を細分化するプロセスをセグメンテーションと言い、セグメンテーションにより細分化された顧客グループをセグメントと言います。

　ロイヤルカスタマーや優良顧客の定義など、最もわかりやすいのは、クレジットカード会社に見られるカード利用額に応じた顧客セグメンテーションでしょう。プラチナメンバー、ゴールドメンバー等は、普通会員と差別化されたサービスを享受できるように設計されていますが、まさにこの市場細分化の概念に基づく施策です。

　セグメンテーションの実施にはクラスター分析の手法がよく利用されます。クラスター分析でセグメンテーションを行う場合、顧客のどの属性をセグメンテーション変数として使うのがよいかは、分析者が分析の目的に合わせて選別する必要があります。例えば、外国旅行者向けのキャンペーンを企画する場合、国籍、言語、購買総額等の複数の顧客属性に

着目し、市場の細分化とターゲット市場の選定を行うことになるでしょう。

現代マーケティングの第一人者として知られているフィリップ・コトラー氏は、ベストセラーとなった著書「マーケティング原理」において、顧客市場の主要なセグメンテーション変数について表9.1のように記述しています。

表9.1 顧客市場の主要セグメンテーション変数

#	セグメンテーション変数	顧客属性例
1	ジオグラフィック（地理的変数）	国、地域、州、郡、市、近隣地域、人口密度（都市、郊外、農村）、気候
2	デモグラフィック（人口統計学的変数）	年齢、ライフサイクルステージ、性別、収入、職業、教育、宗教、民族、世代
3	サイコグラフィック（心理的変数）	社会階級、ライフスタイル、性格
4	ビヘイビアル（行動変数）	利用シーン、訴求価値、ユーザステータス、利用頻度、ロイヤルティステータス

出典：「Principles of Marketing (15th Edition), Global Edition」の「Chapter 7 Customer-Driven Marketing Strategy」より引用・和訳

従来の分析においては、顧客属性として、この表の「ジオグラフィック」と「デモグラフィック」がよく使われていました。しかし、ここ数年ビッグデータ処理基盤やデジタルマーケティングの進化とともに、「サイコグラフィック」「ビヘイビアル」の顧客属性が分析可能となり、重要視されつつあります。「サイコグラフィック」「ビヘイビアル」の顧客属性に着目することにより、顧客個体に対する理解がより深まり、マーケティング施策の効率・効果を改善させることが可能になってきています。

(2) 製品ポジショニングによる差別化戦略の策定

企業が新製品の企画・開発、市場投入にあたってのキャンペーンを行う際には、他社の競合製品の調査が不可欠となります。競合製品との比較によって、自社製品の圧倒的な強みや他社製品の欠点を可視化するこ

とで、他社製品に対する優位性に着目して製品のポジションを確立していくことが可能になります。

このようなケースでは、必要な競合製品の属性を使用したクラスター分析を行うことで、競合製品との関係を明確にできます。通常、同じクラスターに分類された製品は直接の競合関係にあるので、当該製品に対する差別化戦略を考える必要があります。また、クラスター分析により、どの競合も参入していない空白マーケットを発見し、新規市場開拓のオポチュニティに繋げることもあります。

(3) テストマーケットにおけるマーケティング施策の評価

企業は売上げ拡大のため、新規製品の開発・販売や製品キャンペーンの展開など、さまざまなマーケティング施策を企画します。しかし、必ずしもすべての施策が成功するとは限らないことから、施策の全面的な展開を行う前に、まず少数の顧客からなるテストマーケットにおいて施策をテストし、事前評価を行うのが一般的です。

テストマーケットを決定するには、全国のマーケットからランダムに抽出したり、個人的な経験に基づいて選別したりすることも考えられます。しかし、類似性が高いマーケットを選んでしまうことや、未開拓の重要なマーケットを見落としてしまう可能性があります。テストの有効性を保証するために、テストマーケットを決定する前に、製品の売れ行きに影響が強いマーケット属性（例えば、年齢構造や収入構成など）に基づいて、事前にマーケットのクラスター分析を実施するアプローチが有効です。

クラスター分析により、各マーケットがその属性の特徴に基づいてグループ化されるので、形成された各マーケットグループ（クラスター）よりテストマーケットを選出すれば、テストマーケット間の異質性とテストの網羅性を担保し、効率よく効果的なマーケットテストが実現可能になります。

ここまでは「顧客市場の細分化」「製品ポジショニング」「テストマー

ケットの選択」における利用シーンを通して、クラスター分析のビジネス応用例の概要を説明しました。この例からわかるように、クラスター分析は探索的な分析手法であり、分類の基準を事前に設けなくても異なる種類のデータを複数の特徴量に基づいて客観的に分類することができます。

ただし、クラスター分析のインプットとなる特徴量が分析目的を正確に説明できない場合は、正しい分析結果のアウトプットを期待したり、有効な施策に繋げたりできません。クラスター分析を行う際には、分析目的を明確にしたうえで、分析目的をサポートできる特徴量を慎重に選定しましょう。

3 クラスター分析の手法

クラスター分析の手法として多くの実施方法が考案されていますが、よく使われているクラスター分析手法は大きく、階層的クラスター分析と非階層的クラスター分析の2つのカテゴリに分類できます。

以下では各カテゴリの主要な手法とその実施方法（以下アルゴリズムと呼ぶ）を紹介します。実務においては次章で取り上げるRのように、アルゴリズムがすでに実装されたライブラリやモジュールが含まれた分析ツールでクラスター分析を行うことが多くなります。しかし、各手法の特徴とアルゴリズムを理解しておくことで、分析アプローチの組み立てやツールのチューニングに役立てることができるでしょう。

(1) 階層的クラスター分析

階層的クラスター分析はその名のとおり、クラスター間の関係が階層構造で表現できることが特徴です。そのため、階層的クラスター分析の結果をよく図9.1のような樹形図（デンドログラムとも言う）で表します。また、図9.1左右の矢印で示すように、クラスターをトップダウンで分割していく分析手法を分割型階層的クラスター分析と言い、クラスターをボトムアップで集約していく分析手法を凝集型階層的クラスター分析と言います。

図9.1　階層的クラスター分析の樹形図イメージ

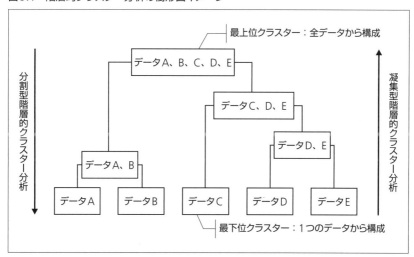

出典：アクセンチュア作成

　ここではよく使われている凝集型階層的クラスター分析のアルゴリズムを紹介します。凝集型階層的クラスター分析を実施するには、以下のステップの処理を行います。

- （Ⅰ）1つのデータを1つのクラスターとする
- （Ⅱ）すべてのクラスター間の距離を計算し、最も距離が近い2つのクラスターを1つのクラスターに統合する
- （Ⅲ）すべてのデータが1つのクラスターになるまで（Ⅱ）の処理を繰り返す

　（Ⅱ）のクラスター間の距離はデータの特徴を表す属性値に基づいて計算します。図9.1の例では、まず最下位クラスター間の距離を計算します。最下位の各クラスターには1つのデータしか含まれていないので、クラスター間の距離としてデータ間の距離が使われます。データ間の距離計算方法には複数の方法があり、ユークリッド距離、マンハッタン距離が一般的に知られています。ユークリッド距離は2点間の直線距離を測定するのに対し、マンハッタン距離は別名「都市ブロック距離」

という名のとおり、軸方向に沿った経路距離を測定します。ユークリッド距離が直感的でわかりやすいため、実業務においてよく用いられますが、データ特徴に応じてマンハッタン距離等の他の距離計算方法が使われる場合もあります。

最下位クラスター間の距離を計算し終えたら、次にクラスター間の距離が最も近い2つのクラスターから統合されたクラスターと他のクラスター間の距離を計算し、最後までクラスターの統合を繰り返していきます。最下位クラスター以降のクラスターの統合では、それぞれのクラスターに複数のデータが含まれますので、表9.2のいずれかの計算方法でクラスター間の距離を決める必要があります。

表9.2 クラスター間の距離計算方法一覧

#	計算方法	処理概要
1	ウォード法（最小分散法）	2つのクラスター内の全データ間の距離平方和の増加量をクラスター間の距離とします
2	単連結法（最短距離法）	2つのクラスターにおのおの属するデータ間の距離の中で、最も近い距離をクラスター間の距離とします
3	完全連結法（最長距離法）	2つのクラスターにおのおの属するデータ間の距離の中で、最も遠い距離をクラスター間の距離とします
4	群平均法（UPGMA）	2つのクラスターにおのおの属するデータ間の距離の平均値をクラスター間の距離とします
5	McQuitty法（WPGMA）	あるクラスターの統合元の2つのクラスターと、距離計算対象クラスター間の2つの距離の平均値をクラスター間の距離とします
6	重心法（UPGMC）	2つのクラスターの代表点間の距離をクラスター間の距離とします。代表点はクラスター内の全データの重心とします
7	メディアン法（WPGMC）	2つのクラスターの代表点間の距離をクラスター間の距離とします。代表点は統合元の2つのクラスターの代表点の中点とします

出典：各種資料を基にアクセンチュア作成

階層的クラスター分析は、表9.2のクラスター間距離の計算方法によって、さらに7つの分析方式に分類されます。方式の選択にあたって、分析

目的やデータ性質に基づいて考察する必要があります。ウォード法や群平均法は分類感度が高い（1つのクラスターにデータが1つずつ順に吸収されていく鎖効果が起こりにくい）ため、一般的な業務によく使われています。また、分析ツールを利用する場合、パラメータの設定により簡単に分析方式が切り替えられるので、複数の方式を試して分析目的やデータ性質に最も合う手法を選別していくアプローチも考えられるでしょう。

(2) 非階層的クラスター分析

非階層的クラスター分析の手法として、K-Means法が最もよく知られています。K-Means法は階層的クラスター分析手法と違い、最初からクラスター数を決める必要があります。クラスター数が決まった後、以下のアルゴリズムに従って、探索的にデータの最適なグループ分けを行います。

（Ⅰ）任意のK個のデータをクラスターの代表点として仮定する
（Ⅱ）各データと各クラスター代表点との距離を計算し、各データを、距離が一番近い代表点と同じクラスターに統合する
（Ⅲ）各クラスター内のデータ間の代表点を再計算し、（Ⅱ）の結果に変化がなくなるまで（Ⅱ）と（Ⅲ）を繰り返す

（Ⅱ）の各データと各代表点の距離はデータ間の距離となり、前述したユークリッド距離（2点間の直線距離）がよく使われています。（Ⅲ）の各クラスター内のデータ間の代表点はクラスター内の各データの重心（平均）から算出します。図9.2では、12件のデータが3つのクラスターにグループ化された結果のイメージを示しています。3つのクラスターを色の濃淡で区別し、12件のデータを点で、各クラスターの代表点をプラス記号で表しています。

図9.2　K-Means法によるクラスター分析結果のイメージ

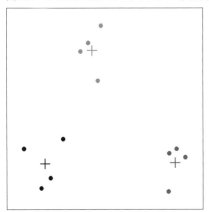

出典：アクセンチュア作成

(3) 階層的手法と非階層的手法の比較

　ここまでは、階層的クラスター分析と非階層的クラスターの主要分析手法と処理概要について説明しました。両者の比較を表9.3にまとめます。
　階層的クラスター分析手法はデンドログラムで表すように、クラスター統合のプロセスやデータ間の類似関係をわかりやすく確認することができます。そのため、データ構造に関する洞察が必要な場合は、階層的クラスター分析手法が有益なツールになります。ただし、階層的クラスター分析手法は個々のデータ間の距離をすべて計算する必要があるため、データボリュームが膨大な場合には処理時間が増大してしまう弱点があります。
　階層的クラスター分析手法と比べ、非階層的クラスター分析手法を代表するK-Means法は、計算効率が高いため、ボリュームが大きいデータの分析に適しています。ただし、K-Means法を利用する場合は、分析者が事前に分析目的やビジネスニーズに基づいてクラスター数を事前に決める必要があります。または、分析ツールのクラスター数に関するパラメータを複数のバリエーション（例えば2つ～5つなど）でチューニングし、探索的に最適なクラスター数を探り出すことも考えられるでしょう。

9.3 クラスター分析の手法

表9.3 階層的手法と非階層的手法の比較

	階層的手法	非階層的手法 K-Means
特徴	データ間の類似関係をわかりやすく確認できる	階層的手法と比べ、計算効率が高い
適している用途	データ構造に関する洞察が必要な分析	ボリュームが大きいデータの分析
利用上の注意点	データボリュームが大きい場合処理時間がかかる	クラスター数を事前に決める必要がある

出典：各種資料を基にアクセンチュア作成

4 実業務でクラスター分析を実施する際の心構え

クラスター分析はデータマイニングの重要な手法の1つであり、R、SAS、SPSS等の統計分析ソフトウェアでは、クラスター分析ツールが用意されています。極端に言えば、階層的クラスター分析の場合はデータ間の距離計算方法やクラスター間の距離計算方法を、非階層的クラスター分析のK-Means法の場合は分割したいクラスター数を、分析ツールのパラメータとして指定するだけで、クラスター分析を容易に実施できます。

ただし、冒頭でも述べたように、クラスター分析は探索的な分析手法のため、分析ツールから出力された結果がそのまま業務に適用できるわけではありません。分析目的やビジネスニーズと突き合わせて、入力データと出力結果の妥当性の評価やパラメータのチューニングが不可欠です。

以下に実業務でクラスター分析を実施する際の心構えをいくつか紹介します。

(1) 検証を繰り返してはじめて真実が見えてくる

クラスター分析は探索的な分析手法と言われているとおり、意思決定に有用な分析結果を導くためには複数回の分析結果を比較したり、異なる手法で分析結果を確認したりして、地道な検証作業を繰り返していくことが大切です。前述のようにクラスター分析を実施する際、以下のようなパラメータが検証の対象として考えられます。

■「データ間の距離」と「クラスター間距離」の計算方法の選択（階層的手法の場合）

分析手法の紹介において、「データ間の距離」はユークリッド距離が、「クラスター間距離」はウォード法と群平均法が一般的によく使われて

いると説明しました。しかし、すべてのデータに対して必ずしも最良の結果が得られるわけではありません。一般的によく使われる手法を試し、有意の分析結果が得られない場合は他の選択肢も検証し、分析目的やデータ性質に最も合う手法を選ぶことが重要です。

クラスター数の決定（非階層的手法K-Meansの場合）

K-Means法では最初にクラスター数を決定する必要があるので、複数のバリエーション（例えば2つ〜5つなど）で検証し、最適なクラスター数を探り出すアプローチが有効です（次章ではRパッケージNbClustを使ったクラスター数の決定方法を紹介します）。

安定した分析結果の選択（非階層的手法K-Meansの場合）

K-Means法アルゴリズムは、「(2) 非階層的クラスター分析」の節で紹介したステップ（Ⅰ）のように、各クラスターの代表点が最初にランダムにデータから選ばれるので、同じパラメータでもクラスター分析の結果が異なることがあります。この場合、複数回検証を行い、安定性が高い結果を選択する対策が考えられます（次章ではRのkmeans関数を使って複数回の検証から最適な分析結果を選ぶ方法を紹介します）。

(2) 正しい入力がなければ、正しい出力はない

一般にデータ分析を行う際に、欠損値の有無や標準化の必要性に関する確認が事前作業として不可欠です。データが分析のインプットとなりますので、データが正しくなければ分析結果が無意味なものになってしまうからです。クラスター分析の場合、正しい分析結果を得るために、以下のような観点からデータを確認する必要があります。

データに外れ値が含まれていないか

データに外れ値が含まれてしまうと、外れ値のみで1つのクラスターを形成することや、外れ値に引っ張られ、本来属性が近しいデータ同士

が同じクラスターに割り当てられないような結果が出ることがあります。クラスター分析においては、事前に外れ値の有無を確認し、外れ値が含まれる場合取り除く必要がある場合もあります。

▍分析データから分類結果の理由を正しく説明できるか

「ビジネスにおける応用例」の節で紹介したように、顧客市場や製品、マーケット等に対してクラスター分析を行う場合、分析目的に合わせて、分析対象の特徴を表す属性を慎重に選択すべきです。分析目的をサポートする属性が含まれていなければ、分析結果から正しい示唆が得られません。逆に分析目的と無関係の属性が含まれていると、ノイズが分析結果に混入し、意図しない分析結果となってしまいます。検証において分析データから分類理由を正しく説明できるかを常に考え、分析目的をサポートする属性を見極めましょう。

▍(3) 分析結果は意思決定に有用な参考情報であるが、意思決定そのものではない

分析ツールを使って分析データから正しい分析結果を得ただけでは、データサイエンティストの仕事はまだ終わっていません。ビジネスニーズを正確に理解し、分析結果から得た有益な示唆をビジネスに適用してはじめて分析結果の価値が現れます。

ビジネスの現場では、例えば以下のようなケースも発生します。

▍【ケース1】実業務においては、分析ツールで示された最適クラスター数を採択すれば良いというわけではない場合

例えば、会員10,000人の中からある特定のセグメントの会員にキャンペーンを実施したいが、1,000人分の予算しかない、といったケースがあります。このようなケースでは、クラスター数を8〜12（10±2）の範囲で限定し、その中で最適なクラスター数を採択することで1,000人規模のクラスターを作成できるように工夫します。

また、クラスターそのものが重要であるという誤解をしてはいけません。重要なのはそのクラスターに対して費用効率的にマーケティング戦略を実施可能か否かです。パレート効率に則り、クラスター分析以外の要素であるクラスター内平均購買単価などを算出し、捨てるクラスターは捨て、施策を明確に予算に応じて出し分ける等の実務面での現場における緻密な擦り合わせが、より重要な結果をもたらすのはこの好例でしょう。

【ケース2】統計的な正しさより、ビジネスニーズに合った分析結果を使用する場合

例えば、顧客1,000人に対して均等に専属の営業担当者を割り当てたい場合、5つのクラスターに分割するのであれば、約200件ごとにわかれることが望ましいのですが、(10件、20件、100件、150件、720件)のように分割された場合、ばらつきが大きすぎて扱いにくいため、あえてクラスター数=4で(240件、250件、250件、260件)のようなばらつきの少ない結果を採択するなどの工夫を行います。

ただし、ここでもケース1と同様、クラスター自体に無理に意味を持たせるようなアプローチは禁物です。それ以外の要素が重要な場合が多いからです。例えばこの例で、たとえクラスターのばらつきが大きすぎたとしても、その企業の10人のクラスター顧客層で、全体の9割の収益をあげていたらどうでしょう？ 答えは明らかだとおもいます。筆者も実際にそういう企業を何社か見てきたことがあります。これが解析だけではなく、それ以外の変数や要素を考慮して企画を立案していくことの重要性なのです。分析の解釈や考察だけしていても実務では何の役にも立ちません。重要なことは分析結果を何に使うかなのです。

この章ではクラスター分析のビジネスにおける応用例、その分析手法の概要と分析実施時の心構えについて紹介しました。次章では、OSS(オープンソースソフトウェア)のR言語(Version 3.1.2)を使って、前述した代表的なアルゴリズムによるクラスター分析の手順を例示します。

第10章

クラスター分析（後編）：「R」を使ったクラスター分析

前章は、クラスター分析のビジネスにおける応用例と、分析手法の概要、分析時の心構えについて説明しました。この章ではOSS（オープンソースソフトウェア）のR言語（Version 3.1.2）を使って、前章で紹介した代表的なアルゴリズムによるクラスター分析を実行してみましょう。最初に今回の分析対象データの収集と加工方法について述べ、その後、階層的手法のウォード法と非階層的手法のK-Means法を代表例として、各手法の分析プロセスを説明していきます。

なお、ここではWindows 7におけるR Version 3.1.2の実行結果を示しています。Mac OS XとLinux環境においても基本的に同様の実行結果が得られます。クラスター分析で利用するパッケージと関数の一部はVersion 3.1.0以降が必要となるので、本稿にあるRサンプルコードを実行する場合、Version 3.1.0以降のRをご利用ください。

1 データの収集と加工

今回の分析例では、有担保ローンという、比較的ライフイベントを色濃く反映しやすく、かつ厳密な審査過程を経ないと承認されない商材を軸に地域的な貸し出しの特徴量がないかを調査することを目的とします。これにより、融資担当者は、地域ごとの特性を元に、リスク傾向を把握し、利率の設定提案の参考にしたり、新しい金融商品をローカライズしながら試験運用したり、比較的利幅が大きく、金融機関に安定的な

収入を齎す長期有担保ローンの離脱防止策をクラスター別にモデリングしたりできるかもしれません。

そこで、今回は住宅金融支援機構が公表している、フラット35利用者調査（2013年度集計表[1]）の「全体」データ[2]を利用し、前章の「ビジネスにおける応用例」の「(3) テストマーケットにおけるマーケティング施策の評価」をシミュレーションします。

まずはデータを確認していきましょう。今回使用する「全体」のExcelファイルの「第1-1表　地域別都道府県別主要指標」シートには、全国、地域別、都道府県別のフラット35利用者の主要指標に関する統計結果が記載されています。フラット35利用者調査の主要指標として、表10.1のデータ属性が提供されています。表10.1の「フィールド説明」欄には、資料「調査の概要」[3]から抜粋した各指標の意味を記載しています。

---

[1] http://www.jhf.go.jp/about/research/H25.html
[2] http://www.jhf.go.jp/files/300183336.xls
[3] http://www.jhf.go.jp/files/300183335.pdf

表10.1 フラット35利用者調査指標

フィールド#	Excel列名	フィールド名(単位)	フィールド説明
1	B列	都道府県	都道府県名
2	D列	件数	調査対象件数
3	E列	年齢(歳)	利用者の年齢(調査対象平均)
4	F列	家族数(人)	利用者を含む入居予定家族人員の合計(調査対象平均)
5	G列	世帯の年収(万円)	利用者及び収入合算者の年間収入の合計(調査対象平均)
6	H列	住宅面積(m^2)	バルコニー部分の面積を除いた専有面積(調査対象平均)
7	I列	所要資金額(万円)	申し込み時点における予定建設費と土地取得費を合計したもの(調査対象平均)
8	J列〜Q列	資金調達の内訳(万円)	所要資金額のカテゴリごとの資金額
9	R列	1ヵ月当たり予定返済額(千円)	借入金に対する年間返済額の1/12の額
10	S列	総返済負担率(%)	各利用者の総返済負担率(1ヵ月当たり予定返済額/世帯月収)の総和をサンプル数で除したもの

　前章末のまとめでクラスター分析の心構えとしても紹介しましたように、クラスター分析に利用するデータ属性は分析目的に合わせて選別する必要があります。本稿では説明の便宜上、都道府県別の「年齢」「家族数」「世帯の年収」「住宅面積」「所要資金額」の5つ基本指標に着目し、各都道府県を1つのマーケットとしてみなし、マーケットのクラスター分析を試みます。

　まず準備作業として、5つの指標に関する都道府県別データをCSVファイルに保存し、分析用データファイルを作成しましょう。CSVファイルは「http://enterprisezine.jp/static/images/article/6873/flat35_research_2013.csv」からダウンロードできます。なお、CSVファイルは文字コードがUTF-8、改行コードがLFとなっています。

10.1 データの収集と加工

次に、Rコンソールにおいて CSV ファイルの URL を指定し、データを読み込みます（リスト 10.1）。

リスト10.1　URLからCSVファイルを読み込む

```
data.orig <- read.csv("http://enterprisezine.jp/static/images/
article/6873/flat35_research_2013.csv", header=TRUE, row.names="
都道府県", fileEncoding="UTF-8")
```

関数 read.csv を使って、CSV ファイルのデータを分析用データフレーム data.orig として格納しました。CSV ファイルの先頭行に列名がヘッダーとして設定されているので、引数 header に「TRUE」を指定するとともに、データ 1 列目の都道府県名をデータの行名として利用するため、引数 row.names に列名「"都道府県"」を指定しました。また、正しい文字コードで CSV ファイルを読み込むために、引数 fileEncoding に「"UTF-8"」を指定しました。

データが正しく読み込まれたことを確認するには、関数 head を使って、分析用データフレーム data.orig の先頭の数行を出力します（リスト 10.2、図 10.1）。

リスト10.2　分析用データフレーム「data.orig」の先頭の数行のデータを表示

```
head(data.orig)
```

図10.1　分析用データフレームの構成イメージ（一部のデータのみ表示）

出典：アクセンチュア作成

187

この図のように列名、行名と分析対象データが正しく設定されていれば、データフレーム data.orig が作成されます。ただし、表10.1の「フィールド名（単位）」からわかるように、データフレーム data.orig の各列のデータは単位がそれぞれ異なります。これからの分析において単位が異なるデータ属性の特徴を相対的に比較する必要があるため、データフレーム data.orig に対して関数 scale による標準化を行い、各列の値を平均値が0、標準偏差が1になるようにデータのスケールを統一します（リスト10.3）。

リスト10.3　分析用データフレームに対する標準化の実施

```
data.scale <- scale(data.orig)
```

ここまででデータの収集と加工が完了しました。次に、データ data.scale に対して階層的手法ウォード法と非階層的手法 K-Means 法をそれぞれ適用し、クラスター分析のプロセスを説明します。

階層的手法ウォード法によるクラスター分析

　前章のクラスター分析の手法に関する概要説明において、階層的クラスター分析はクラスター間の距離計算方法の違いによって複数の分析方式に分類できると紹介しました。

　ここからは、その中でも分類感度の高いウォード法を用いて、階層的クラスター分析のプロセスとRによる実行方法を例示します。ウォード法以外の階層的分析方式もデータ間距離の計算方法やクラスター間距離の計算方法を置き換えるだけで同じようなプロセスでクラスター分析が実施可能です。

(1) クラスター分析の実施

　Rで階層的クラスター分析を実施するには、まずデータ間距離を関数distで計算し、データ（都道府県）の距離行列をdata.distに格納します。ウォード法を利用する場合、ユークリッド距離を使う必要があるので、関数distの引数methodに「"euclidean"」を指定します（リスト10.4、図10.2）。

　なお、Rコンソールで「help(dist)」を実行すれば、Rのマニュアルから引数methodに指定できるデータ間の距離を確認することができます。

リスト10.4　都道府県データの距離行列を計算

```
#データ間の距離を計算
data.dist <- dist(data.scale, method="euclidean")
#生成された都道府県データの距離行列を確認
data.dist
```

図10.2 都道府県データの距離行列の出力イメージ（一部のデータのみ表示）

出典：アクセンチュア作成

　データ間距離（データの距離行列）を計算した後、階層的クラスター分析用関数hclustにデータの距離行列を渡し、ウォード法による階層的クラスター分析を行います（リスト10.5）。

　関数hclustにおいてウォード法を選択するには、R Version 3.0.3までの場合は引数methodに「"ward"」を指定することになっていましたが、R Version 3.1.0以降の場合は、「"ward"」の代わりに「"ward.D"」と「"ward.D2"」の2つの選択肢が提供されるようになりました。「"ward.D"」はR Version 3.0.3までの「"ward"」と同じ処理が行われますが、関数hclustの仕様どおり一番目の引数にユークリッド距離の距離行列を渡す場合、ウォード法（1963）の定義が実現されないという問題があったため、ウォード法（1963）の定義を正確に実装した「"ward.D2"」が追加されました（表10.2）。冒頭で述べたようにR Version 3.1.0以降を利用する理由がここにあります。ここでは引数methodに「"ward.D2"」を指定します。

リスト10.5 ウォード法による階層的クラスター分析を実施

```
ward.hclust <- hclust(data.dist, method="ward.D2")
```

表10.2 クラスター間の距離計算方法と引数methodの値の対応関係

計算方法	引数methodの値
ウォード法（最小分散法）	ward.D または ward.D2
単連結法（最短距離法）	single
完全連結法（最長距離法）	complete
群平均法（UPGMA）	average
McQuitty法（WPGMA）	mcquitty
重心法（UPGMC）	centroid
メディアン法（WPGMC）	median

(2) 分析結果の可視化

前ステップで階層的クラスター分析を行った結果をデンドログラムで表示するため、関数plotを使って可視化を行います（リスト10.6、図10.3）。ラベルの高さを揃えるため引数hangに「-1」を指定します。

なお、Rでは入力コンソールとグラフが別ウィンドウで表示されるため、このコマンドを実行した後にグラフが表示されない場合、Rの「ウィンドウ」メニューにあるウィンドウ一覧から対象ウィンドウを選び、ウィンドウを切り替えてみましょう。

リスト10.6 ウォード法による階層的クラスター分析の結果をデンドログラムで表示

```
plot(ward.hclust, hang=-1)
```

図10.3 階層的クラスター分析結果のデンドログラム横並び表示例

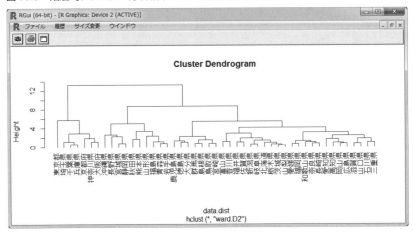

出典:アクセンチュア作成

なお、Mac OS Xで実行した場合には、関数plotや後述の関数clusplot等でグラフを描画する際に、日本語が正常に表示されない問題があります。グラフを描画する前に、フォントファミリーに、OSに含まれている日本語フォント名を指定することにより、グラフにおける日本語文字化けの事象を回避できます(リスト10.7)。

リスト10.7 フォントファミリーの指定例(Mac OS Xの場合)

```
par(family = "HiraKakuProN-W3")
```

図10.3のデンドログラムから、すべてのデータが最終的に1つのクラスターに統合されたことがわかります。ただし、データ数が増えていくと横並びのデンドログラムが見にくくなる場合があります。その場合は、関数plotの引数horizに「TRUE」を指定すれば、上記のデンドログラムを縦並びに回転させることも可能です(リスト10.8、図10.4)。このとき、関数as.dendrogramを使って階層的クラスター分析の結果ward.hclustをdendrogram型に変換する必要があります。

また、引数mainでデンドログラムのタイトルを指定することができます。

リスト10.8 ウォード法による階層的クラスター分析の結果を縦並びのデンドログラムで表示

```
plot(as.dendrogram(ward.hclust), horiz=TRUE, main="Hierarchical
Clustering Dendrogram (Ward)")
```

図10.4 階層的クラスター分析結果のデンドログラム縦並び表示例

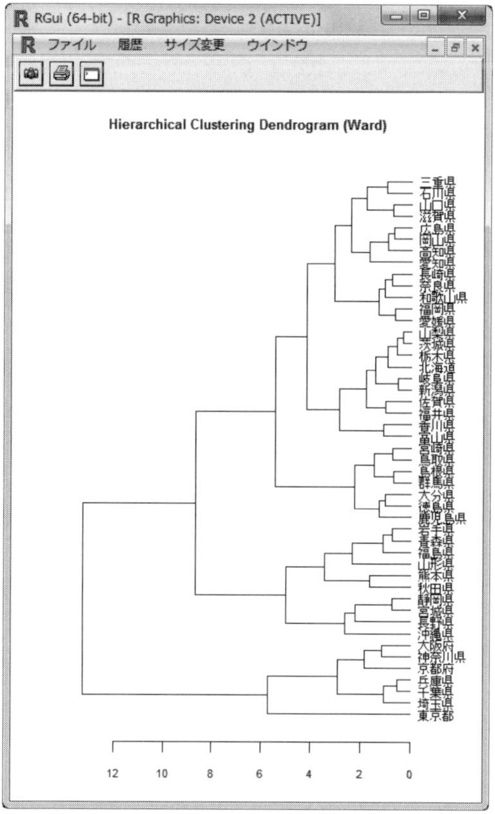

出典：アクセンチュア作成

(3) クラスター数の決定

上記のデンドログラムからデータ間距離の階層構造を直感的に捉えることができました。ただし、デンドログラムだけから以下のようなことを把握することはまだ困難です。

- なぜこのようなクラスター階層になったか
- 各データはどのような特徴を持っているのか
- 何個のクラスター分割が適切なのか　等

　階層的クラスター分析において、データ間距離とクラスター間距離は各データの特徴量（年齢、家族数、世帯の年収、住宅面積、所要資金額）に基づいて計算されているので、上記の質問に答えるためには、各データが持っている特徴量の値に着目する必要があります。しかし、値を個々に確認していくとデータの全体像を俯瞰的に捉えることが難しいので、デンドログラムに各データ特徴量のヒートマップを加え、デンドログラムのクラスターとデータ特徴量の関係を考察することとします。

　では、関数heatmapを使って、デンドログラムとデータ特徴量のヒートマップを合わせて表示します（リスト10.9、図10.5）。

　関数heatmap最初の引数にクラスター分析の対象データdata.scaleを指定します。行データとしてクラスター分析結果のデンドログラムを表示させるため、引数Rowvにdendrogram型に変換したクラスター分析結果ward.hclustを指定します。列データには特徴量をそのまま表示する（デンドログラムとして表示しない）ため、引数ColvにNAを指定します。また、データの標準化が最初の「データの収集と加工」のステップで実施済みなので、引数scaleに"none"（標準化なし）を指定します。最後に、関数plotと同じくグラフのタイトルを引数mainに指定します。

リスト10.9　データ特徴量のヒートマップを表示

```
heatmap(data.scale, Rowv=as.dendrogram(ward.hclust), Colv=NA,
scale="none", main="Heat Map for Hierarchical Clustering (Ward)")
```

図10.5 階層的クラスター分析対象データの特徴量のヒートマップ

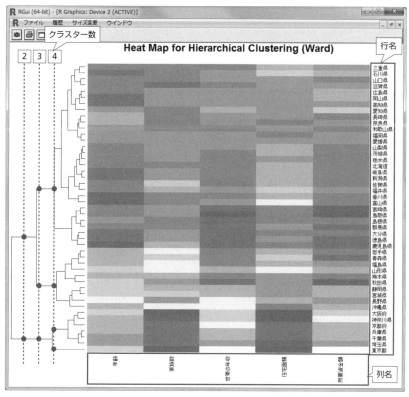

出典：アクセンチュア作成

　図10.5のヒートマップで示されるように、各特徴量の値の大小は色の濃淡で可視化されます。濃い色のセルの値が相対的に小さく、白に近いセルの値が相対的に大きくなっています。

　また、図10.5の左側のデンドログラムに描いた補助線（点線）で示すように、点線と実線の交点の数がクラスターの数となり、交点と繋がっている右側のデータは同じクラスターに属するとわかります。

　各クラスターに属するデータを一覧表示したい場合、関数cutreeを利用する方法もあります（リスト10.10、図10.6）。階層的クラスター分析の結果ward.hclustに対して分割したいクラスターの数を引数kに指定します。

リスト10.10　cutreeによるクラスター分割

```
#2〜4個のクラスターに分割
ward.cutree <- cutree(ward.hclust, k=2:4)
#cutreeの分割結果を表示
ward.cutree
```

図10.6　cutreeによるクラスター分割結果のイメージ（一部のデータのみ表示）

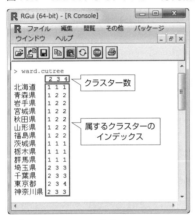

出典：アクセンチュア作成

では、クラスターの構成をデータのヒートマップと突き合わせて、各クラスターのデータの特徴を確認してみましょう。まず、クラスター数が2となる場合、各クラスターの特徴は表10.3のように考えられます。

表10.3　クラスター数が2の場合のクラスター構成と特徴

クラスター#	対象都道府県	クラスターの特徴
1	大阪府、神奈川県、京都府、兵庫県、千葉県、埼玉県、東京都	家族数と住宅面積が相対的に小さい。世帯の年収と所要資金額が比較的高い
2	クラスター#1以外の都道府県	家族数と住宅面積が相対的に大きい。世帯の年収と所要資金額が比較的低い

この場合、年齢は上記クラスター分割の決定的な要因ではないことがわかります。次にクラスター数が3となる場合、上記2番目のクラス

ターが分割され、年齢が各クラスターの特徴として見られるようになります（表10.4）。

表10.4　クラスター数が3の場合のクラスター構成と特徴

クラスター#	対象都道府県	クラスターの特徴
1	大阪府、神奈川県、京都府、兵庫県、千葉県、埼玉県、東京都	家族数と住宅面積が相対的に小さい。世帯の年収と所要資金額が比較的高い
2	岩手県、青森県、福島県、山形県、熊本県、秋田県、静岡県、宮城県、長野県、沖縄県	家族数と住宅面積が相対的に大きい。世帯の年収と所要資金額が比較的低い。購入年齢が比較的高い
3	クラスター#1とクラスター#2以外の都道府県	家族数と住宅面積が相対的に大きい。世帯の年収と所要資金額が比較的低い。購入年齢が比較的低い

さらにクラスター数が4となる場合、「東京都」はクラスター#1より独立し、単独のクラスターとして分類されます。「東京都」の世帯の年収と所要資金額が一番高くなっていることがその原因と考えられます。しかし、「東京都」にはクラスター#1のほかの都道府県と異なる新しい特徴が特にないので、ここでクラスター数を3に決めることが考えられます。

ただし、前述したようにクラスター分析は探索的分析手法であり、正解を示すツールではないため、業務要件に基づいて適切な考察と解釈を行う必要があります。例えば業務要件において、「東京都」は最重要マーケットとして認識し、テストマーケットとして必ず選出する必要がある場合、クラスター数を4に決めることも考えられるでしょう。

最後に、各クラスターからテストマーケットを抽出するため、クラスター分析の結果をわかりやすくデンドログラムに表示します。関数rect.hclustを使って、デンドログラムにおいて各クラスターの範囲を枠で示すことができます。引数kでクラスター数を、引数borderで枠の色を指定します。

リスト10.11と図10.7に、クラスター数が3となる場合の描画結果を示します。

リスト10.11　クラスター数が3となる場合を表示

```
#ウォード法による階層的クラスター分析の結果をデンドログラムで再表示
plot(ward.hclust, hang=-1)

#赤枠でクラスター数が3の場合の分割結果を示す
rect.hclust(ward.hclust, k=3, border="red")
```

図10.7　クラスター数が3の場合の各クラスターの構成

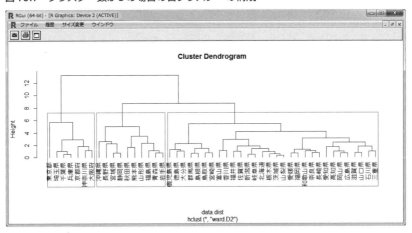

出典：アクセンチュア作成

非階層的手法 K-Means 法による クラスター分析

非階層的クラスター分析の手法として、K-Means法が最もよく使われているため、ここからは、前節と同じデータセットdata.scaleに対して、K-Means法による非階層的クラスター分析のプロセスと、Rによる実行方法を例示します。

前節では階層的手法ウォード法の分析プロセスとして「クラスター分析の実施」「分析結果の可視化」「クラスター数の決定」の3つのステップで紹介しました。非階層的手法のK-Means法の場合、前述のアルゴリズムで説明したように「クラスター数の決定」は最初に行う必要があります。そのため、「クラスター数の決定」「クラスター分析の実施」「分析結果の可視化」の3つのステップに分けてK-Means法の分析プロセスを紹介します。

(1) クラスター数の決定

K-Means法において、クラスター数の決定が一番重要なステップとなります。前述の階層的手法の場合は、デンドログラムでクラスター数ごとの構成を階層的に示すことができるため、ヒートマップ等と合わせてデータの特徴量を確認すれば、クラスター数を検討し、決定していくことができます。それに対してK-Means法は最初にクラスター数を決定する必要があり、かつ一般的にデータボリュームが大きい場合に使用されるので、階層的手法と同じアプローチの適用が難しくなります。

そこで、クラスター数の決定をサポートするため、RではNbClustというパッケージが用意されています。パッケージNbClustは最適クラスター数の決定を目的とし、30種類のクラスター数を評価する指標を提供しています。指標ごとに推奨するクラスター数を算出し、30種類の指標から一番多く推奨されたクラスター数を最適クラスター数として選

出するアプローチです。NbClustはK-Means法のほか、前述した各種の階層的手法やウォード法の最新オプション「"ward.D"」と「"ward.D2"」もサポートしています。そのため、パッケージNbClustにもR Version 3.1.0以降が必要になります。

今回はK-Means法を利用するので、関数NbClustの引数methodに「"kmeans"」を指定します。またデータ間（データとクラスター代表点）の距離にユークリッド距離を使うため、引数distanceに「"euclidean"」を指定します。考察するクラスター数の範囲を2～10とするので、引数min.ncに「2」、引数max.ncに「10」を指定します。最後に、今回は30種類の指標をすべて評価するので、引数indexに「"alllong"」を指定します（リスト10.12、図10.8）。

計算コストが大きい指標（Gap、Gamma、Gplus、Tau）を除外したい場合は引数indexに「"all"」を、個別に1つの指標を指定する場合は引数にindex名を指定することもできます。引数の詳細については、Rコンソールで「help(NbClust)」を実行することで確認できます。

リスト10.12　NbClustによる最適クラスターの計算

```
#NbClustパッケージをインストール（初回利用の場合のみ）
#パッケージをダウンロードする際、CRANのミラーサイトの指定が要求される
#場合、「Japan (Tokyo)」等距離が近いミラーサイトを選択
install.packages("NbClust")

#NbClustパッケージをロード
library(NbClust)

#各指標によるK-Means法のクラスター数の評価
km.best.nc<-NbClust(data.scale, distance = "euclidean", min.nc=2,
max.nc=10, method = "kmeans", index = "alllong")
```

10.3 非階層的手法 K-Means 法によるクラスター分析

図10.8 NbClustパッケージによる最適クラスター数の計算結果

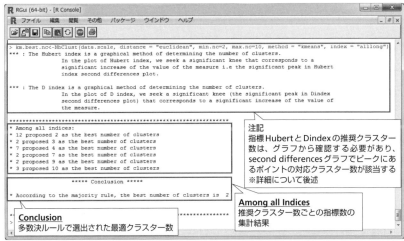

出典：アクセンチュア作成

図10.8の計算結果「Among all indices」では、推奨クラスター数が2と示す指標が一番多いので、「Conclusion」では多数決ルールで最適クラスター数を2と示しています。「Among all indices」に従って、推奨クラスター数ごとの対応指標数を表10.5にまとめました。

表10.5 推奨クラスター数集計（全指標）

推奨クラスター数	対応指標数
2	12
3	2
4	7
7	2
9	2
10	3

ただし、表10.5の「対応指標数」を合計すると、28個の指標しか含まれてないことがわかります。指標HubertとDindexはグラフより結果を確認する必要があるので、集計結果に含まれていません。

今回は関数NbClustの引数indexに"alllong"を指定したため、30個の指標の計算が一括に行われるので、グラフ・ウィンドウでは最後の実行結果しか残っていません。指標HubertとDindexのグラフを個別

に確認するには、引数indexにそれぞれ「"hubert"」（リスト10.13、図10.9）または「"dindex"」（リスト10.14、図10.10）を指定することで、対象指標の実行結果のみ確認できます。

リスト10.13　HubertによるK-Means法のクラスター数の評価

```
NbClust(data.scale, distance = "euclidean", min.nc=2, max.nc=10,
method = "kmeans", index = "hubert")
```

図10.9　指標Hubertのグラフ

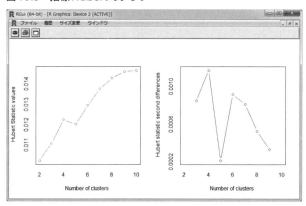

出典：アクセンチュア作成

リスト10.14　DindexによるK-Means法のクラスター数の評価

```
NbClust(data.scale, distance = "euclidean", min.nc=2, max.nc=10,
method = "kmeans", index = "dindex")
```

図10.10　指標Dindexのグラフ

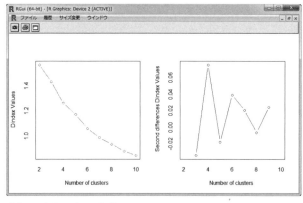

出典：アクセンチュア作成

指標HubertとDindexの推奨クラスター数は、図10.9と図10.10の右側にある「Second Differences」グラフでピークにあるポイントが対応するクラスター数となり、共に4となっていることが確認できます。指標HubertとDindexを反映した結果は表10.6になります。

表10.6 推奨クラスター数集計（全指標）

推奨クラスター数	対応指標数
2	12
3	2
4	9
7	2
9	2
10	3

パッケージNbClustの関連論文によると、30個の指標のうち、指標PseudoT2とFreyは階層的手法にしか適用できません。そのため、今回K-Means法のクラスター数を評価するため、この2つの指標を評価対象から除外する必要があります。指標PseudoT2とFreyの推奨クラスター数はリスト10.15のコマンドで確認できます（図10.11）。

リスト10.15 各指標の推奨クラスター数の表示

```
km.best.nc$Best.nc
```

図10.11 NbClust各指標の推奨クラスター数

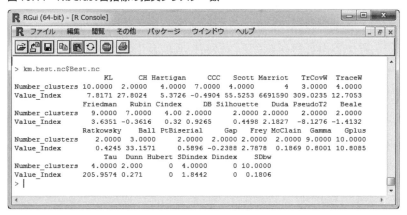

出典：アクセンチュア作成

図10.11に示すように指標PseudoT2とFreyの推奨クラスター数が共に2となっているので、指標PseudoT2とFreyを除外した最終結果は表10.7になります。

表10.7 推奨クラスター数集計（指標PseudoT2とFreyを除外）

推奨クラスター数	対応指標数
2	10
3	2
4	9
7	2
9	2
10	3

この確認結果を踏まえると、計算結果「Among all indices」において、推奨クラスター数が2と示す指標は12個から10個に、推奨クラスター数が4と示す指標は7個から9個に変わりました。推奨クラスター数が4と示す指標の数は、2と示す指標の数に近づきましたが、指標数が一番多いクラスター数は相変わらず2となりますので、今回最適クラスター数を2に決定します。

(2) クラスター分析の実施

最適クラスター数が2となったので、関数kmeansの引数centersにクラスター数を指定し、K-Meansのクラスター分析を行います。

前述したK-Means法のアルゴリズムからわかるように、各クラスターの代表点が最初ランダムにデータから選出されるので、初期に仮定したクラスター代表点の違いにより、クラスターの構成が変わる可能性があります。クラスター分析結果を安定させるため、複数回実行した結果から最適な結果を選ぶように、初期代表点データの選択回数を引数nstartで指定できます。ただし、分析データサイズが大きい場合、処理時間が長くなる傾向があるので、データサイズに合わせてnstartの値を決める必要があります。今回のサンプルデータサイズが小さいので、nstartを10に指定します（リスト10.16、図10.12）。

10.3 非階層的手法 K-Means法によるクラスター分析

リスト10.16　K-Means法によるクラスター分析

```
#K-Means法による非階層的クラスター分析を実施
km <- kmeans(data.scale, centers=2, nstart=10)
#K-Means法による分析結果を表示
km
```

図10.12　クラスター数が2の場合のK-Means法の分析結果

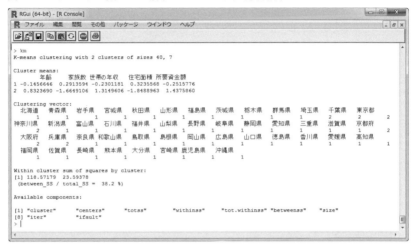

出典：アクセンチュア作成

　図10.12の分析結果から、データサイズがそれぞれ「40」と「7」の2つのクラスターが形成されたことがわかります。また、各クラスターの特徴量ごとの平均やクラスターの構成等も分析結果から確認できます。「Clustering vector」から、「埼玉県」「千葉県」「東京都」「神奈川県」「京都府」「大阪府」「兵庫県」の7つの都府県は1つのマーケットグループに、その他の都道府県はもう1つのマーケットグループに分類されたことがわかります。

　この結果は前述のウォード法のクラスター数が2の場合と同じ結果となりました。「Cluster means」の統計結果からもウォード法と同じ示唆が得られるでしょう。

(3) 分析結果の可視化

　以上のK-Means法の分析結果に基づいてクラスター構成を可視化するため、パッケージ「cluster」の関数clusplot()を利用します。パッケージ「cluster」はデフォルトでロードされていないので、関数libraryを使って事前に「cluster」をロードする必要があります。

　関数clusplotの1番目の引数に分析対象データ「data.scale」を、2番目の引数にK-Means法によるクラスター分析結果「km$cluster」を指定します（リスト10.17、図10.13）。そのほか、引数linesにクラスターの範囲を示す楕円の有無を、引数colorに楕円線の色の有無を、引数labelsにデータラベル表示の有無を指定できます。

リスト10.17　K-Means法によるクラスター構成の可視化

```
#clusterパッケージをロード
library(cluster)
#K-Meansクラスター分析の結果を可視化
clusplot(data.scale, km$cluster, color=TRUE, lines=3, labels=2)
```

図10.13　K-Means法分析結果におけるクラスター構成の可視化

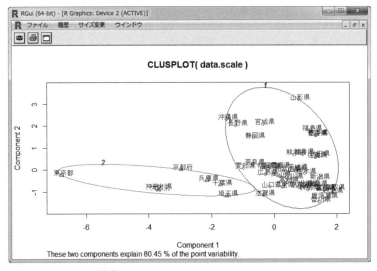

出典：アクセンチュア作成

4 まとめ

　以上で、前章で述べたマーケットのクラスター分析を例に、Rによるクラスター分析のプロセスを紹介し、階層的手法ウォード法と非階層的手法K-Means法による実行手順をそれぞれ例示しました。クラスター分析の結果、各マーケットの特徴に基づいて全国マーケットのグループ分けができたので、ビジネス応用例で紹介したように、形成されたマーケットグループからそれぞれ特徴が異なるテストマーケットを選出できるようになります。また、分析データを顧客市場属性または商品属性に変更することにより、応用例で紹介したほかのビジネス応用例でもクラスター分析の手法を活用できます。

　ここ数年、ビッグデータ向けの機械学習ライブラリMahoutやMLlibにおいてもK-Means等のクラスター分析の手法が提供され、HadoopやSpark等の並列分散処理基盤を活用すれば、ビッグデータに対する高速の解析処理が実現可能となります。AWS等のクラウドサービスと組み合わせて利用すれば、ビッグデータに対するクラスター分析のサイクルも大幅に短縮し、より多くの場面でクラスター分析が活用できるでしょう。

　ただし、前章の分析時の心構えにも紹介したように、クラスター分析自体は分析者の意思決定をサポートするツールであり、万能のツールではありません。事前のデータ収集・加工や事後の分析結果に関する評価・実証は実業務において一番時間がかかる作業となります。データから正しい示唆を導くため、入力データが分析対象の特徴を正しく説明しており、選択した分析手法が最適なアプローチであることを繰り返して検証し、はじめて新しい知見に到達することができるのです。

第11章
決定木分析:要因を分析し、将来を予測する

決定木分析は、樹木状のモデルを使って要因を分析し、その分析結果から予測を行うというもの。さまざまなビジネスシーンで活用される代表的なデータマイニング手法のひとつです。

1 多くのビジネスシーンで利用される決定木分析

　第8章で紹介したAprioriアルゴリズムは、教師なしパターン認識の学習方式の一つで、基本技術を頻出項目の抽出によっていました。相関規則性によるわかりやすい技術の一つであり、入り口の解析手法として入りやすかったのではないかと考えています。

　ここで紹介する「決定木分析」も、データマイニング手法の一つです。教師あり学習の一つに分類され、その中でも定められたクラス分類に関する問題を扱うものです。「決定木」と呼ばれる樹木状のモデルを使って、何らかの結果が記録されたデータセットを分類することで、その結果に影響を与えた要因を分析し、その分類結果を利用して将来の予測を行います。

　将来予測の正解データとしては、数値を扱う場合と、2値ラベルや定性的な情報を扱う場合があります。特に、数値のケースを「回帰問題」と呼び、ラベル化された判定結果を扱うものを「分類」と呼びます。決定木は分類問題として扱われます。

　このあたりは、理論上の定義であって、プログラミング実務に直接使

うものではありません。しかし、理解しておくと、実務の世界で現場の誤解を招かずにプロジェクトを進めやすくなります。理解しておいて損はないでしょう。

実際、データサイエンティストと名乗っていながらも、こうした基礎知識を体系的に理解していないために、魔法の箱のような説明をする方が、残念ながら多くいらっしゃいます。解析のためのアルゴリズムではなく、目的達成や最適化のためのアルゴリズムですから、こんなはずじゃなかったというリスクを軽減するためにも、特定の解析では何ができて何ができないのかをきちんと理解しておくことが重要です。

さて、決定木分析の活用範囲は広く、さまざまな業種、業態で活用されています。例えば、顧客別の購買履歴から自社の製品を購入している顧客の特徴を分析したり、金融機関の取引履歴から顧客属性別の貸し倒れリスクを測ったり、機械の動作ログから故障につながる指標を見つけ出したりといったことに、決定木分析が利用されています。

決定木分析が活用される代表的なビジネスシーンは、表11.1のようなものが挙げられます。

表11.1 決定木分析の活用対象例

業種/業態	分析対象	活用により得られる効果
GMS・CVS・流通小売業全般	・CRMデータ ・購買履歴 ・ダイレクトメールへの応答ログ	・顧客セグメンテーションによるマーケティングの最適化 ・サービス購入動機の把握 ・サービス離脱原因の把握 ・来客数予測と供給量の調整 ・顧客の嗜好、選択基準の把握
Eコマース・デジタルコンテンツ産業	・コンバージョンログ ・ユーザアクセスログ	
外食産業	・来店者属性別購買履歴	
金融サービス	・定期預金加入者属性 ・金融商品購買履歴	
通信サービス・工業製品	・機器故障データ ・不良品データ ・生産管理システムデータ	・通信障害や機器故障原因の把握 ・不良品を生む要因の把握 ・不良品率の予測と生産計画の精度向上

決定木分析の概要

　決定木分析の分析対象は、表11.1でも例を挙げたように、ビジネス結果や購買履歴などの何らかの結果が記録されたデータです。そのようなデータセットには、分析の対象となる結果——例えば、ある商品の購入有無等——と、その原因となっていると予測される属性——例えば、性別、年代、職業等——が一緒に記録されています。

　決定木分析では、このようなデータセットを、結果とその属性に着目して逐次分割して、分析モデルを作成していきます。このデータセットの分割は、分割後のそれぞれのデータセットにおける結果の適合度が高くなるような、言い換えれば「純度」が最も高くなるような属性と値で行われます。この「純度」は、決定木分析のアルゴリズムごとに異なった基準がありますが、基本的な考え方は、同じ結果のデータはできるだけ同じノードに行くように分割することです。

　例えば、ある商品の購買有無が分析対象である場合には、分割後の一方には購入者のデータがより多く集まり、もう一方には非購入者のデータが多く集まるように、属性と値を見つけてデータセットの分割を行います。

　決定木分析によって得られる分析モデルを具体的に見てみましょう。図11.1は、架空の決定木分析の結果を示した模式図です。とある店舗に来店した100人に対して「キャンペーン商品の購入有無」を「性別」「これまでの購買回数」といった顧客属性から決定木分析したことが想定されています。

図11.1 キャンペーン商品購入履歴の決定木分析の模式図

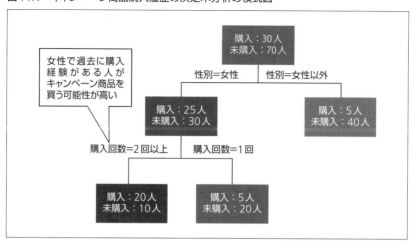

　決定木分析の結果から得られる分析モデルは、この図のように影響力の強い要素から順番に上から下へとデータセットが分割されていく樹形図で表現されます。この分析では、購買の有無に最も大きな影響を与えた顧客属性は「性別」であることがわかります。また、そのうち性別が女性の場合は、「これまでの購入回数」が次に大きい影響を与えていることが示されています。

　各データセットの分割後には、分割後の一方に購入者データがより多く集まり、もう一方には非購入者のデータが多く集まっています。このような状態を、前述したように、データセットの「純度」が高い、と表現します。決定木分析では、求める結果に対する影響が大きい属性で逐次分析することで、このような樹形図でのデータの可視化を行うことができます。

　決定木の一番上のノードは、ルートノード（根ノード）と呼ばれ、すべてのデータセットが対応するスタート地点となります。子ノードを持たない一番下のノードは、ターミナルノードもしくはリーフ（葉）ノードと呼ばれる、最終的な分類結果を示すノードです。

　分析対象結果の変数（この例では「購入有無」）を、統計分析の分野では一般に「目的変数」もしくは「被説明変数」と言います。また、分

析対象結果の説明に利用する変数（この例では「性別」「これまでの購買回数」といった顧客属性）を「説明変数」と言います。この用語は統計分析一般で使われている言葉なので、覚えておいてください。

　これらの用語を使うと、決定木分析は「目的変数」の「純度」を最も高める「説明変数」で分割し、樹木モデルの分析モデルを作成する手法ということができます。

3 類似の分析手法と比較したときの決定木の特徴

　決定木分析のように、結果データを分析し、顧客セグメンテーションや将来予測等に活用できる分析手法には、さまざまなものがあります。それらと比較したときの決定木分析の強みや特徴は何でしょうか。

分類経過を可視化できる「分類器」

　まず、決定木分析では、求めたい結果である目的変数と、その原因と考えられる説明変数が記録された履歴データを使って、分析モデルを作成し、データ分類を行います。このように、結果データから作成したデータ分類のための分析モデルを、一般に「分類器」と呼びます。そして、分析モデルを作成するために使用したデータを、「教師データ」もしくは「学習データ」と呼びます。

　この「分類器」という分析モデルの中で見た決定木モデルの強みは、分類経過を樹形図で可視化できることです。

　例えば、代表的な分類器である「サポートベクターマシン」は、データの分類を「超平面」と呼ばれる多次元空間上での境界線を使って行います。そのため、一般的な可視化は難しく、分類過程を読み解くことは容易ではありません。商品購入履歴を使って顧客セグメンテーションを行っても、ある商品を買う可能性が高いセグメントと低いセグメントに分けることができても、その商品がどの年代や性別の顧客に受けているのかといった内訳までは確認するのが難しくなります。

　一方、決定木分析では、どの属性が分割のキーとなったかを樹形図から容易に読み取れるため、分類結果を得るだけではなく、分類経過から示唆を得ることも可能です。

　現実のビジネスでは、分類結果だけではなく分類ルールも同時に必要な場面や、分析の結果よりも分類のルール自体が重要となる場面がしば

しばあります。

　例えば、顧客セグメンテーションを目的として購買履歴から顧客を分類する際には、ターミナルノードでの分類結果だけではなく、最も購買に大きな影響を与えた要素が何だったのか、その次の要素は何だったのか、という分類過程自体が重要な示唆となります。得られた性別や年齢で分岐が起こっていれば、そこから「この商品は男性に受けている」とか「30代に限っては女性にも売れている」といった情報を読み取り、次の広告を打つ対象の絞り込みに活用することができます。

　このように分類結果だけではなく、分類経過も必要になる場合は、決定木分析が非常に有効です。

質的データと量的データが混在しても欠損値があっても分析可能

　決定木分析は、データ分割の基準さえ設定できれば分析が可能であるため、データセットの中に質的データと量的データが混在していても、一緒に分析できます。また、もしデータの中に欠損値があったとしても、そのデータを捨てることなく、欠損値自体を一つのカテゴリとすることでそのまま分析できます。

　このように多様なデータセットに対応できることが決定木の強みの一つとなっています。

　例えば、手書きのアンケート調査では、回答者がアンケートにすべて回答せず、「未回答」つまり欠損値となっている項目が多いケースがあります。決定木分析は、こうした欠損値を含んだデータも含めて分析できます。さらに分析の結果、アンケート項目に未回答だった人と悪い評価を与えた人が同じノードに分割された場合、アンケートに答えなかった人は製品を評価していなかった可能性が高いという、明示されていなかった示唆を得ることもできます。

　また、アンケート調査のデータでは、「年齢」「収入」のような数値で表される属性と、「性別」「職業」のようなカテゴリで表される属性が混

在している場合がしばしばあります。分析手法の中には、質的データを扱うことができなかったり、欠損値が含まれていると分析ができなかったりするものがあります。それらの手法では、質的データを量的データに変換したり、分析のために欠損値を含むレコードを無視したり、欠損値を予測値で穴埋めしたりといった前処理が必要です。

決定木は、そのような考慮をせずに、比較的少ない前処理でデータ分析ができます。そのため、アンケート結果分析のような多様なデータの分析に加え、データの整備が不十分な分析初期のデータ探索にも活用できます。

クラスター分析と決定木

決定木とよく似た分析手法に「クラスター分析」があります。

クラスター分析は、データ同士の類似度からデータをクラスターにまとめていく分析手法です。クラスター分析の一種である階層的クラスター分析では、近いデータ同士のクラスターを作ったのち、全体がひとつになるまでクラスター同士を結合していくことで、「デンドログラム」と呼ばれるツリー上の分析モデルを作成できます。

クラスター分析については、第9章と第10章で説明しました。

決定木分析とクラスター分析の違いは、決定木分析では結果とそれをもたらした属性が記録された「教師データ」が分析に必要なのに対し、クラスター分析ではそのような「教師データ」が必要ない点です。

顧客のセグメンテーションを行う際、教師データとして使えるものが必ずあるとは限りません。クラスター分析では、目的変数を設定することなく、データそれぞれの類似度だけでデータをクラスターに分けるアプローチをとっています。例えば、ある商品の購入者をセグメンテーションする際に、購入者のデータはあっても、非購入者はデータがなく属性もわからないことがあります。クラスター分析は、そういった場合に活用されます。

またクラスター分析では、正解となるデータを利用しません。そのた

め、データのクラスターを作成することができるものの、それがどういった属性に基づいたものなのかは分析結果だけからはわかりません。そこで、それぞれのクラスターをプロットし、その特徴を分析担当者が読み取って、セグメンテーションを行う必要があります。

　これらの分析手法と決定木分析は、分析の目的は同じでも、分析対象のデータと分析手法の性格が大きく異なっています。分析対象となるデータに応じて、これらの分析の使い分けが必要です。

タイタニック号乗船者のデータを使った決定木の構築

　ここまで決定木分析の概要と特徴を見てきました。続いて、実際のデータを用いて決定木分析を行ってみたいと思います。

　Rや、SAS Enterprise Miner、WEKA等、主要な統計分析ソフトウェアやデータマイニングツールには、決定木分析のアルゴリズムが実装されていますが、ここでは、Rを分析ツールとして利用します。

　また、本章の冒頭で触れたとおり、決定木分析は目的変数の分割前後の「純度」を測り、ノード分割の基準を定めることが分析の肝となっています。

　決定木分析には、このノード分割時の「純度」の計算方法が異なる、複数の手法が存在しています。その中でも主要なものとしては、残差平方和とジニ係数やエントロピーの変化を「純度」の基準としノード分割を行うCART（Classification and Regression Tree）法［Breiman, Friedman, Olshen, 1984］、情報利得比にてノード分割を行うC4.5（Quinlan, 1993）やそれを改善したJ4.8、C5.0、ノード分割前後のカイ二乗値の変化を基準として分割を行うCHAID［Kass, 1980］等が挙げられます。

　ここでは、これらのアルゴリズムのうち、Rでの決定木分析で最もポピュラーなCART法を利用します。分析にあたってはCART法での決定木分析用パッケージ「rpart」を、Rのアドオンパッケージレポジトリである CRAN（The Comprehensive R Archive Network）から取得して利用します。前章までと同様に、このパッケージを導入することで、数行のコーディングだけで決定木分析を行うことができます。

　分析対象とするデータセットには、サンプルデータとしてRに同梱されている、タイタニック号乗船者のデータセットを利用します。

　このデータセットには、タイタニック号沈没事故の際の乗客および船員の「性別」、「年齢（子どもか大人かのカテゴリデータ）」、「乗客のク

ラス（1等客室〜3等客室もしくは船員）」といった属性と、それらの人々が生存したか否かが記録されています。これを使い、当時の乗船者たちの属性の中で、事故の際の生死に大きな影響を与えた属性が何だったのかを決定木で分析していくことにしましょう。

(1) rpartおよびrpart.plotパッケージの導入

Rを起動して、以下のコマンドを実行し、rpartおよびrpart.plotパッケージをインストール、ロードします。

```
install.packages("rpart")
install.packages("rpart.plot")
library(rpart)
library(rpart.plot)
```

rpartパッケージは決定木分析そのものを行うパッケージ、rpart.plotは分析結果を簡単に図示するためのパッケージです。

(2) データセットの読み込みとデータフレームへの変換

Rに同梱されているタイタニック号の乗船者のデータセットを読み込んで、rpartで扱える形に変換します。

タイタニック号の乗船者のデータセットは通常、Rをインストールした時点でいつでも呼び出せる状態になっています。Rを起動し、「Titanic」とコンソールに打ち込むだけで、データを確認可能です。ただ、このままでは決定木分析で利用する関数に読み込ませることができないため、まずはデータをデータフレームに変換します。

```
TitanicData <- data.frame(Titanic)
```

(3) データセットの確認

変換結果を見るには、以下のように変数名をそのまま入力します。

```
TitanicData
```

正しく変換されていれば、属性ごとに集計されたタイタニック号乗船者データが32レコード表示されたはずです（リスト11.1）。

リスト11.1 属性ごとに集計されたタイタニック号乗船者データ

```
  Class  Sex   Age  Survived Freq
1  1st  Male  Child    No     0
2  2nd  Male  Child    No     0
3  3rd  Male  Child    No    35
4  Crew Male  Child    No     0
（以下略）
```

「Class」には、1等客室から3等客室までの利用客室、もしくは船員（Crew）という乗船者の分類が入力されています。また、「Sex」には性別、「Age」には子ども（Child）か大人（Adult）か、「Survived」には生存した（Yes）か否（No）かが入力されています。また、これらの属性ごとの集計値が「Freq」に入力されています。

(4) 決定木分析の実施

ここまでの準備ができたら、以下のコマンドにて決定木分析を実施します。計算が終わると変数「titanic.rp」に決定木分析の結果が格納されます。

```
titanic.rp <- rpart(Survived ~ Class + Sex + Age, weights=Freq,
data=TitanicData, control=rpart.control(minsplit=1))
```

rpartは、決定木分析を行い、結果を表示させる関数です。最初の「Survived ~ Class+Sex + Age」が分析対象の式にあたり、目的変数「Survived」を説明変数「Class + Sex + Age」で説明したいという意図がここに表されています。続く「weights」はデータの各行の重みで、今回は属性と結果の集計値「Freq」を入れています。これによって、集計済みレコードが集計値分の人数のレコードと解釈されて分析が実施されます。「data=TitanicData」は、利用するデータの指定です。

(5) 分析結果の確認

計算が終わったら、まずコンソール上で結果を確認してみましょう。以下のように変数名を入力してみてください。

```
titanic.rp
```

計算がうまくいっていれば、変数に格納されている内容がリスト11.2のようにコンソール上に出力されます。

リスト11.2　分析結果の出力

```
n= 32

node), split, n, loss, yval, (yprob)
      * denotes terminal node

 1) root 32 711 No (0.6769650 0.3230350)
   2) Sex=Male 16 367 No (0.7879838 0.2120162)
     4) Age=Adult 8 338 No (0.7972406 0.2027594) *
     5) Age=Child 8  29 No (0.5468750 0.4531250)
      10) Class=3rd 2  13 No (0.7291667 0.2708333) *
      11) Class=1st,2nd 4   0 Yes (0.0000000 1.0000000) *
   3) Sex=Female 16 126 Yes (0.2680851 0.7319149)
     6) Class=3rd 4  90 No (0.5408163 0.4591837) *
     7) Class=1st,2nd,Crew 12  20 Yes (0.0729927 0.9270073) *
```

(6) 樹形図の描画

ここまで決定木分析の計算は完了しました。ただ、テキストでは結果を読み解くのが大変なので、この結果を樹形図に描画してみましょう。以下のコマンドをコンソールに入力してください。

```
prp(titanic.rp, type=4, extra=1)
```

これは最初に読み込んだrpart.plotの関数で、プリセットされたグラフを選ぶだけで決定木を描画してくれます。「type」で基本的なツリーの形を選び、「extra」でツリーと一緒に描画する情報の種類を選びます。なお、そのほかの種類は、Stephen Milborrow氏のページ（http://www.milbo.org/rpart-plot/）を確認してください。

コマンドを実行すると図11.2の樹形図が出力されるはずです。

図11.2 分析結果の樹形図

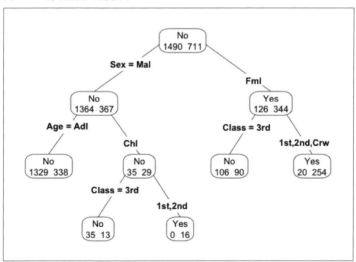

これでタイタニック号乗船者データからの分析モデル作成は完了です。

(7) 決定木の読み取り

続いて、できた図を読み取ってみましょう。

一番上のルートノードにはタイタニック号の全乗客乗員2201人のデータが入っています。ルートノードの「1490　711」という数字は、2201人のうち、亡くなった人が1490人、生き残った人が711人であることを示しています。割合に直すと、タイタニック号の乗船者全体の生存率は32.3%ですね。

ルートノードが、「性別」が「Mal（男性）」か「Fml（女性）」で分割されているということは、記録されている属性の中では「性別」が最も生死に大きな影響を与えたということを意味します。

右に伸びた「女性」側の分岐の先を見ると、次に「Class」が「3rd（3等客室）」か「1等、2等客室もしくは船員」かで分割されたところで、分割が終了しています。右下のターミナルノードの「20　254」は、ルートノードと同様に、亡くなった人と生存した人の人数を示しています。つまり、「女性」で、かつ「1等、2等客室もしくは船員」の人の生存者数は254人、割合にすると、この属性の人は92.7%という高い生存率を示しています。

一方、「女性」でも「3等客室」を利用していた人は、106人が亡くなり、生き残った人が90人と、生存率が45.9%と、全体に比べればよいものの、それ以外のクラスと比べると低くなっています。

また、ここで分割が止まったということは、生存者の割合を大きく変化させるような要素がなくなったということでもあります。「女性」の中では、「年齢」や、「1等」「2等客室」「船員」の違いは、生存率には大きな影響を与えなかったということです。

左側の「男性」側の分岐も、ここまでと同様に見ていくことができます。こちら側は、「女性」側よりも分岐が一つ多くなっていますが、見方自体は変わりません。こちらはみなさんが自分で確認してみてください。

以上、タイタニック号の乗船者のデータから作成した決定木を見てき

ました。最初に強みの一つとして挙げたように、決定木ではある事象に対し、人が意味を読み解けるモデルを作ることができます。数値の意味だけわかっていれば、結果を読み解くのに統計の知識は必須ではありません。このわかりやすさが、決定木分析が分析の現場で好まれる理由です。

5 CART法でのデータ分割アルゴリズム

　ここまでrpart関数を使ったCART法での決定木分析の概要を見てきました。CART法では、質的データには分類（Classification）の手法を、量的データには回帰（Regression）の手法を適用することで、質的データと量的データの両方を使った決定木分析を実現しています。続いてこのCART法のアルゴリズムを見ていきましょう。

　決定木のアルゴリズムの肝は、各ノードでのデータ分割の基準を定義することです。

　例えば、タイタニック乗船者例では、分割後のグループのうち、一方を「生存者」が多いグループとし、もう一方が「生き残ることができなかった人」が多いグループとするように、分割が進められていました。

　CART法では、質的データのデータ分割の基準として、「ジニ係数」「情報量（エントロピー）」「分類誤差率」が使われます。タイタニック号の乗船者の分析で使ったrpartは、デフォルトで「ジニ係数」を使います。

　ジニ係数は、もともとは経済学で使われている貧富の差を表す指標です。ゼロ（平等）から、1（完全に不平等）の数値で表されます。ある国のジニ係数が高い（1に近い）ということは、その国の中での貧富の差が大きいことを示しています。

　決定木の分割では、ジニ係数が高いということは、ノードに含まれる要素がバラバラであるということです。

　例えば、タイタニック号の乗船者のデータでは、「生存できた人」と「亡くなった人」が入り混じっているとジニ係数が高い状態となります。そして、ジニ係数が最も小さくなるように「生存できた人」と「亡くなった人」を分ける要素を見つけて分割を実施していました。

　表示された決定木の分析モデルを見ると、確かに分割ごとに、それぞれの要素の純度が上がる方向に分割が進んでいることがわかります。

11.5 CART法でのデータ分割アルゴリズム

　一方、量的データの分割では、単純にノード内の回帰残差（＝残差平方和）が分割の基準となります。ノードの分割の前後で回帰残差を計算し、各ノードに含まれるデータ数と全体のデータ数との割合を掛け合わせて、分割のための尺度とします。

　CART法では、こういった分割のための尺度を設定し、その尺度を最も減少させる要素と値でノード分割を実施します。そして、一定のしきい値に達した時点で分割を停止します。

弱点1：分析モデルのオーバーフィッティング

　ここまで決定木の強みを中心に見てきましたが、当然、決定木にも弱点はあります。
　一つ目の弱点は、モデル作成に使ったデータに必要以上に合わせた分析モデルを作ってしまう可能性があることです。
　決定木では、データ分割の繰り返しで分析モデルを作っていきます。このとき、どんどんデータが細分化されていき、ノードに含まれるデータ数が少なくなってくると、その小さくなったデータの中でしか通用しないような分割が行われてしまいます。そうすると、モデルを作ったときには当てはまりが良くても、別のデータセットを分析する際には役に立たないモデルができてしまいます。
　このような状態を、データ分析では「過剰適合」や「オーバーフィッティング」「過学習」と呼びます。
　決定木分析では、この問題を解消するため、汎用性が高い分岐までで分岐を止めるしきい値の設定を行います。この操作を、木を育てる際に不要な枝を切り落とすことになぞらえて、「枝刈り」と呼んでいます。

■「枝刈り」前の決定木の構築

　実際のデータを用いて、「枝刈り」の方法を見ていきたいと思います。要素数が多い方が「枝刈り」の必要性が見えやすいので、今回は先ほどのタイタニック乗船者のデータではなく、「kernlab」というSVM解析用のパッケージに付属している家計調査データ「income」を分析に利用します。Rのパッケージには、そのパッケージを試してみるためのデータセットが付属していることが多く、この「income」もその1つです。
　今回はこのパッケージの解析コマンド自体は使いませんが、データ

セットだけを借用して決定木分析に利用します。このパッケージは以下のコマンドで簡単にインストールできます。パッケージをインストールすると、データセットも一緒にダウンロードされます。

```
install.packages("kernlab")
```

このデータセットは、住宅種別(持ち家、賃貸、親族と同居)と世帯収入、性別、年齢、教育、職業、居住年数、子どもの数など暮らしに関わる項目から構成されています。

今回の分析では、目的変数に「住宅種別(HOUSEHOLDER)」を選び、住宅種別に影響している要素を分析します。この変数は持ち家(Own)、賃貸(Rent)、親族と同居(family)のいずれかを取る変数です。説明変数としては、あまりにパラメータが多いと扱いが難しくなるため、収入(INCOME)、性別(SEX)、教育(EDUCATION)、居住年数(AREA)、同居している18歳未満の家族数(UNDER18)を選びたいと思います。

まずは、以下のコマンドを実行し、データを読み込み、どのようなデータが入っているか確認してみてください。

```
library(kernlab)
```

なお、このデータセットでは、収入、居住年数、18歳未満の家族数は、数値データではなく、「1万ドル未満」「1万ドル以上、1万5000ドル未満」といったカテゴリデータになっています。

```
data(income)
head(income)
```

さて、このデータにタイタニック号乗船者の分析と同様に決定木分析を行い、樹形図を描画します(図11.3)。この流れは、分析用のパラメータが「control=rpart.control(cp = 0.001)」となっているところ以外は、

先ほどのものと同様です。

```
income.rp <- rpart(HOUSEHOLDER ~ INCOME + SEX + EDUCATION + AREA
+ UNDER18, data=income, control=rpart.control(cp = 0.001))
prp(income.rp, type=4,extra=1)
```

図11.3　枝刈り前の決定木

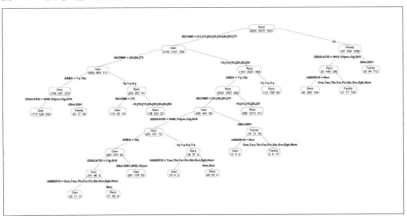

今回、決定木の計算時に追加したパラメータ「cp」は、「Complexity parameter」の略で、生成する決定木の複雑さを指定するパラメータです。「cp=0」とすると枝刈りを全く行わず、分割できる限りノードを分割させた最も大きい決定木を計算します。今回はまず枝刈り前の決定木を描きたいので、「cp=0.001」と小さい値を指定しました。結果として、今回は、図11.3のような非常に細分化された決定木ができました。

しかし、このような細かい分岐を作ってしまうと、ターミナルノードの分岐に利用されたデータセット数が少なくなるために、モデル構築に利用したデータセットにたまたま当てはまっただけの分岐ができてしまう可能性が高くなります。このような分析モデルは、モデル構築に利用したデータには当てはめることができても別のデータセットには当てはまらない汎用性のない分析モデルとなります。これが「分析モデルが学習データにオーバーフィッティング」した状態です。

CART法での枝刈りのポイントの確認

それでは、この決定木の枝刈りを行っていきましょう。

CART法では、枝刈りに「交差確認法」を利用します。交差確認法では、与えられたデータセットをランダムに分割し、分割されたうちの1つを除いたデータでモデルを作成します。そののち、モデル作成に使わなかったデータでモデルの検証を行い、その誤分類率を元に「枝刈り」のポイントを決定します。

rpartは、特にパラメータを指定しなかった場合には、データを10分割する交差確認法を行った上で、計算結果を出力します。交差確認の結果も出力結果に保存されます。以下のコマンドで、計算結果を決定木のターミナルノードの数と、交差確認から推定された誤差率（交差確認推定値）の推移をプロットすることができます。

```
plotcp(income.rp)
```

このコマンドのプロット結果が図11.4のグラフです

図11.4　ターミナルノードの数と誤差率の推移

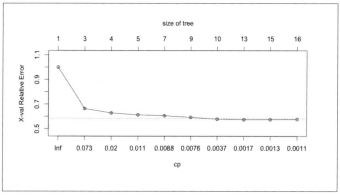

上の「size of tree」というラベルの貼られた目盛りがターミナルノード数、下の「cp」とラベルの貼られた目盛りが、そのターミナルノード

数に対応する「複雑度パラメータ（Complexity parameter）」です。このグラフは、複雑度を上げ、ターミナルノード数を増やしていったときの、誤分類率の推移を表しています。これを見ると、ターミナルノードが増えていくと、最初は誤分類が減っていきますが、途中から頭打ちになっていくことが読み取れます。

この推移から、できるだけ誤分類が少なくなるように適切な複雑度パラメータを決め、ターミナルノード数を減らす作業が、決定木の枝刈りです。

枝刈りのポイントは、単純に推移の誤差が最小になるところをすることもありますが、最小交差確認推定値の誤差を考慮し、最小交差確認推定値に、その標準誤差（Standard Error）の推定値を足した値を枝刈りのしきい値にする方法が用いられます。このように標準誤差を考慮した枝刈りは「1SEルール」と呼ばれています。

1SEルールで枝刈りをする際のcpの値の求め方は、以下のとおりです。ここは少し計算が難しいので、Rに慣れていない方は結果だけ確認してもらえればOKです。

まずは、先ほどのグラフの中身を数値で確認してみます。以下のコマンドを実行すると、リスト11.3のような値が表示されます。ただし、この結果には、実行時に生じる誤差が含まれるため、値そのものは若干違うものになっているはずです。

```
income.rp$cptable
```

リスト11.3　グラフの中身を数値で確認

```
          CP nsplit rel error    xerror       xstd
1 0.169879992      0 1.0000000 1.0000000 0.009082272
2 0.031280740      2 0.6602400 0.6631910 0.008956795
3 0.012787724      3 0.6289593 0.6279756 0.008859502
4 0.009246508      4 0.6161716 0.6124336 0.008811108
5 0.008459571      6 0.5976785 0.6057446 0.008789232
6 0.006885697      8 0.5807594 0.5925634 0.008744252
7 0.002032920      9 0.5738737 0.5780051 0.008691649
8 0.001377139     12 0.5677749 0.5740704 0.008676898
```

```
 9 0.001180405    14 0.5650207 0.5746606 0.008679125
10 0.001000000    15 0.5638403 0.5762345 0.008685039
```

　この中から誤差率「xerror」が最小となる行を選び、その値と1SEの値を取得します。

```
income.rp.min <- which.min(income.rp$cptable[,'xerror'])
income.rp.xerror <- income.rp$cptable[income.rp.min,'xerror']
se <- income.rp$cptable[income.rp.min,'xstd']
```

　続いて、「最小誤差率＋1SE」が「誤差率」を上回る行番号を求めます。ここでは「while」ループで頭から値をチェックしていきます。

```
i <- 1
while(income.rp$cptable[i,'xerror'] > income.rp.xerror + se)
{i <- i + 1 }
```

　「最小誤差率＋1SE」が「誤差率」を上回ったところで、ループが止まるため、その時点の「i」が求める行番号となっています。この「i」のレコードのCPを取り出します。これが求める複雑度パラメータです。

```
income.rp.cp <- income.rp$cptable[i,'CP']
income.rp.cp
```

▌「枝刈り」の実行

　さて、ここで最初の分析に戻って、先ほど確認した最小交差確認推定値での枝刈りを行ってみましょう。

　先ほどプロットから読み解いたとおり、最初の式で「cp=0.001」としていたところを、先ほど計算した複雑度パラメータにするため、「cp=income.rp.cp」として再度決定木の計算を行い、プロットします。

```
income.rp2 <- rpart(HOUSEHOLDER ~ INCOME + SEX + EDUCATION + AREA
+ UNDER18,data=income, control=rpart.control(cp = income.rp.cp))
prp(income.rp2,type=4,extra=1)
```

このコマンドを入力すると、図11.5の決定木がプロットされるはずです。これがオーバーフィッティングを考慮した枝刈り後の決定木です。

図11.5　rpart関数を使った自動的な枝刈り

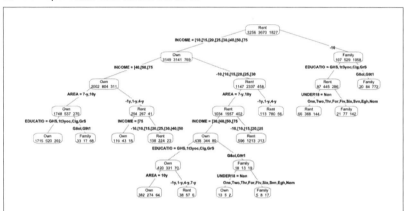

枝刈り前の決定木と比べると、中央下部のところの枝がなくなっていますね。

出来上がった決定木の左に向かう枝を見ると、収入が高く居住年数が多い人は、持ち家や親族と同居している人が多くなっています。一方、右に向かう収入の低いグループのうち、18歳以下の家族（自分自身も含む）がいる人は親族と同居し、そうでない人は賃貸と、感覚的にも納得のいく結果になっています。みなさんでも出来上がった決定木を読み取ってみてください。

7 弱点2：データによって、作成されるモデルが大きく変わることがある

　決定木のもう1つの弱点は、分析の対象としたデータセットに偏りがあるなどの原因により、作成されるモデルが大きく変わってしまうことがあることです。"Data is dirty."（あえて単数形で表現します）。これは、VerticaやData Tamerの生みの親であるマサチューセッツ工科大学の名物教授Stonebraker博士が授業やStrata Conference等の講演でおっしゃっていて、筆者も何度か生でそれを聞きましたが、悲しいかな、この業界の事実となっていて、解析処理に与える影響も莫大です。

　決定木分析が一般に堅牢性が高いアルゴリズムだと言われているのは、そのゆえんです。つまり欠損値に対して堅牢で、分岐のラベルに当てはめてしまえば、欠損していても処理を開始できるという優れた利点があります。これは、一般化線形モデルのほとんどの処理アルゴリズムでは成り立たない前提です。

　しかし、必ず堅牢というわけでもありません。処理の工程を見ていくと、決定木分析では、影響の大きい要素から順番に分割していくため、前にどの要素で分割したかが次の分割に直接影響します。そのため、データセットに外れ値が含まれていたり、サンプルとして取り出したデータセットに偏りがあったりした場合、全く別の木が作られる可能性があります。

　筆者のプロジェクトでも経験があります。トランザクションにコードが自動付与されるサブシステムから生成されたデータを扱ったとき、分布が非常に偏っていたものの、欠損していないため、データ品質を疑わずに使ってしまい、失敗しました。実は、システムのバグで間違ったコードが特定条件下でセットされていたのでした。

　こういうデータを決定木で基本統計量分析せずに放り込むと、バグが検知できず、間違った知見を返してしまいます。選んだサンプルが変わっても同様の出来上がる分析モデルを作ることができることを分析手

法が「堅牢」である、もしくは「ロバスト」であると言いますが、決定木は、サンプルとして取り出したデータセットによってモデルが大きく変わる要素を持っていることが大きな弱点です。

この弱点に対応する方法として、分析担当者が対話的に結果を見て修正していく方法と、アンサンブル学習を利用するなどのアルゴリズムの改良による方法の、2つのアプローチがあります。

(1) 対話的アプローチ

人手による対話的アプローチでは、データセットの中の要素を取捨選択して決定木を作成し、それぞれの分割結果を比べます。

決定木のそれぞれが、ほかのデータを使った決定木に近いものであれば問題ありませんが、足し引きすることで分割の基準が大きく変わるものがあるような要素がある場合は、要注意です。そうした場合は、除外した要素の中に外れ値等が含まれていて、全体の分析がそれに引きずられてしまっている可能性があります。

そういったケースが見つかった場合は、散布図やヒストグラムでそれぞれの要素の確認を行い、安定した分析ができる要素だけに絞って決定木分析を実施するか、データセットにそのような特性があることを踏まえてモデルを読み解くようにします。

(2) アンサンブル学習を使った堅牢性の向上

対話的アプローチのような人の介入を行わずに決定木による分類の堅牢性を上げる方法として、アンサンブル学習を使った堅牢性向上アプローチが広く利用されています。アンサンブル学習とは、多数の分析モデルを作成し、分析モデルの結果を統合して最終的な分類結果とする分析手法です。

そのような決定木とアンサンブル学習を組み合わせた分析手法の代表例が「ランダムフォレスト」[Leo, 2001] です。

ランダムフォレストでは、サンプルとして利用するデータセットとその要素をランダムに選択し、複数の決定木を作成し、その分類結果の多数決や平均値を使って分類を行います。ランダムフォレストでは、データセットだけではなく、使用する要素もランダムに選ぶことで、特定の要素に分類結果が引きずられるのを回避しています。

ランダムフォレストを使用すると、決定木の強みであった分類ルールの樹形図表示はできなくなってしまいます。しかし、学習結果から各説明変数が結果に与えた重要度を確認でき、外れ値やサンプルの偏りによるモデルの変化が少ない上、予測精度は高く、データセットも決定木分析と同様の簡単な前処理をするだけで利用可能です。

また、アンサンブル学習では各決定木を独立して計算できるため、分散処理とも相性が良いのも特徴です。日本国内の活用例としては、サイバーエージェントの和田計也氏によるRを使ったランダムフォレストの高速な分散処理手法も発表されています。

多様かつ大量のデータを精度よく分類したい場合に、ランダムフォレストは有力な選択肢の一つです。

8 まとめ

　本章では、CART法と呼ばれる、Rでは最もポピュラーな手法を中心に決定木分析を紹介しました。

　決定木分析は、多様なデータセットに適用でき、結果を利用しやすいことから非常によく使われる分析手法です。分析経過が可視化されることから、判断基準の説明が求められるビジネスシーンとも相性がよく、アナリティクスを意思決定に利用する際に不可欠な分析手法となっています。

　一方、近年はビッグデータと呼ばれる、センサーデータやSNS、ブログ等から生み出されるテキストデータのような大量の非構造化データの分析が注目を集めています。これらの日々大量に生み出されるデータのすべてに対し、人手を介して分析することは現実的ではないため、人手を介することなしに分析できる分析手法の需要が高まっています。

　決定木分析は、従来は人間が解釈する場合に最大に強みを発揮する分析手法で、このような人手を介さない大量データの分類にはあまり向かない分析手法でした。しかし、近年では最後に紹介したランダムフォレストのように、決定木分析をベースにして大量のデータを自動分類できるようにした機械学習手法も提案されており、従来の苦手分野でも力を発揮しつつあります。

　このように決定木分析は、以前からデータマイニングの分野で幅広く活用されている上、ビッグデータの分析にも活用の幅を広げている分析手法です。データ分析をビジネスに活用する際には、知っておいて損はない分析手法といえるでしょう。

　ビックデータトレンドについては恣意性を排除することを言及したものの、第7章でも触れたように、誤解を恐れずに言えば、機械が人間を代替することができるのは、現時点ではGoogleのようなデジタルマーケティング領域を除いてごく一部であることに変わりはありません。い

くらセンサーデータを使っても、当てに行く正解のラベリングに人間の意志が関係している場合、まず間違いなく人間の恣意性が混入します。

具体的にいうと、例えばセンサーログであるテレメトリクスデータを使って、ブレーキパッドの部品交換タイミングを予測するようなケースです。この状況下で $Y = a_i x_i + c$ の線形問題を解くとき（説明変数 x_i は多次元でも構いません）を想像してみてください。果たしてあなたは恣意性が入らないと言い切れますか？ Yを見てください。教師あり学習時の悲しい現実として、揃えられたデータセットに「交換」という事実がラベリングされるとき、そこには人が交換を担当するという行為が必ず介在しています。

筆者たちは、プロジェクトの多くで、その際にある保守担当員等の意識で、たとえ壊れていなかったとしてもアラートが出てしまった場合、無用なクレームを避けて無難に切り抜けたいという衝動に駆られた事実があったことを、ヒアリングによって突き止めた経験があります。それこそが人の恣意性なのです。決定木に限らず、教師あり学習問題を扱う際の永遠のテーマになるでしょう。

第12章
経路探索（前編）：アルゴリズムとビジネスへの適用

この章と次の章で、経路探索を紹介していきます。この章では経路探索アルゴリズムの概要とビジネスにおける応用例を中心に、次章ではR言語を用いた経路探索の実現方法を、実際の地図データを使って説明します。

1 経路探索について

　経路探索問題とは、どのように移動すれば出発地から目的地まで、時間、通行料金、環境負荷などさまざまな観点で最適なルートとなるのかをコンピュータ上で計算するという問題です。
　身の回りでも幅広く用いられています。例えば、倉庫で複数の棚から荷物を取って運ぶとき、どんなルートをたどれば効率が良いのか、あるいは徒歩で駅から目的地へ移動するとき、どのようなルートをたどれば歩く距離が少ないのかなどを計算する際に用いられています。カーナビやスマホアプリのルート案内サービスなどでも使われていますので、皆さんが目にする機会も多いと思います。
　一般に、出発地から目的地まで到達する経路は無数に存在します。経路探索では、探索したいルートの中から何らかの基準（時間、通行料金、環境負荷など）で最も望ましい経路を選ぶことで、最終的に経路を1つに絞り込みます。ここでの経路選択基準は、どのような経路を探したいかによってさまざまです。

例えば、車を運転するときには距離の短い経路、あるいは所要時間の短い経路が望ましいですが、電車の乗り換えの際には料金を重要視することもあります。

表12.1に、いくつの応用事例を挙げます。さまざまな目的で経路探索が利用されていることがご覧いただけると思います。

表12.1 身の回りでアルゴリズムによる経路探索が行われている例

経路探索が用いられる例	概要
電車の乗り換え案内アプリにおける経路の探索	目的地までの膨大な経路の組み合わせの中から、所要時間が最小の経路や、料金や乗り換え回数が最小の経路を探索
インターネットでのルーティング	Webサイトを閲覧する際、ネットワーク全体で負荷が分散されるように、ネットワーク上の通信経路を探索
コンピュータゲームにおけるキャラクターの移動経路計算	コンピュータが操作するキャラクターの移動について、プレイヤーの所在場所やキャラクター同士の相互関係を考慮したうえで、より自然に見える移動ルートを計算
コンビニの商品配送ルートの決定	複数のエリアのコンビニを巡回するトラックに対し、配送時間帯等の制限を考慮しながら効率の良い配送順序を決定
災害時の避難ルートの生成	危険な場所を避けて通るための制約を加味し、経路の安全性および目的地への到達性の高いルートを速やかに選択

2 力まかせ探索による経路探索

経路探索には複数の方法があります。はじめに、最も単純なアルゴリズムである力まかせ探索を紹介します。例として、倉庫における商品のピッキング（取り出し）作業をとりあげます。ちなみに、物流センターでは、ピッキング作業の時間が全体作業時間の4割を占めることがあります。インターネットで膨大な種類の商品が扱われるようになった現在、ピッキング方式の効率化は、物流業務改善において非常に重要なテーマの一つです。

図12.1は出発地と目的地、そして商品が格納してある棚1-1から4-3までを示しています。なお、フリーロケーション方式で商品を管理する場合、同じ品目が複数の離れた場所にある棚に格納されることがあります。

図12.1 商品ピッキングを行う倉庫内棚配置の例

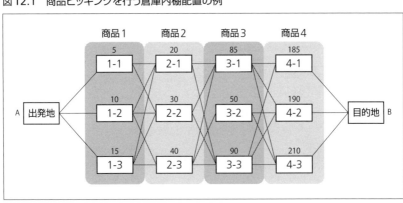

出典：アクセンチュア作成

図12.1に示すように、棚1-1、1-2、1-3には商品1が、棚2-1、2-2、2-3には商品2が格納されています（商品3、4も同様）。移動可能な棚間には棚同士を結ぶ線を記入してあり、また、各棚の上に記入してある数字は、各棚の商品を取るための所要時間とします。例えば、1-1の商

品をピックするためには、移動と取り出しあわせて5の時間がかかります。

なお、倉庫の構造上の問題で、棚から棚へ直接移動できないルートについては、棚同士を結ぶ線を記載していません。

ちなみに、コンピュータ科学の一つの分野であるグラフ理論の用語でいうと、図12.1のような棚間の移動方法を示す図は「グラフ」と呼ばれ、各棚はグラフの「頂点」、棚間を結ぶ線はグラフの「辺」と呼ばれます。頂点または辺を通るときに必要とする時間、通行料金、環境負荷などの基準で評価した、数量的な結果を一般化したものが、頂点または辺の「コスト」と呼ばれます。

図12.1の例の場合、棚間の移動の所要時間は各棚でのピッキング時間に含まれるので、各頂点（棚）のコストは記入されていますが、各辺（棚間の結ぶ線）のコストは記入されていません。

まずは、商品1、2、3、4を1つずつピックする場合の所要時間が最小になる経路を見つけたいと思います。

なお、目的とした所要時間が最小になる経路を「最適経路」（Optimal Path）、その最適経路を通ったときの所要時間を「最小コスト」（Minimal Cost）と呼ぶこととし、以下この用語を使用して説明していきます。日本語ではOptimal Pathを最短経路と訳すことが多いですが、道のりが最も小さい経路との混同を避けるため、最適経路という単語を使用します。

ここで紹介する「力まかせ探索」（Brute-force search）アルゴリズムは、すべての経路について必要とするコストを計算し、その中からコストが最小になるものを選ぶという方法です。このアルゴリズムは考え方が非常に単純というメリットがありますが、選択できる経路の全組み合わせの数だけ計算を行う必要があるため、計算量が膨大になってしまうというデメリットがあります。

図12.1の例では、商品4個をピックするための経路は52とおりでした。すべての棚同士で線を結ぶと経路は81とおりですが、前述した倉庫の構造上の制約により、一部の棚同士の間に経路が存在せず、結果と

して、経路が52とおりになっています。

　これを前提条件として、仮に8個の商品のピッキングを行う場合、商品5〜8も商品1〜4と同様に配置されていたとすると、商品1〜8をピックするための経路は$52^2 = 2,704$とおりとなります（図12.2の経路を2回繰り返すと考えます）。

　同様に、20個の商品をピックするための経路は、$52^5 = 380,204,032$とおりまで膨れ上がります。コンピュータで1つの経路のコストを計算するのに1ミリ秒を要した場合、商品4個をピックする経路が52とおりなら52ミリ秒で計算が完了しますが、商品20個をピックする経路を計算しようと思った途端、計算に4.4日間もの時間を要します。

　20個の商品をピックすることは日々の業務で十分起こりえます。これほど長い計算時間がかかるようでは、経路探索を業務に活用することは不可能となってしまいます。

　このように52^2、52^3、52^4とおりと階乗で計算量が増加してしまうような現象を「組み合わせ爆発」と言います。力まかせ探索ではこの組み合わせ爆発を避けることができません。

3 動的計画法による経路探索

　組み合わせ爆発を避けるために有用な方法の1つが、動的計画法というアルゴリズムです。動的計画法では、以下のような流れで最適経路を探索していきます。

(1) 商品1が格納される3つの棚（1-1、1-2、1-3。第1列の棚）に対して、出発してからこの商品をピックするまでの時間を計算し、その計算結果を棚1-1、1-2、1-3の下方に記入します（図12.2）。棚1-1では、商品をピックするための所要時間が5ですので、合計時間も5となります。

図12.2　商品1をピックするまでの時間を計算

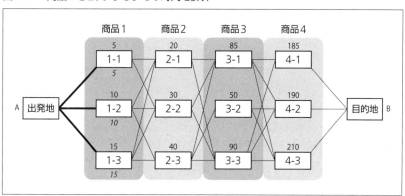

出典：アクセンチュア作成

(2) 商品2を格納する棚2-1、2-2、2-3（第2列の棚）に対して、最も所要時間が短い経路を探索します。例えば、2-1の商品をピックする場合、1-1、1-2、1-3のいずれかを経由する必要があります。
結果、合計時間は図12.3で示すように、1-1を経由した場合25、1-2を経由した場合30、1-3を経由した場合では35となります。このうち1-1を経由した場合の25が最小ですので、これが2-1へ最小コストで到達する経路となります。

図12.3 棚2-1の商品をピックする経路を比較

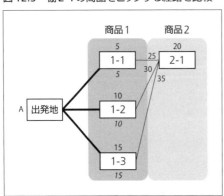

出典：アクセンチュア作成

図12.4に、第2列の棚すべてに同様の計算をした結果を示します。最小コストを各棚の下方に記入し、最小コストとなる経路を太線で表現しています。

図12.4 商品2をピックするまでの時間を計算

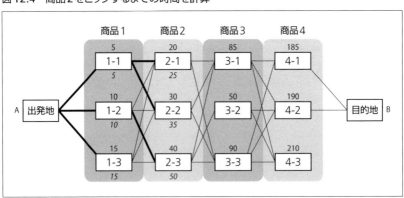

出典：アクセンチュア作成

（3）第3列の棚と第4列の棚についても同様に、コストが最小になる経路を計算します。それぞれ、直前の列の棚までは最適経路をたどってきたこととして、第3列、第4列と順番に計算していきます。結果を図12.5に示します。

最後に目的地にたどりつくと、図12.6のようになります。

図 12.5　商品3と商品4をピックするまでの時間を計算

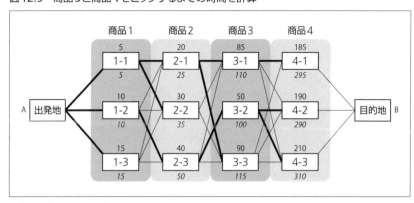

出典：アクセンチュア作成

図 12.6　目的地までの最短の時間を計算

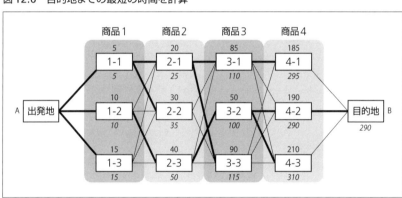

出典：アクセンチュア作成

（4）ここまでで、目的地およびすべての棚に対して、最小のコストで到達可能な経路が太線で示されています。ここで目的地から太線を逆にたどっていき、出発地まで到達可能な経路が出発地から目的地まで最小コストで到達可能な経路となります。

今回の例では、図12.7の二重線の経路が、最終的に最も所要時間が短い経路であることがわかりました。

図12.7 最も所要時間が短い経路（二重線）

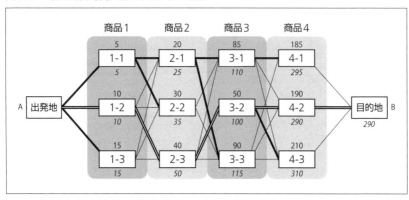

出典：アクセンチュア作成

以上が動的計画法を用いた最適経路探索のアルゴリズムです。

動的計画法を用いた場合には、どの程度の計算量が必要になるでしょうか。第1列の3つの棚までの最短経路計算には3回の計算を行いました。

第2列棚に対しては、経由可能な第1列の棚がそれぞれ複数あるので計8回、最終的に目的地までの最適経路を求めるまでの計算量は29回でした。商品1～4のピックを5回繰り返して合計20個の商品をピックした場合、動的計画法による経路探索では計算量は29×5＝145回となります。

20個の商品をピックする経路を計算するのに、前述の力まかせ探索では4.4日が必要なのに対し、動的計画法ではわずか145ミリ秒で最適経路が算出可能とあれば、動的計画法の利点を実感していただけるのではないかと思います。

4 経路探索アルゴリズムの比較

力まかせ探索や動的計画法のほかにも、経路探索にはさまざまなアルゴリズムが存在します。実際の活用場面においては、その中から目的に合わせて相応しいアルゴリズムを選択する必要があります。経路探索のアルゴリズムの評価には、実行速度を決める計算量に加えて、アルゴリズムの「最適性」も考慮します。

そもそも最適経路の存在しないケースを除き、あるアルゴリズムが必ず最適経路を探索できる場合に、このアルゴリズムは「最適」と呼ばれます。そうではない場合は、「非最適」と呼ばれます。

表12.2では、一般に使用される経路探索アルゴリズムを比較しています。アルゴリズムの時間複雑度は実行スピードと反比例の関係があるので、時間複雑度が低ければ低いほど実行スピードが速くなります。

表12.2 経路探索アルゴリズムの比較

アルゴリズム	アルゴリズム分類	実行速度	最適性	アルゴリズム概要	利用例
幅優先探索	全探索	◎	グラフの辺のコストが均一の場合のみ最適	開始地点から、近いものを優先してすべての頂点を順次探索する	・グラフの辺のコストが均一の格子状の地図での最短距離の経路の探索 ・自動車の走行経路を検索（有料道路を除いた経路探索など）
深さ優先探索	全探索	◎	非最適	開始地点から順に探索し、行き止まりまできたら戻って再度探索を行う	・幅優先探索と同様に、道路の到達可能性のチェック
ダイクストラ法	動的計画法+貪欲法	○	最適	開始地点から、他の全頂点までの最短経路を順次求めていく手法。グラフの辺のコストが負である場合には使用できない	・インターネットでのルーティングからカーナビでの経路検索まで、パフォーマンスが優れるのでさまざまな場面で広く用いられる

アルゴリズム	アルゴリズム分類	実行速度	最適性	アルゴリズム概要	利用例
ベルマン-フォード法	動的計画法	△	最適	開始地点から、他の全頂点までの最短経路を順次求めていく手法。グラフの辺のコストが負数でもよい	・ダイクストラ法よりも速度に劣るが、グラフの辺のコストが負数の場合でも使用できる。例えば、観光路線を検索するとき、周辺景色の良い道路を選択する可能性を高めるために、負数のコストを付ける場合があるが、そのようなケースでこの手法を利用できる
ワーシャル-フロイド法	動的計画法	△	最適	すべての頂点組み合わせについて、最適経路を一度に算出する手法	・任意の2点間の最適経路を事前にすべて算出しておきたい場合、これらを一括で求められるこの手法を用いる。例えば、地下鉄の任意の2駅の間の乗り換えルートを事前に一括検索するとき、この手法を利用できる
A★法（Aスター法）	貪欲法	○	コスト推定が適切に行われる場合は最適	経路の実際のコストと目的地までの予測のコストを両方考慮して計算を効率化するアルゴリズム。ダイクストラ法より実行スピードが速い	・ダイクストラ法よりも実行スピードが速い。また、予測のコストが実際のコストから多少乖離した場合でも、最適経路に近い結果が探索できるので、コンピュータゲームなどのリアルタイム性が重要視される場合で用いられることも多い

5 まとめ

　本章では経路探索のアルゴリズムの概要およびビジネスにおける適用例の紹介と、力まかせ探索と動的計画法に基づいた経路探索の違いを説明しました。実際の応用場面にもよりますが、経路探索のインプットデータとなる地図情報は莫大なデータ量となります。例えば、全世界の道路交通網を想像してみてください。

　このような場合、動的計画法のような処理性能の良いアルゴリズムの利用は、ビジネス課題を解決するための重要な成功ポイントとなります。

　次章では、実際の地図データとR言語を用いて、ダイクストラ法による経路探索の実施手順を説明します。

第13章 経路探索（後編）：R言語と地図データによる実行

前章では経路探索アルゴリズムの概要とビジネスにおける適用例を中心に説明しました。この章では、R言語とオープン地図データを使って、前回で紹介した代表的なアルゴリズムによる経路探索の実行手順を説明します。

1　R言語での経路探索について

経路探索アルゴリズムを実装する際に、従来のアプリケーションでは、計算速度の観点からC/C++やJavaなどのプログラミング言語が使われることがほとんどでした。しかし近年ではセンサー技術の発展に伴い、温度や湿度、風速、日射量、騒音レベル、大気汚染ガスの濃度など、空間属性情報の種類やデータのボリュームが急速に増加しており、より手軽にアルゴリズム改善が行えることの重要性が増しています。

C/C++やJavaなどのプログラミング言語では、比較的複雑なコーディングの必要があるため、より手軽に扱えるR言語を利用するケースが増えてきています。R言語はオープンソースの統計分析ツールの代表ですが、さまざまな空間属性情報処理のパッケージも充実しており、空間属性情報の収集、保存、解析、予測などのアナリティクス処理と、処理済みのデータを用いた経路探索処理を統合できる分析／開発環境です。

また、R言語はデータ解析の結果確認が容易で、データ解析、科学研究、およびアプリケーションのプロトタイプ開発に適していることか

ら、ほかの章と同様に、本稿でもR言語を用いて解説します。

　以下の内容では、R言語を用いた、動的計画法による経路探索の実践演習を説明します。なお、実践演習の内容は以下の順で進めます。

（1）osmarパッケージの導入
（2）地図データのインポート
（3）地図情報のプロット
（4）igraphパッケージの導入
（5）地図データの変換、グラフデータの確認
（6）igraphパッケージを用いる経路探索の実施
（7）探索した経路のプロット

2 R言語を用いた経路探索の実施手順

▌(1) osmarパッケージの導入

ここでは、基本空間情報に、OpenStreetMapが提供する地図データを利用します。この地図データには、道路と交差点の緯度経度情報や、道路の間の連結情報が記述されています。

まず、R上でOpenStreetMapを扱うのに必要なパッケージをインストールします。次のコマンドを実行してOpenStreetMapの地図情報をインポートするための「osmar」というパッケージをインストールしてください。

```
> install.packages("osmar")
> library(osmar)
```

▌(2) 地図データのインポート

次に、例として東京都表参道付近の地図情報をインポートします。経度139.7316、緯度35.6755の地点を中心地として、縦横の500メートル範囲を指定し、この範囲内の地図情報をOpenStreetMapのサーバから取得します。取得した情報はオブジェクト「map」に保持されています。

```
> cb <- center_bbox(139.7079, 35.6671, 500, 500)
> map <- get_osm(cb, source=osmsource_api())
```

しばらく待つと、サーバからの地図データのダウンロードが完了します。

(3) 地図情報のプロット

次のコマンドを実行して、取得した地図情報をプロットします。

```
> plot_nodes(map, col="blue", pch='.', xlim=c(139.7042,
139.7118), ylim=c(35.665, 35.669))
> plot_ways(map, add=TRUE, col="green")
```

プロットしたグラフを図13.1に示します。なお、この地図は引き続き使いますので、ウィンドウを閉じないでおいてください。

図13.1　osmarパッケージを用いて表示した、表参道周辺の地図

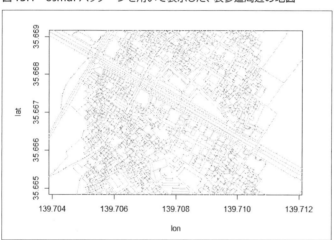

出典：アクセンチュア作成

(4) igraphパッケージの導入

続いて、得られた基本空間情報上で経路探索を行います。経路探索には「igraph」というパッケージを利用します。「igraph」を含め、多くの経路探索ライブラリではグラフ構造というノード（道路情報での交差点、もしくは曲がり角）とリンク（道路情報での道路）で記述されたデー

タ形式で空間情報を扱います。そこで、まずは得られている地図データをグラフデータに変換していきます。

まずは、次のコマンドを実施してigraphパッケージをインストールします。

```
> install.packages("igraph")
> library(igraph)
```

(5) 地図データの変換、グラフデータの確認

続いて、次のコマンドを実行して地図データをグラフデータへ変換します。

```
> graph <- as.undirected(as_igraph(map))
```

OpenStreetMapでは交差点、道路にそれぞれIDが付与されています。今回インポートした表参道付近の地図はgraphに格納されていますが、このうち1番目に格納されているノード（インデックス番号1のノード）のノードIDを、次のコマンドで確認できます。

```
> V(graph)$name[1]
[1] "517470381"
```

その結果、OpenStreetMapでのノードIDは517470381ということがわかりました。

続いて次のコマンドを実行して、インデックス番号1のノードに接続されたリンク情報（インデックス番号1の交差点に通じる道路）を確認します。

```
> E(graph)[1]
+ 1/5424 edge (vertex names):
```

```
[1] 517470381--517545758"
```

この結果より、インデックス番号1のノード（ノードID：517470381）はノードID：517545758のノードへつながっていることがわかります。OpenStreetMapではリンクにも同じようにIDが振られており、次のコマンドによってこのリンクのリンクIDが確認できます。

```
> E(graph)$name[1]
[1] 27757939
```

また、次のコマンドを実行することで、このリンクの長さが確認できます。

```
> E(graph)$weight[1]
[1] 62.25485
```

(6) igraphパッケージを用いる経路探索の実施

「igraph」パッケージには経路探索アルゴリズムが含まれています。次のコマンドを実行することでダイクストラ法による、距離を基準とする最適経路、つまり最短経路の探索を行います。

```
> path <- get.shortest.paths(graph, which(V(graph)$name==517470381), which(V(graph)$name==158030002))
```

このコマンドでは、ノードIDが517470381のノードからノードIDが158030002のノードの最短経路を探索しています。探索された結果経路はオブジェクト「path」に保存されます。

次のコマンドを実行して結果を確認します。

```
> path$vpath[[1]]$name
```

```
[1] "517470381"  "517545732"  "517545745"  "517545550"
"1524391914" "517545491"  "2125918762"
[8] "2125918772" "2125918769" "2125918764" "2125918761"
"2125918775" "517546815"  "158030002"
```

これは始点から終点まで、最短経路を通るノードIDとなっています。

(7) 探索した経路のプロット

続いて、この結果を地図上にプロットするために、ノードのインデックス番号からOpenStreetMapのノードIDへ変換します。

```
> nodes <- V(graph)$name[path$vpath[[1]]]
> nodes <- unlist(lapply(nodes, as.numeric))
```

続いて、このノード配列が対応するOpenStreetMapオブジェクトを作成して、地図上へプロットします。

```
> path_ids <- list()
> path_ids$node_ids <- nodes
> path_map <- subset(map, ids=path_ids)
> plot_nodes(path_map, add=TRUE, col="blue", pch=20)
```

結果、最短経路となるノードが図13.2のように示されました。

図13.2 経路探索結果

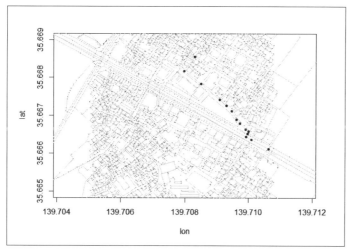

出典：アクセンチュア作成

　以上で、OpenStreetMapのデータから最短経路を探索することができました。

　特定の緯度経度から数メートル以内にあるノードIDをインポートすることで、特定箇所のノードIDを調べることができます。興味のある方は、自宅や勤務地の近くで最短経路探索を行ってGoogleマップの経路探索などと比較してみると良いでしょう。

3 まとめ

　前章とこの章にわたって、経路探索についてのアルゴリズムおよびR言語での実践を紹介しました。この章で紹介した経路探索の例では、道のりが最短になる経路や、所要時間が最小になる経路の探索がほとんどでした。

　しかし、近年モバイル通信網の普及と通信の高速化に伴い、モバイルセンサーデータの種類と情報量も急速に増えています。また、人のリアルタイムな位置情報や速度、騒音レベル、ストリート画像など、これまで収集が困難だった各種情報が集められるようになってきています。

　これにより、モバイルナビゲーションサービスを含むさまざまな位置情報サービス（Location-Based Service、LBS）の人気が高まりつつあります。

　例えば、現在は鉄道の経路計算で考慮されているのは料金と所要時間だけです。しかし、リアルタイムの混雑状況や、雨や強風の状況によるリスクなど、ありとあらゆるデータをインプット情報として使えるようになってきています。これらの情報を活用することで、例えば、歩行者向けに散歩に適した騒音の少ない経路や安全性の高い通学経路を、車椅子利用者に対してバリアフリーな経路を提供するサービスなどを実現できるでしょう。

　道路渋滞状況など、時々刻々と状況が変化するような環境における経路探索では、時間の経過によって計算すべきコストが変動することが考えられます。数十分〜数時間後の道路渋滞状況は、過去の道路情報のデータや現在の状況から予測することになりますが、このようなケースでは、コストの変動や、確率的な値で与えられたデータに対応したアルゴリズムが必要になります。

　応用先が広がるにつれて、従来のアルゴリズムの改良や、新たなアルゴリズムの開発がなされ、経路探索は多岐にわたって発展していくと考えられます。

第14章 協調フィルタリング

本章では、他のユーザーの情報を元に商品をレコメンドするアルゴリズムである「協調フィルタリング」について説明します。協調フィルタリングの概要や種類、導入や運用にあたって留意すべきことを紹介したあと、実際にRを使ってレコメンデーションを実行してみます。

1 協調フィルタリングとは

レコメンドとは

　協調フィルタリングは、レコメンドで使用するアルゴリズムの一つです。レコメンドとは、ビジネスの観点では売買のマッチングを意味します。つまり、商品やサービスを購入しそうなユーザに、最適な商品またはサービスをおすすめするということです。協調フィルタリングアルゴリズムは、どのユーザにどの商品が最適かを決定します。

　さて、レコメンドを語る際に「最適」とは具体的にどのような状態を指すのでしょうか。世の中にはさまざまな「最適」の基準が存在しますが、レコメンドの場合は一般に、トランザクション（売買）によりユーザが得る効用（経済学用語で、ユーザに対する使用価値を指す）が最大値となる状態を「最適」とします。言い換えると、一人一人のユーザに対して、最も満足度の高いと考えられる商品が「最適」な商品といえます。ユーザに最適な商品をマッチングする能力は、レコメンド手法の

「最適性」といい、レコメンドアルゴリズムに対する重要な評価ポイントの一つです。

では、なぜレコメンドアルゴリズムは最適性を追求するのでしょうか。最も大きな要因は、インターネットやモバイルの利用普及に伴い、消費者の購買パターンが大きく変わってきたことです。

例えば、従来のテレビ広告の場合、消費者に流される商品情報は限られており、実際に販売されている商品との間には情報の非対称性があります。その情報の非対称性の中では、そもそも消費者に提示されている選択肢が少なく、売買のマッチングのふさわしさを改善する余地は極めて小さいため、最適な商品をレコメンドしなくても大きな問題は起こらなかったわけです。

しかし、インターネットやモバイルショッピング（いわゆるEC）の場合、ブラウザによる閲覧性の良さや、リアル店舗の物理的なスペースの制限にとらわれないため、取り扱い可能な商品が多く、消費者はどの商品を買うかの判断がしづらくなりました。結果として、消費者の購買意思決定に至るまでに時間が掛かり、また、本来買うべき商品を探し出せなかったり、あるいは買うべきではない商品を買ってしまったりというリスクケースも増えていきます。

もしレコメンドアルゴリズムが十分機能すれば、消費者に迅速に最適な商品情報を提供することで、消費者の購買意思決定の時間を短縮でき、商品購入後の満足度を高めることができます。もちろん、販売側にとっては単位時間内での売上が増えるので、Win - Winのビジネスにつながるのです。

一方、実際にレコメンドを行う際には、レコメンドアルゴリズムの最適性だけではなく、処理速度も重要な評価ポイントです。仮に非常に最適性が高いアルゴリズムであっても、要求される時間内にレコメンドをタイムリーに消費者に届けられなければ、消費者の購買意思決定を助けることができないため、利用価値がありません。

一般に、アルゴリズムの最適性と処理速度はトレードオフの関係となるため、両者を同時に最大化することはほぼ不可能です。そのため、業

務要件に応じて必要とする最適性と処理速度を最も効果的に担保できるアルゴリズムを設計する必要があります。特に、大型ECサイトなどの場合、何千万や何億という規模の商品データを持っており、毎日数百万〜数億人がアクセスするため、処理速度が極めて重要です。

この点に関して、協調フィルタリングの処理速度は大変優れており、ビッグデータを活用したレコメンドに適しているといえます。

協調フィルタリングの定義

単語の意味を直訳すると、協調フィルタリング（Collaborative filtering）とは、「協力して絞り込む」というアルゴリズムです。ここでの「協力」（Collaboration）とは、レコメンド対象のユーザのレコメンドに、対象ユーザ以外の他のユーザの情報を持ち込む（協力を受ける）ことを意味します。つまり、他のユーザの情報を元に対象ユーザの購買行動を予測します。そして予測結果を元に、商品を絞り込んで（Filtering）、対象ユーザにレコメンドを行います。このように、協調フィルタリングとは、他のユーザ情報を用いて対象となるユーザに商品情報をレコメンドする手法です。

身近な例でたとえると、例えば自分が本を買いたいときに、趣味嗜好の近い友達や知り合いに意見を尋ねて「協力」を受け、コメントをもらってから購入する本を決めることがあると思います。協調フィルタリングはこれと似ており、「似た者同士のユーザは似た商品を買う」という理論に基づいています。ただし、協調フィルタリングは、数人や数十人という規模ではなく、数百万〜数億人の「協力」を得ることができるため、非常に効率的なレコメンドアルゴリズムです。

レコメンデーションにおける応用と他の手法の比較

レコメンドアルゴリズムには、協調フィルタリング以外にもさまざまなアルゴリズムが存在します。最も違いが明らかなのは、他のユーザ情

報を利用せず、対象ユーザの属性情報や本人の過去購買履歴などの情報のみを利用する、いわゆる「コンテンツベースフィルタリング」手法です。

この手法の着眼点は、複数のユーザ間の類似性ではなく、一人のユーザが買った、あるいはまだ買っていない複数の商品間の類似性です。つまり、「ユーザは過去に買ったものと似た商品を買う」という考え方に基づいています。

協調フィルタリングとコンテンツベースフィルタリングは、前述の特徴を利用して、ユーザの類似性と商品の類似性を同時に考慮して相乗効果を生み出すことが可能です。近年、この二つの手法を融合した「ハイブリッドフィルタリング」手法の適用も増えてきています。

事例

「協調フィルタリング」という用語は、1992年のTapestryというレコメンデーションシステムの論文に初めて登場しました。Amazonでは1997年という早い段階からECサイトでのレコメンド手法として導入しており、現在も活用し続けています。Amazonのサイトでショッピングする際に「この商品を買った人はこんな商品も買っています」というメッセージがよく見られますが、これは実際に協調フィルタリングで処理した結果から生成された情報です。

そのほか、iTunes Storeの音楽レコメンドや、Netflixの映像レコメンド、Google Playのアプリレコメンドなどでも、他のユーザの利用情報を元にレコメンド情報が配信されています。これらはそれぞれ独自の工夫がされていますが、基本的に協調フィルタリングの手法を応用しています。

2 協調フィルタリングのアルゴリズム

前節では、協調フィルタリングの概要と、ビジネスにおける活用事例について紹介しました。本節では、協調フィルタリングの基本的なアルゴリズムについて説明します。

協調フィルタリングは大きく、メモリベース、モデルベース、ハイブリッドの3種類に分類されます（表14.1）。本節では、協調フィルタリングの中でも最も有名なメモリベースを中心に、それぞれの分類について説明します。

表14.1　協調フィルタリングの3種類

カテゴリ	概要	主な手法
メモリベース	ユーザ/アイテム間の類似度を算出し、利用者の嗜好に合う商品をレコメンデーション	ユーザベース、アイテムベース
モデルベース	事前に学習データを用いて構築した分類モデルを用い、ユーザの購買アイテムをパターン識別してレコメンデーション	ベイジアンネットワーク、クラスタリング、回帰モデル
ハイブリッド	メモリベースとモデルベールの中間的な手法を用いてレコメンデーション	

出典：アクセンチュア作成

メモリベースの協調フィルタリング

メモリベースの協調フィルタリングは、利用者の購買データや嗜好情報と、アイテム情報を利用して、「ユーザやアイテム間の類似度」を算出することでレコメンドを行う方法です。一般に協調フィルタリングというと、このメモリベースをイメージすることが多いのではないでしょうか。前節で協調フィルタリングの事例として紹介したAmazonも、このメモリベースのアルゴリズムを採用しています。

ユーザやアイテムの「類似度」と言うとわかりにくいかもしれませんが、「AさんとBさんは同じようなアイテムを好むようだ」「アイテムCとアイテムDは、一緒に購入されることが多い」など、ユーザの履歴情報から、何らかの関連を見つけ出すことで「どれほど似ているのか？」を数値化します。Amazonなどは、自社の保持する大量のユーザの購買データを用いることで、嗜好パターンの類似したユーザやアイテムを見つけ出し、レコメンドを提供しています（図14.1）。

メモリベース協調フィルタリングは、さらに、ユーザベースとアイテムベースに分類できます。ユーザベースとは、言葉のとおりユーザ間の類似度を測ることで、「AさんとBさんは類似した購買嗜好を持っている。よってBさんは、Aさんが高評価しているC商品（Bさんは未購入）を購入するかもしれない」といったロジックで、利用者の嗜好（評価・視聴・購買などの履歴）情報を元にユーザ間の類似度を計算します。

図14.1　ユーザベースの概念

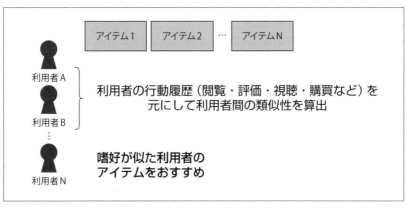

出典：アクセンチュア作成

一方、アイテムベースは商品同士の類似度を測ることで、「D商品とE商品は同じユーザから好まれる傾向があるため、D商品のみを購入しているFさんはE商品も購入するかもしれない」といったロジックでレコメンドを行います。アイテムベースでも、利用者の購買嗜好情報を用いますが、測る類似度はアイテム同士となるのです（図14.2）。

図14.2　アイテムベースの概念

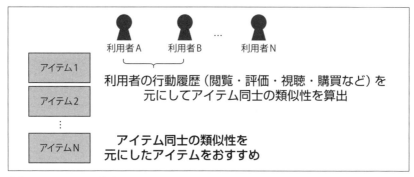

出典：アクセンチュア作成

　ユーザベース、アイテムベースともに利用者の購買嗜好情報を用いる点は共通しています。しかし、ユーザベースではレコメンドを出す対象利用者自身の購買嗜好に焦点を当てるのに対し、アイテムベースでは全利用者の購買履歴を用いてレコメンデーションをすることが大きな相違点です。

　どのようにして類似度を算出しているのか、具体的な数値化の方法についても簡単に触れておきます。なお、ここでは例としてユーザベースを用います。

　基本的にメモリベース協調フィルタリングでは、ユーザベース／アイテムベースともに、利用者の嗜好情報と商品のマトリックス（行列）を用いて類似度を計算します。あるオンラインストアにて、4名の利用者が、購買した商品についてそれぞれ5点満点で評価した結果、図14.3のデータが得られた場合を考えてみましょう。

図14.3　各ユーザの商品評価結果

	商品A	商品B	商品C	商品D	商品E	商品F
佐藤		5		5	2	
鈴木	5		5	2		1
高橋		5		4		4
田中	5			2		2

※商品購買がない場合は空欄となっている
出典：アクセンチュア作成

得られた評価結果から、田中さんに最も近いユーザを類似度計算によって探し出し、適切な商品とレコメンドする場合を考えてみましょう。メモリベース協調フィルタリングでは、各ユーザと田中さんの類似度をそれぞれ算出する必要があります。実際にピアソン相関係数という類似度指標を用いると、図14.4のような結果が得られます。

図14.4　各ユーザの商品評価結果

	商品A	商品B	商品C	商品D	商品E	商品F	田中さんとの類似度
佐藤		5		5	2		0.298
鈴木	5		5	2		1	0.798
高橋		5		4		4	0.447
田中	5			2		2	

出典：アクセンチュア作成

この例では、田中さんと最も類似している（類似度が高い）ユーザとして鈴木さんが選出されました。そのため、鈴木さんが高評価をつけた（かつ田中さんがまだ購入したことのない）商品Cがレコメンドされることになります。

アイテムベースの場合は、この例のマトリックスを縦横変換し、商品間の類似度を計算します。類似度としては、表14.2に示すようなさまざまな指標が用いられています。

表14.2 アイテムベースで用いられる類似度

手法	概要	データ種類	メリット	デメリット
タニモト相関係数	ユーザがどれほど同じ商品を購入しているかを算出し、同商品購入数が多いほど類似度が高いとする	二値		同商品購入数のみで判断するため、個人ごとの趣向や購買特徴を捉えるのが困難な場合がある（多くのユーザから購入されている商品なども趣向として捉えられてしまう）
対数尤度（Loglikelihood）	尤度関数から算出された対数尤度を用いて、類似性を計る	二値	購入されなかったデータも考慮に入れて算出するため、タニモトよりも正確な類似度を知ることができる	
ユークリッド距離	ユーザ、商品間のユークリッド距離を算出し、近いものを類似していると判断する	数値		評価基準が異なるようなデータ間での比較が不可能
コサイン類似度（uncentered）	原点からユーザまでの距離を取り、それらのなす角度の小さいものを類似していると判断する	数値	評価基準が異なる場合でも、比較可能	原点からの距離が、確度に影響してしまうため、ユーザの評価傾向の個人差を考慮することができない
コサイン類似度（centered）	ユーザ間の距離を取り、その中点を軸にコサインを算出し、角度が小さいものを類似していると判断する	数値	各ユーザ間の中点を軸にするため、評価に対する個人差を取り除くことが可能	
ピアソン相関係数	ピアソン相関係数を算出し、相関の高いものを類似していると判断する	数値	評価に対する個人差を取り除くことが可能	同商品購入数を考慮することはできない

出典：アクセンチュア作成

また、メモリベースにはTop Nレコメンデーションという考え方も存在します。これは、前述した類似度を用いて類似ユーザやアイテムを絞り、その中からN個のレコメンド候補を選出するという手法です。レコメンドを出す対象利用者に対して優先度を付けてレコメンド出すことができ、かつ複数のレコメンドを出すことができます。

以上、メモリベース協調フィルタリングのアルゴリズムについて簡単にご紹介しました。メモリベース協調フィルタリングでは、類似度を都度計算することから、利用者やアイテムが変わっても、適用度は高いと言われています。しかし、利用者の嗜好情報を用いてユーザ（他者）の嗜好と類似性を見つけることでレコメンドを出しているため、多くのユーザデータと利用者自身のデータが必要となり、データ処理に時間が掛かることにも留意が必要です。なお、協調フィルタリングの諸課題については、次節にて説明します。

モデルベース協調フィルタリング

モデルベース共通フィルタリングは、利用者自身の嗜好と類似するユーザやアイテムを見つけ出すメモリベースとは異なり、事前に構築された分類モデルを元にレコメンドします。ここで使用されるモデルは、過去の嗜好情報を学習データとして構築されますので、メモリベースのように都度類似度を計算する必要はありません。

ここでは、モデルベース協調フィルタリングに使用されるアルゴリズムのうち、代表的な手法を紹介します。

- **クラスタリング協調フィルタリング**

  事前に過去データを元にユーザを類似嗜好別にクラスタリングし、レコメンド対象の利用者がどのクラスターに属するかを判定した後、クラスター内の購買頻度や評価の高いアイテムをレコメンドする手法（クラスターの作成については、第9～10章の「クラスター分析」にて詳細説明します）。クラスタリング協調フィルタリングでは、クラスターの数を多くすると、よりパーソナライズされた結果となってレ

コメンド精度は上がりますが、データ量が十分でない場合は逆に精度がでないというコールドスタート問題（「3　協調フィルタリングの高度化」の「運用中に考慮すべき事項」で説明します）が発生します。逆に、クラスターの数を小さくすると一般化されてしまうため、パーソナライズされた結果は得られません。しかし、クラスタリングを使うことで、データ量が豊富でない場合もレコメンドできるようになります。クラスタリング協調フィルタリングを採用する場合は、集められた嗜好情報を元にクラスタリングする際のクラスターの数を必要に応じて調整する必要があります。

- **ベイジアンネットワーク協調フィルタリング**

  ベイジアンネットワークは、確率を用いるモデルベースの協調フィルタリングです。第3章で紹介したベイズの定理（過去の実績から未来における事象の発生を、条件付き確率を用いて推測する）を基とした考え方で、例えば「過去にA商品を購入したことがある」+「過去にB商品も購入したことがある」=「次に商品Xを購入する確率が高い」といったように、事象の組み合わせと、それによってユーザが購入するであろう商品の確率を算出してレコメンドする考え方です。ベイジアンネットワークを用いることで、ユーザの購買履歴のみではなく、属性情報などの定性的なデータも活用したレコメンドが実現できます。

- **回帰モデル協調フィルタリング**

  回帰モデル協調フィルタリングでは、各ユーザのアイテム別の嗜好度合いを予測する回帰式を立てることで、レコメンドを行います。このとき、回帰式 $Y = aX + b$ のYは特定ユーザの特定アイテム（レコメンド対象）に対する嗜好度合いを表し、Xが別アイテムに対するユーザの嗜好度合いを表します。過去のユーザの嗜好情報から、別アイテムに対する嗜好度合いを回帰する手法です。回帰分析の特徴と類似していますが、この回帰モデルを用いることで、数値データに強いレコメンドを実装できるのが特徴です。

モデルベース協調フィルタリングは、すでに構築されたモデルを使っ

てレコメンドを出すため、各対象ユーザに対して類似度計算をするメモリベースに比べて計算量が少なく処理速度が速いことが長所です。しかし一方で、利用者や商品が変更になった場合はモデルを作り直す必要があるため、適用度は低いと言われています。

技術の進歩により大量データを短時間で計算することが可能となったこともあり、協調フィルタリングのアルゴリズムとしてはメモリベースが有名です。ただし、データ制約や処理基盤のパフォーマンス制約によっては、モデルベースによるレコメンドが適切な場合もあります。

ハイブリッド協調フィルタリング

本節の最後に、ハイブリッド協調フィルタリングをご紹介します。

本章の冒頭でも軽く触れましたが、協調フィルタリングと他のレコメンド手法を融合した手法を、ハイブリッド協調フィルタリングと呼びます。一般にハイブリッド手法というと、コンテンツベースフィルタリングと協調フィルタリングを組み合わせたものを指すことが多いようです。ただし厳密には、さまざまなレコメンド手法を組み合わせることを総称します。そのため、本や論文によっては、メモリベース協調フィルタリングとモデルベース協調フィルタリングを組み合わせることを指す場合もあります。

先に述べたとおり、コンテンツベースフィルタリングは、対象ユーザの属性情報や商品の属性情報と本人の過去購買履歴を利用してレコメンドを出す手法であり、商品属性などを考慮せず他ユーザの購買履歴情報を用いる協調フィルタリングとは大きく異なります。このコンテンツベースフィルタリングは、内容ベースフィルタリングと呼ばれることもあり、文字どおりユーザの好む内容・コンテンツに関連するものをレコメンドします。

例えば、あるユーザのECサイトのDVD購入履歴を見て、10本中7本に同じ俳優Aが出演していたとしましょう。コンテンツベースフィルタリングでは、「このユーザは俳優Aの出る映画を好む傾向にある。

よって俳優Aの出演している映画をレコメンドしよう」という具合に、商品の内容から、次にユーザが好むであろう商品をレコメンドしていくのです。

　このコンテンツベースフィルタリングは、商品の属性や内容を加味してレコメンドできるため、意味のあるレコメンド（レコメンドを出されたユーザにも理解しやすい）を出せます。しかし一方で、ユーザの購買履歴が少ない場合に適切なレコメンドが出せないというコールドスタート問題や、商品のメタデータが整備されていない場合に類似するコンテンツが抽出できないという問題が発生します。

　ハイブリッド協調フィルタリングは、コンテンツベースフィルタリングと協調フィルタリングを融合させることで、お互いの短所を補うために開発されました。

　メモリベースで紹介したユーザとアイテムのマトリックスの欠損値を、コンテンツベースフィルタリングによって補完し、補完されたマトリックスを用いて協調フィルタリングを活用するという方法も、ハイブリッド手法の一例です。協調フィルタリングでは、マトリックスの欠損値が多ければ多いほどレコメンドを出すことが困難です。これは上述したコールドスタート問題といえます。しかしこのハイブリッド手法を用いることで、補完されたマトリックスを使うことが可能となり、コールドスタート問題を解決することができます。

　そのほかにも、コンテンツベースフィルタリングを用いてWeb上のユーザの嗜好プロファイルを把握し、協調フィルタリングを用いてその嗜好プロファイルの類似したユーザを見つけ出すなど、用途に合わせたハイブリッド手法が提唱され始めています。

　実装の複雑性や、パフォーマンスの課題を克服し、さまざまな手法を融合させたハイブリッド協調フィルタリングアルゴリズムが開発されることで、より高精度なレコメンドが実現することでしょう。

協調フィルタリングの高度化

　ここまで、協調フィルタリングの活用方法や基本的なアルゴリズムについて論じてきました。本節では、協調フィルタリングを導入するにあたって留意すべきことや、協調フィルタリングによるレコメンドシステムの運用に関して考慮すべき事項とその方策を述べます。ここで述べるポイントをレコメンドシステムの導入に際して事前に理解しておくことで、導入後に発生する可能性のある問題点を事前に把握し、対策することができます。

▎導入時に考慮すべき事項

▎①レコメンデーションシステムの導入形態

　レコメンデーションシステムを導入する形態は、大きく分けて以下の3とおりに分類できます。

- クラウド型サービス（SaaS）の利用
- パッケージ製品の導入
- 自社での独自開発

　表14.3は、各導入形態の特徴です。まず、システム導入のための予算と、期待する機能を明確化します。そして、クラウド型のサービスやパッケージ製品を利用する場合は、その製品が具備している機能がビジネス上のニーズとどの程度マッチしているかの分析（Fit & Gap分析）を実施することが必要です。

表14.3 レコメンデーションシステムの導入形態

	クラウド型サービス（SaaS）	パッケージ製品	独自開発
導入コスト	一般にデータ処理量や利用時間に依存。初期費用は無償、もしくは他と比較して安価	独自開発と比較して比較的安価だが、ソフトウェア導入時に高額な費用が発生	開発に一定の初期投資が必要
一般的なコスト発生タイミング	月額制や年額制による支払い	[ソフトウェア導入時] ソフトウェア費用 [運用期間中] 保守費用	[開発期間中] 開発費 [運用中] 運用費用
アルゴリズムの拡張性	基本的に不可	部分的に製品の機能を拡張可能な場合がある	どのような要件でも対応可能
注意点	購買データなど、レコメンデーション生成に必要なデータをサービス提供事業者に送信する必要がある		

出典：アクセンチュア作成

　独自開発では市販製品にない拡張が可能であり、実装したアルゴリズム次第では競合他社に対しての独自優位性を確立することができますが、一定の初期投資が必要になります。独自開発の場合でも、Apache MahoutやApache SparkのMLlibなどのOSS（オープンソースソフトウェア）を導入することで、開発費だけでなく開発期間を抑制できます。

②Data Sparsity（データのスパース性）

　多くの場合、購買履歴のデータセット（ユーザ数×商品数）は巨大であり、そのままレコメンド計算処理を行うと、膨大な計算時間が掛かってしまう恐れがあります。それを防ぐため、レコメンド処理を行う前に出現頻度の低い商品（あまり購入されない商品）や、共通の属性を持つ商品をまとめるなどの前処理が必要です。これらの前処理は、主成分分析（PCA）や特異値分解（SVD）などの手法を用いることでデータのスパース性を排除し、計算時間を短縮することができます。

　詳細は次の「③スケーラビリティ（拡張性）」で紹介します。

③スケーラビリティ（拡張性）

　ユーザ数や商品数の増加に従って、通常の協調フィルタリングアルゴリズムでは、計算量の問題で対応できなくなるケースが発生します。このようなケースでは、B. M. Sarwar, et al.（2002）[1] の「incremental SVD CF algorithm」や「folding-in projection」の手法を用いることで事前に次元圧縮します。レコメンデーション計算した結果に対し、購買履歴、評価データが追加された際にも、追加分のみを計算することで、処理の高速化を図れます。

　Apache SparkのMLlibにも実装されているALS（alternating least squares、交互最小二乗法）というアルゴリズムでは、図14.5のように潜在因子を学習し、レコメンド作成時に処理するデータの数を減らして、高速なレコメンド処理を可能にしています。特に、バージョン1.1以降のSparkに実装されているALS-WR（weighted-λ-regularization）は、正則化パラメータ（λ）を導入し、オーバーフィッティングを防ぐ改良がなされています。これはNetflix Prize[2] で活用された方法で、Zhou, et al.（2008）[3] の論文にその詳細が述べられています。

【1】 B. M. Sarwar, G. Karypis, J. Konstan, and J. Riedl, "Incremental SVD-based algorithms for highly scalable recommender systems," in Proceedings of the 5th International Conference on Computer and Information Technology (ICCIT '02), 2002.

【2】 http://www.netflixprize.com/

【3】 Yunhong Zhou, Dennis Wilkinson, Robert Schreiber, Rong Pan "Large-Scale Parallel Collaborative Filtering for the Netflix Prize", Algorithmic Aspects in Information and Management, 2008

図14.5 ALSを利用したアルゴリズムのイメージ

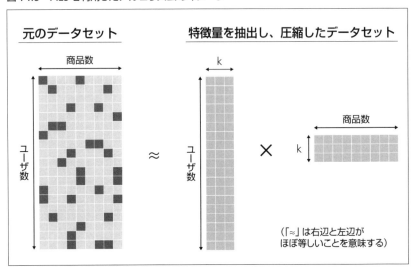

出典：アクセンチュア作成

④ Synonymy（類似性）

　同じ商品、もしくはほぼ同じ商品が別々のアイテムとして登録されていた場合、協調フィルタリングの精度は低下します。例えば、POSシステムに登録されている商品の商品マスタをそのまま利用しており、季節的な新商品の投入に合わせて商品の名称や内容量が変わる場合、新商品と従来商品を紐付けて分析できず、結果として利用できるデータが限定されてしまう問題があります。

　これを解決するために、同義語のリスト（辞書）を作る、もしくは、LSI（Latent Semantic Indexing）のような手法を用いて、機械的に同義語を抽出することで、同じ商品として扱えるようになります（図14.6）。

図14.6 同義語を用いた類似商品の集約イメージ

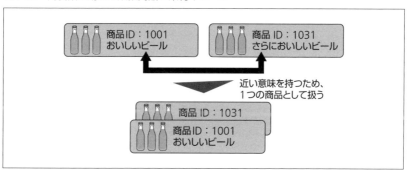

出典：アクセンチュア作成

運用中に考慮すべき事項

ここでは、コンテンツベースの協調フィルタリングを運用する際に一般に陥りやすい5つの問題について、その問題と対応策を述べます。これらは、SaaSやパッケージ製品では、基本機能として実装されているため考慮する必要がない場合や、製品自体の制約として対応不能である場合もあります。

①Gray Sheep（灰色の羊）

Gray Sheepとは、ある商品を「買いたい」という気持ちと「買いたくない」という気持ちが一貫していない人のことを指します。このような人がいると、協調フィルタリングの精度が低下します。これは、Claypool et al.(1999)[4]などで提案されている重み付けを導入することで、解消できます。

---

[4] M. Claypool, A. Gokhale, T. Miranda, et al., "Combining content-based and collaborative filters in an online newspaper," in Proceedings of the SIGIR Workshop on Recommender Systems: Algorithms and Evaluation, Berkeley, Calif, USA, 1999.

②自分のためでない購買

例えば、動画閲覧サイトのユーザで、普段は洋画や邦画を中心に視聴している独身の成人がいたとします。このユーザがお正月に実家に帰省した際に、たまたま親戚の子供の面倒を見ることになり、普段は視聴しない子供向けのアニメ映画の動画を視聴したとします。すると、その後自宅に帰った後も子供向けの動画がレコメンドされ、結果として購買に至る確率が低い商品ばかりをレコメンドしてしまうようなケースがあります。

このようなケースに対処するには、ユーザ側からの「レコメンデーション計算に含めないで欲しい」という意思表示を受け付ける機能が有効でしょう。図14.7は、Amazon.co.jpの「おすすめ商品に反映させる商品の設定を変更するにはこちら」という画面です。ユーザ側から「おすすめ商品に使わない」という選択ができるような仕組みになっています。

図14.7 Amazon.co.jpの「おすすめの理由は?」画面

③コールドスタート問題

　新しく登録したばかりのユーザは、購買履歴や商品へ評価の評価を持たないために、計算そのものができない問題があります。同じように、新しく登録された商品も、ユーザの購買履歴・評価を持たないためにユーザへのレコメンドに含まれない問題があります。このような問題を「コールドスタート問題」と呼びます。

　このようなケースを解決する一つの方法として、商品名や紹介文から類似商品を明らかにし、類似商品をレコメンデーションの出力に含める方法があります。また、「導入時に考慮すべき事項」で紹介した同義語のリストを活用することも可能です。

④Shilling Attacks（シリングアタック）問題

　Shilling Attacksとはサクラ攻撃のことで、協調フィルタリングの仕組みを悪用して本来表示されないレコメンデーションを表示させたり、本来表示されるはずのレコメンデーションを表示させないようにしたりする操作を指します。

　例えば、あるサイトで、自社の製品ではなく競合会社の製品が優先的にレコメンドされると、製品の売上が下がり、不利益を被るとします。このとき、競合他社の製品が表示されないようにわざと低い評価を大量に行い、本来表示されないはずの自社製品の製品を表示させるよう高い評価を大量につけるというのが、Shilling Attacksです。

　Shilling Attacks問題としてはそのほか、「評価のゆらぎ」と呼ばれる、常に高めの評価をつける傾向のあるユーザや、常に低めの評価をつける傾向のあるユーザの評価の調整を含める場合もあります。

　Shilling Attacks問題への対策の一つとして、メモリベース協調フィルタリングの前処理フェーズでデータを正規化（評価のゆらぎの補正）する際に、R. Bell and Y. Koren（2007）[5]の方法で不正なデータを取り除く方法があります。なお、この方法は前述したNetflix Prizeで利用さ

【5】 R. Bell and Y. Koren, "Improved neighborhood-based collaborative filtering," in Proceedings of KDD Cup and Workshop, 2007.

れ、協調フィルタリングの精度向上に貢献した手法の一つでもあります。

⑤制約条件の導入

　協調フィルタリングによって出力された計算結果をそのままユーザに提供して、必ずしも良い結果が得られるわけではありません。

　例えば、ユーザの性別がすでにわかっている条件下で、女性のユーザに対するレコメンデーションに、男性向けの衣料品、化粧品などが偶然含まれていた場合、それは除外したほうが良いでしょう。また、アルコール飲料やタバコなどの商品は、法律で購買が禁止されている未成年のユーザにはレコメンドすべきではありません。食料品などにおいては、アレルギーや宗教上の理由で摂取できない商品を、ユーザ側からレコメンデーション結果から外すようなオプションを設けることでユーザの満足度向上に寄与できます。

　例として、筆者が担当しているプロジェクトの一つで、訪日外国人観光客向けにスマートフォンアプリを用いて、おすすめの観光地、小売店舗や飲食店などの情報を提供するものがあります。このアプリのターゲットである訪日外国人観光客の多くは、滞在日数や滞在先のホテル、移動手段、訪問予定の観光地、帰りの飛行機の便など、旅行の計画が事前に決まっているはずです。

　このような場合は、事前にアプリからユーザに情報を入力してもらうことで、ユーザの旅程に合わせてユーザが必要としているタイミングで必要なコンテンツを提供して、レコメンデーションの有用性およびユーザの満足度を高めることができます。例えば、都内の高級ホテルにビジネス目的で2～3日滞在する大企業の重役などには高級な和食の料理店の紹介を行います。また、ショッピング目的で1週間程度滞在する方には、品揃えの良い家電量販店の割引情報や、少し遠くてもアウトレットモールなどの情報を配信します。こうすることで、広告配信の効果の向上が見込めます。

　なお、クラウド型のレコメンデーションサービスやパッケージ製品でもレコメンド表示条件を設定する機能を備えているものもあります。し

かし、社内の別システムに保存している顧客リストのうち、特定の条件の顧客にだけ特定の商品をレコメンドしたくない場合や、Webサイト上で特定の動作を行ったユーザにのみある商品をレコメンドしたい場合など、ビジネス上の想定される制約条件があまり一般的でない場合、もしくは複雑な条件となる場合は、サービスや製品側が対応していないケースがあるので、注意が必要です。

4 Rを活用したレコメンデーションの実行

本節では、実際にRを使って協調フィルタリングによるレコメンデーションを実行する方法を紹介します。

recommenderlabの概要

Rにはレコメンデーションアルゴリズムを実装したパッケージが複数存在しています。その中でもパッケージ「recommenderlab」は、代表的なアルゴリズムを実装しているほか、独自アルゴリズムや、複数アルゴリズムの比較評価の仕組みも用意しているため、レコメンデーションエンジンの開発・テストフレームワークとしてもよく利用されています。

例えば、レコメンドを実業務に導入する前のPoC（Proof of Concept）フェーズにおいて、手元にある分析データでクイックに実現性を確認したい場合には、デフォルトのアルゴリズムを使って評価するのが効率的でしょう。

しかし、評価していく中で、データの性質や分析の要件により、アルゴリズムの高度化が必要となってくるケースがあります。このような場合、recommenderlabパッケージに、独自の高度なアルゴリズムのファンクションをプラグインするだけで、今までのコードをほぼ変更せずに（パラメータの切り替えで）独自アルゴリズムを適用できます。また、同じフレームワークで複数のアルゴリズムを利用するため、デフォルトアルゴリズムとの比較評価も実現でき、独自アルゴリズムによる改善効果が一目瞭然にわかります。

このように、recommenderlabパッケージの利用により、レコメンデーションアルゴリズムの開発や比較評価が、一貫性のあるフレームワークの中で効率的に行えます。

recommenderlabの実例

ここからは実際にrecommenderlabパッケージのデフォルトアルゴリズムを使って、レコメンデーションを実行するプロセスを確認していきましょう。なお、ここでは独自アルゴリズムの開発方法は割愛します。

詳細は「アルゴリズムの適用」で後述しますが、recommenderlabパッケージは「レーティングの予測」と「Top-Nリストの生成」の2種類のレコメンデーション機能を提供しています。ここでは「レーティングの予測」にフォーカスし、アルゴリズムの適用と比較評価の方法を説明します。

なお、独自アルゴリズムの開発やTop-Nリストの生成について興味がある方は、ぜひrecommenderlabパッケージの作者Michael Hahslerの論文「recommenderlab: A Framework for Developing and Testing Recommendation Algorithms」を参考にしてください。また、recommenderlabパッケージのソースコードはGitHubでも確認できます（https://github.com/cran/recommenderlab）。

以下、「データ探索」「アルゴリズムの適用」「アルゴリズムの比較評価」の3つのステップに分けて、レコメンデーション実行のプロセスを説明します。

データ探索

recommenderlabパッケージでは、表14.4に示すように、レコメンデーションサンプルとしてよく使われているデータセットが3つ用意されています。

レーティング値が可変精度数値のデータは「realRatingMatrix」型で、レーティング値が2値（0 or 1）のデータは「binaryRatingMatrix」型で用意されています。realRatingMatrixもbinaryRatingMatrixもrecommenderlabパッケージで独自に定義したレーティングマトリックスの実装です。レーティングマトリックスのデータを用意することによ

り、recommenderlabパッケージで定義されているレコメンデーション関連関数を簡単に利用できます。

外部データを分析する場合には、Rの汎用データ型である「matrix」や「data.frame」からレーティングマトリックスへ変換する方法も提供されています。

表14.4 recommenderlabパッケージデータセット一覧

データ名	MovieLense	Jester5k	MSWeb
データの取得場所	movieLens.org	Jester Online Joke Recommender System	www.microsoft.com
データ期間	1997年9月19日～1998年4月22日の約7ヵ月間	1999年4月～2003年5月	1998年2月の1週間
データ件数	99,392	362,106	98,653
ユーザ数	943	5,000	32,710
アイテム数	1,664（映画）	100（ジョーク）	285（ウェブサイトエリア）
レーティング値	1～5	-10.00～10.00	0 or 1
データ型	realRatingMatrix	realRatingMatrix	binaryRatingMatrix

今回の分析例では、3つのデータセットのうち、映画のデータを格納した「MovieLense」を利用し、協調フィルタリングによる映画のレコメンデーションをシミュレーションします。

では、実際にRでrecommenderlabパッケージ中のMovieLenseのデータセットをロードし、データ探索を行ってみましょう。初めてrecommenderlabパッケージを利用する場合には、初回のみrecommenderlabパッケージをインストールする必要があります。

```
#recommenderlabパッケージをインストール（初回利用の場合のみ）
#パッケージをダウンロードする際、CRANのミラーサイトの指定が要求される場合
#は、「Japan (Tokyo)」等距離が近いミラーサイトを選択
install.packages("recommenderlab")
```

```
#recommenderlabパッケージをロード
library(recommenderlab)

# データセットMovieLenseをロード
data(MovieLense)
```

正常にロードしたら、次のコマンドでデータセットのサマリを表示します（図14.8）。MovieLenseがrealRatingMatrixとして格納されており、943ユーザの1664本映画に対するレーティングが99392件含まれていることがわかります。

```
# Rating Matrixのデータ型に関するサマリ情報の表示
MovieLense
```

図14.8　データセットのサマリ

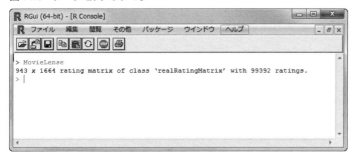

データセットの中身は、as関数を使ってデータをR汎用データ型のdata.frameやmatrixに変換してから、詳細を一覧できます。

次の実行例は、レーティングマトリックスをdata.frameに変換してから、head関数で最初の6行を表示するものです（図14.9）。あるユーザの1アイテムに対するレーティングが1行のデータとして格納されます。

```
# 「data.frame」に変換（head関数で最初の6行のみ表示）
head(as(MovieLense, "data.frame"))
```

図14.9 MovieLenseのdata.frame形式の表示例

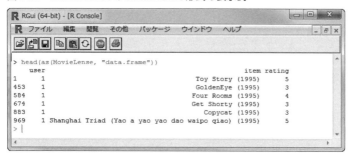

次に、レーティングマトリックスをmatrixに変換し、マトリックスの形でデータの一部を確認してみましょう。図14.10の実行結果からわかるように、ユーザが縦軸に、アイテムが横軸に配置され、縦軸と横軸の交点にはユーザのアイテムに対するレーティングが表示されます。ユーザがすべてのアイテムに対してレーティングしているわけではないので、レーティングがないところにはNAが表示されています。

```
# matrixに変換（表示上の都合で、ユーザ#501〜#505、アイテム#1〜#5のデータ
# のみ抽出）
as(MovieLense, "matrix")[501:505, 1:5]
```

図14.10 MovieLenseのmatrix形式の表示例

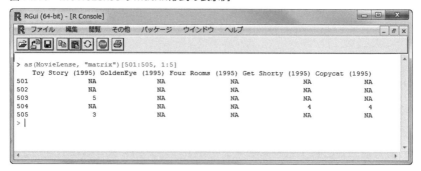

ここまでの手順で、データ型の変換によりデータの中身を一覧できました。ただし、これでまだ一部のデータしか表示できず、データの全体的な特徴が捉えられていません。

データの特徴を俯瞰的に把握するには、レーティングマトリックスに実装されているimage関数が利用できます。図14.11はimage関数によりユーザの映画に対するレーティングをプロットしたものです。レーティングによりプロットの濃淡が変わります。レーティングがない場合はプロットされません。

```
# MovieLenseデータの可視化
image(MovieLense, main="Raw Ratings")
```

図14.11　データセットMovieLenseのimage関数による表示イメージ

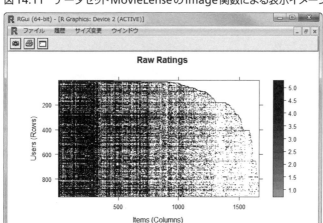

次に、ユーザを軸に、ユーザごとのレーティング件数とレーティング平均の傾向を確認しましょう（図14.12）。ユーザが縦軸にあるため、レーティングマトリックスより提供されているrowCounts関数とrowMeans関数を使えば、ユーザごとのレーティング件数とレーティング平均を計算できます。さらにその基本統計量を表示するには、summary関数を使います。

```
# ユーザごとのレーティング件数に関する基本統計量の表示
summary(rowCounts(MovieLense))
# ユーザごとのレーティング平均に関する基本統計量の表示
summary(rowMeans(MovieLense))
```

図14.12 ユーザごとのレーティング集計結果

図14.12では結果として、レーティング件数とレーティング平均の最小値（Min.）、第一四分位数（1st Qu.）、中央値（Median.）、平均値（Mean.）、第三四分位数（3rd Qu.）、最大値（Max.）が出力されています。

ユーザレーティング平均の基本統計量からわかるように、2値（0 or 1）以外のレーティングデータにおいては、全体的に高めに採点するユーザ（Max.：4.870）と、低めに採点するユーザ（Min.：1.497）がいます。そのため、異なるユーザが同じレーティングをしたとしても、同じ評価とは言い切れません。

データのバイアスをなくすには、事前にデータを正規化するのが一般的です。recommenderlabパッケージのnormalize関数では、「center」と「Z-score」の2種類の正規化方法が提供されています。

- **center**：有効なレーティング（NAではない）からそのユーザのレーティング平均を引く
- **Z-score**：上記centerによる正規化結果をさらにそのユーザのレーティングの標準偏差で割る

center法でレーティングを正規化した後の、ユーザごとのレーティング平均の基本統計量を求めてみます（図14.13）。normalize関数の1番目のパラメータにrealRatingMatrixのデータセット、2番目のパラメータmethodに正規化方法を指定します。なお、デフォルトでcenter法が適用されるので、center法の場合はパラメータmethodを省略することもできます。

```
# ユーザごとの正規化済みレーティングの平均に関する基本統計量の表示
summary(rowMeans(normalize(MovieLense, method="center")))
```

図14.13 ユーザごとのレーティング平均の集計結果（正規化あり）

　なお、レコメンデーションのアルゴリズムを適用する場合は、入力データセットのレーティングに対する正規化も必要となります。ただし、次項で説明するアルゴリズム適用関数Recommenderでは、内部処理において正規化が実施されるため、アルゴリズム適用関数の入力データとしては事前の正規化は不要です。

アルゴリズムの適用

　続いて、アルゴリズムを指定し、レコメンデーション計算を行います。
　前述したとおり、recommenderlabパッケージにおいてはデフォルトで複数のアルゴリズムが実装されており、2015年12月時点では全部で7つのアルゴリズムがあります。各アルゴリズムの概要と、インプットとして利用可能なレーティングマトリックスを、表14.5にまとめました。

表14.5 recommenderlabパッケージのアルゴリズム一覧

アルゴリズム名	概要	realRatingMatrix	binaryRatingMatrix
RANDOM	アイテムをランダムに選び、ユーザにレコメンドする	○	○
POPULAR	購入ユーザ数に基づいて人気度が高いアイテムをユーザにレコメンドする	○	○
UBCF	「協調フィルタリングのアルゴリズム」で紹介したユーザベース協調フィルタリング（User-Based Collaborative Filtering）	○	○
IBCF	「協調フィルタリングのアルゴリズム」で紹介したアイテムベース協調フィルタリング（Item-Based Collaborative Filtering）	○	○
PCA	Principal Component Analysisの略で、次元削減の代表的な手法の一つ	○	-
SVD	Singular Value Decompositionの略で、次元削減の代表的な手法の一つ	○	-
AR	アソシエーションルールに基づいて、ユーザにアイテムをレコメンドする	-	○

レーティングマトリックスのデータ型ごとに利用できるアルゴリズムは、次のコマンドでも確認できます。

```
# realRatingMatrixが利用できるアルゴリズムと関連パラメーター覧
recommenderRegistry$get_entries(dataType = "realRatingMatrix")
# binaryRatingMatrixが利用できるアルゴリズムと関連パラメーター覧
recommenderRegistry$get_entries(dataType = "binaryRatingMatrix")
```

利用できるアルゴリズムごとに、チューニング可能なパラメータとそのデフォルト値も表示されます。realRatingMatrix型のデータセットに対するユーザベース協調フィルタリング（UBCF）の実行例を示すため、表示されるパラメータとデフォルト値を、表14.6に一覧します。

表14.6 ユーザベース協調フィルタリング（UBCF）パラメータ一覧

パラメータ	デフォルト値	説明
method	cosine	ユーザの類似度を計算する方法（euclidean、cosine、jaccard、pearsonが指定可能）
nn	25	計算対象となる類似ユーザの数
sample	FALSE	データサンプリングの要否
normalize	center	データセットに対する正規化方法（normalize関数と同じく、centerまたはZ-scoreが指定可能）
minRating	NA	レコメンドアイテムとして除外するレーティングの閾値

では、MovieLenseのデータセットを利用し、実際にユーザベース協調フィルタリング（UBCF）を実行してみましょう。アルゴリズムを実行するには、大きく分けて、以下の2つの処理が必要になります。

① **レコメンダーの作成**：トレーニングデータを使ってレコメンダーを作成する
② **レコメンデーションの予測**：作成したレコメンダーにより、ユーザへのレコメンデーションのTop-Nリストを生成したり、ユーザの未レーティングアイテムのレーティングを予測したりする

①レコメンダーの作成

レコメンダーを作成するにはRecommender関数を使います。Recommender関数の1番目のパラメータにはトレーニングデータのレーティングマトリックスを、2番目のパラメータmethodには利用するアルゴリズム名を指定します。表14.6のパラメータをチューニングしたい場合、パラメータparameterにて個別に指定することも可能ですが、ここでは特に指定せずにレコメンダーを作成します。

例えば、MovieLenseの先頭の500名ユーザのデータを使ってレコメンダーモデルを構築する場合、次のようにRecommender関数を初期化します。

```
# 先頭500件のデータを使って、UBCFのレコメンダーモデルを作成
r <- Recommender(MovieLense[1:500], method = "UBCF")
```

②レコメンデーションの予測

次に、predict関数を使って、最後に構築したレコメンダーに基づいてレコメンデーションを行います。

デフォルトではユーザへのレコメンデーションのTop-Nリストが生成されます。パラメータtypeを「rating」に指定することにより、ユーザの未レーティングアイテムに対するレーティング予測も可能です。

ここでは、#501〜#505のユーザについて、未レーティング映画のレーティングを予測します（図14.14）。predict関数の1番目のパラメータにレコメンダーを、2番目のパラメータにレコメンド対象ユーザのレーティングマトリックスを、3番目のパラメータtypeに「rating」を指定します。

```
# 構築したUBCFのレコメンダーモデルを使って、#501〜#505ユーザのレーティン
# グを予測
p <- predict(r, MovieLense[501:505], type="ratings")
# #501〜#505ユーザの最初の5部の映画のレーティング予測結果を表示
as(p , "matrix")[1:5, 1:5]
```

図14.14 レーティング予測結果の表示（一部のデータのみ）

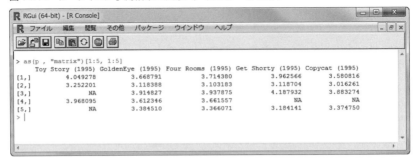

「データ探索」の項で一覧した#501〜#505ユーザのレーティング結果と比べてわかるように、予測結果において、元々ユーザがレーティン

グ済みの映画は予測対象外（NA表記）となっており、未レーティングの映画には予測値が入っています。レコメンデーションのTop-Nリストを生成する場合も、レーティングの予測値の高い順でレコメンデーションを行っています。興味のある方はぜひ確かめてみてください。

アルゴリズムの比較評価

こうしたレーティング予測結果の精度を評価するには、RMSE（Root Mean Square Error）がよく使われています。RMSEはNetflix Prizeの評価指標としても使われました。

recommenderlabパッケージでもRMSEによる評価方法が提供されているので、RMSEによる評価検証を実施してみましょう。

①評価スキームの作成

アルゴリズムの評価を行うため、まずevaluationScheme関数を使って評価スキームを作成します。

評価スキームを作成するには、データセットをトレーニングデータと評価データに分割する必要があります。そのためにevaluationScheme関数では表14.7の3種類の分割方法を提供しています。

表14.7　評価スキームデータ分割方法

方法名	方法の説明
split	指定された割合でランダムにトレーニングデータを抽出し、残りのデータを評価データとする
cross-validation	K-分割交差検証とも言う。データをランダムにK個のパーツに分割し、その中の1つのパーツを評価データ、その他K-1個のパーツをトレーニングデータとして、全パーツが1回評価データになるまでK回検証を行う
bootstrap	指定された割合と回数で抽出したブートストラップサンプルをトレーニングデータとし、残りのデータを評価データとする

ここでは、split法による評価スキームを作成します。

次のコマンドのように、evaluationSchemeの1番目のパラメータにデータセットを、2番目のパラメータmethodに「split」を、3番目のパラメータtrainに「0.9」を、4番目のパラメータgivenに「15」を指定します。

```
# split法による評価スキームの作成
e <- evaluationScheme(MovieLense, method="split", train=0.9, given=15)
```

データの分割方法にsplit法を指定しているため、90%のデータをトレーニングデータとし、残りの10%のデータを評価データとします。さらに評価データにおいて、15件のアイテムのレーティングは予測用評価データとして利用し、その他のアイテムのレーティングは予測誤差計算用評価データとして利用します。予測用評価データより予測されたレーティングとユーザが付けたレーティングからRMSEが計算されます。

②アルゴリズム評価の実施

次に、「アルゴリズムの適用」の項と同様に、「レコメンダーの作成」と「レコメンデーションの予測」を実施します。レコメンダーの作成にはトレーニングデータを利用し、レコメンデーションの予測には予測用評価データを利用します。また、ユーザベース協調フィルタリング（UBCF）とアイテムベース協調フィルタリング（IBCF）を比較するため、同じデータを使ってUBCFとIBCFを評価します。

```
# トレーニングデータを使ってUBCFのレコメンダーを作成
r.ubcf <- Recommender(getData(e, "train"), method = "UBCF")
# トレーニングデータを使ってIBCFのレコメンダーを作成（数分間掛かる想定）
r.ibcf <- Recommender(getData(e, "train"), method = "IBCF")

# 予測用評価データとUBCFのレコメンダーを使って、レーティングの予測を実施
p.ubcf <- predict(r.ubcf, getData(e, "known"), type = "ratings")
# 予測用評価データとIBCFのレコメンダーを使って、レーティングの予測を実施
```

```
p.ibcf <- predict(r.ibcf, getData(e, "known"), type = "ratings")
```

最後に、予測誤差計算用評価データを使って、得られた予測結果の誤差を計算します（図14.15）。

```
# 予測誤差計算用評価データを使って、UBCFとIBCFそれぞれの誤差を計算
e <- rbind(calcPredictionAccuracy(p.ubcf, getData(e, "unknown")),
calcPredictionAccuracy(p.ibcf, getData(e, "unknown")))

# 誤差の計算結果を表示
rownames(e) <- c("UBCF", "IBCF")
e
```

図14.15　複数アルゴリズムの比較評価の結果

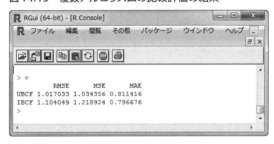

表示されたRMSEの結果で、UBCFはIBCFより値が小さくなっています。MovieLenseのデータセットを対象とする協調フィルタリングを実施する場合、UBCFのほうが精度が高いといえるでしょう。

レコメンデーションのTop-Nリストを生成する場合は、evaluate関数を使ってレコメンデーションの結果を比較評価する仕組みも提供されています。次のコマンドでrecommenderlabパッケージのドキュメントにアクセスし、evaluate関数の詳細を参照できます。

```
# recommenderlabパッケージのドキュメントにアクセス
help(package=recommenderlab)
```

5　本章のまとめ

　本章では、協調フィルタリングの仕組みを見てきました。協調フィルタリングは、購買履歴等のユーザの行動履歴データからユーザ同士の類似性を見つけ出し、それに基づいて自動的に個々人の趣味や嗜好に合わせたレコメンド商品を提示できる、非常に優れたアルゴリズムです。

　また、アルゴリズムの特性上、売り手自身も関連性に気づいていない商品をレコメンド商品としてユーザに提示できるという点も強みです。

　例えば、一見全く関係ないと思われていた本とCDを、実際には両方を買う人が多かったとしましょう。本の作者やジャンル、CDのアーティストなどの商品属性から人手でレコメンドを考えていると、このような商品同士の属性につながりがないように見える商品は、レコメンドされる可能性は低くなります。一方、協調フィルタリングであれば、その本を買った人がそのCDを買っているという購買履歴が増えてくることで、本とCDの中身とは無関係に、対象の本を買った人には対象のCDがレコメンド商品として表示されるようになっていきます。

　Amazonのような、商品を非常に多く取り揃えたロングテール型の大規模ECサイトで、協調フィルタリングが多く採用されています。それは、ユーザの購買履歴という「集合知」を用いて、人手では把握しきれない大量の商品から個々人に対するレコメンド商品を見つけてきてくれるからです。

　ただし、協調フィルタリングがいくら優秀なアルゴリズムだからといって、導入するだけでレコメンドの問題がすべて解決するわけではないことには注意が必要です。

　本章では、商品の購買履歴とその評価点を単純にインプットにしていました。しかし、実際にECサイトでレコメンド商品表示を始めると、これだけでは不十分であることがすぐにわかります。例えば、提示したレコメンド商品に対するユーザの反応（購入した、クリックだけした、アクションなし、など）の新しいインプット情報が生まれます。また、レコメンド商品をいつどこに表示するかというアウトプットの方法やタ

イミングにも工夫が求められてきます。

　実際にレコメンデーションシステムを構築する際には、このような日々の変化を取り込み、さまざまなユーザの行動の評価を調整し、必要に応じて協調フィルタリングだけでなく、別のアルゴリズムも組み合わせ、ユーザのコンテキスト（時間、場所、状況など）に合わせたり、サイト上での表示方法のA/Bテスト等とも組み合わせたりして、実際のアクセス増加やコンバージョン結果を高めるよう、アルゴリズムを日々改善していく仕組みを作ることが重要です。

　さらに、根本的な問題として、いくらレコメンデーションシステムのアルゴリズムが優れていても、適切な目的で使われていないと期待した成果に結びつきません。

　例えば、多くのユーザにある商品がレコメンドされる結果が出ても、実際にはその商品は他店舗ですでにほとんどのユーザに購入されており、いくらそれをレコメンドしても自店舗では購入してくれないという可能性もあります。このような関係はアルゴリズムから単純に出てくるものではありません。

　また、新しく発売された商品は、コールドスタート問題により協調フィルタリングではレコメンドされません。それに対し、発売日に最も多く売れる種類の商品では、購買履歴が貯まるのを待っていたら、最大のチャンスを逃してしまいます。

　分析結果を実際の売上向上に結びつけるためには、総合的なビジネス戦略を立て、顧客ごとのカスタマージャーニーを想像し、そのどこでレコメンド商品を提示するべきかを検討する必要があります。つまるところ、協調フィルタリングもほかの分析アルゴリズムと同様に、あくまで人が頭で考えたビジネス戦略を実行するための手段に過ぎないのです。

　協調フィルタリングは、ユーザにレコメンド商品を提示する際の代表的かつ優秀なアルゴリズムです。とはいえ、これを実ビジネスに活かし、売上向上をもたらすレコメンデーションの仕組みを作るためには、それぞれのビジネスごとに解決すべき課題が多くあるはずです。このように汎用的なアルゴリズムを具体的なビジネスに適用するところこそが、データサイエンティストの腕の見せどころになるでしょう。

第15章 今、最も熱いディープラーニングを体験してみよう

ここでは、機械学習のひとつであるディープラーニングが今、なぜ注目されているか、その可能性と実ビジネスに与えるインパクトについて解説します。

1 ディープラーニングとは？

　ディープラーニングとは機械学習の一種で、ニューラルネットを何層も重ねたものを用いてクラス分類や回帰を行う手法です。
　ディープラーニングは、私たちの脳における情報処理を真似て、高精度な画像や音声等の認識を可能にしたことで、近年注目を集めています。
　ビッグデータを特徴づける3V（Volume：量、Velocity：速度、Variety：種類）もディープラーニングの高精度な認識に寄与しているといえるでしょう。つまり、ストレージの廉価化や通信/処理速度の向上により、動画や音声などにおいて、従来では考えられなかった大量のデータ処理が可能になったことが、ディープラーニングにおける力技的な学習を後押ししているといえます。
　2012年の6月に、「機械学習で猫を識別できるようになった」というGoogleのニュースが国内でも話題になりました。ここで用いられたのがディープラーニングです。ディープラーニングは画像認識だけではなく、音声認識や自然言語処理等、さまざまなデータとパターン認識に応用可能です（図15.1）。

図15.1　Google glass（Face++）を用いた顔認識デモ実行例

出典：アクセンチュア作成

　ディープラーニングの人気に火をつけることになったのが、2012年11月に開催された一般物体認識のコンテスト「ILSVRC」です。ここで、ディープラーニングの第一人者、Geoffrey Hinton氏らのグループ（SuperVision）が、他のグループと誤識別率10％以上もの圧倒的な差をつけて優勝しました。これを皮切りに、ディープラーニングはその高い精度で注目されるようになりました。

　2014年3月には、Facebookが開発した顔認識技術「DeepFace」が、精度97.53％という、人間のレベルとほぼ互角の認識精度を記録したことが発表されました。

　さらに驚くべきことに、ディープラーニングを用いた顔認識の精度は今なお向上しています。例えば顔の画像と人名のラベルをセットにしたデータベースのサイト「Labeled Faces in the Wild」で公開されている、さまざまなアルゴリズムによる顔認識の成績に関する情報を見ると、ディープラーニングを利用したアルゴリズムが軒並み好成績を収めていることがわかります。極端な例では、2014年12月の時点で、「Unrestricted, Labeled Outside Data」のカテゴリでトップの成績を収めている「DeepID2」は、99.15％という極めて高い認識能を有しています。

　また、Googleではディープラーニングで画像の単純な識別をさせるだけではなく、自然言語処理技術と組み合わせて、画像の説明をする自然な文章を生成することに成功しています。

　これを実現するためには画像に含まれる物体を正しく認識し、その位

置関係を把握し（"on"なのか"above"なのか、など）、その上で自然な文章で表現するといういくつもの難題があり、昨今の画像認識の進歩には目を見張るものがあります。画像認識だけではなく、Appleの音声アシスタンスのSiriなど音声認識の技術にも、ディープラーニングは利用されています（図15.2）。

図15.2 Siriによる音声認識例

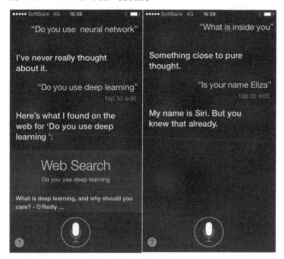

出典：アクセンチュア作成

　これまでに挙げた例からも明らかなように、"tech giants"と呼ばれる一流IT企業はディープラーニング技術の獲得に力を入れており、M&Aや研究者の引き抜きといった激しい競争を繰り広げています。M&Aの例としては、GoogleがDeepMind、TwitterがMadbitsというディープラーニング関連スタートアップを買収しています。また、研究者の引き抜きの例では、Facebookではニューヨーク大学教授のYann LeCun氏（後述）、BaiduではGoogleの猫認識をリードしたAndrew Ng氏といったディープラーニングの第一人者を迎え入れています。

　このように今まさに"ホット"なディープラーニングですが、未だその技術は発展段階にあり、ビジネスでの応用事例はまだあまり多くない

状態です。

　しかし、昨今ディープラーニングのビジネスへの応用を目指した動きが活発化してきています。例えば、Kaggleの前社長が立ち上げたEnliticというスタートアップではディープラーニングの技術を応用してCTやMRIといった各種診断画像からガンを見つけ、医師の判断を助けることを目指しています。海外だけではなく、日本でもディープラーニングに特化した企業が設立されるなど、ディープラーニングをビジネスにつなげようという動きは高まりつつあります。

2 触ってみよう！ディープラーニング

　これまでの話でディープラーニングは遠い世界にあるものだと感じられたかもしれませんが、計算リソースが潤沢な今、ディープラーニングをもう少し身近に体験できます。

　早速ディープラーニングの威力を体験してみましょう。ILSVRC2013で好成績を収めたスタートアップのClarifaiのホームページでは、ディープラーニングを利用した高性能の画像タグ付けを行うデモを提供しています。Clarifaiのホームページ（http://www.clarifai.com/）にアクセスし、好きな画像をアップロードすると、自動的に画像のタグ付けが行われます（図15.3）。

図15.3　clarifaiデモ実行例

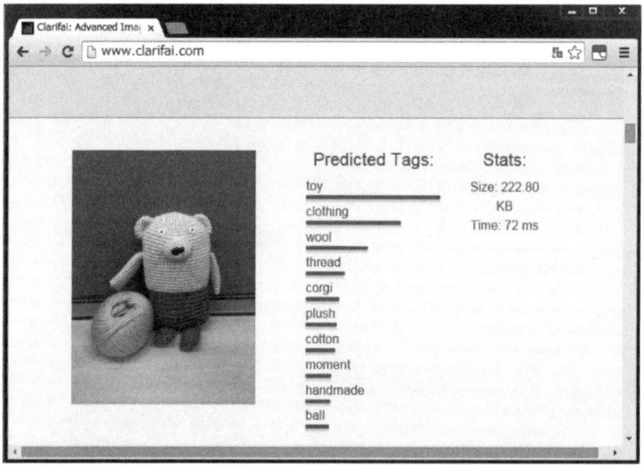

出典：Clarifai社のホームページ内のデモを使いアクセンチュア作成

　実行結果の画面から、入力画像に付与されたタグを確認できます。図15.3の例では、毛糸玉と趣味で作った編みぐるみの写真を自分で撮ったものを入力画像としました。この写真に「これは毛糸玉とクマの編みぐるみです」というコメントを付けてブログに書いたりすれば、ウェブを検索することで正解を引き当てられてしまうかもしれません。しかし、

これは自分でアップロード直前に撮った写真なので、ウェブ上に手がかりとなる情報は全くありません。それにもかかわらず、"toy"や"wool"など、かなり正確なタグ付けができていることがわかります。また、驚くべきことに画像中にあるモノだけではなく、"handmade"という、直接見ることができない情報まで推測できています。

3 従来の手法とどう違うの？

ディープラーニングは、従来の手法よりも高い精度を出せるだけではなく、従来の手法でボトルネックとなっていたステップを自動化できるようになったという点で、従来の機械学習手法とは決定的に異なります。

それでは、従来の機械学習とディープラーニングを行うときのステップを比較してみましょう（図15.4）。

図15.4 従来の機械学習手法とディープラーニングの比較

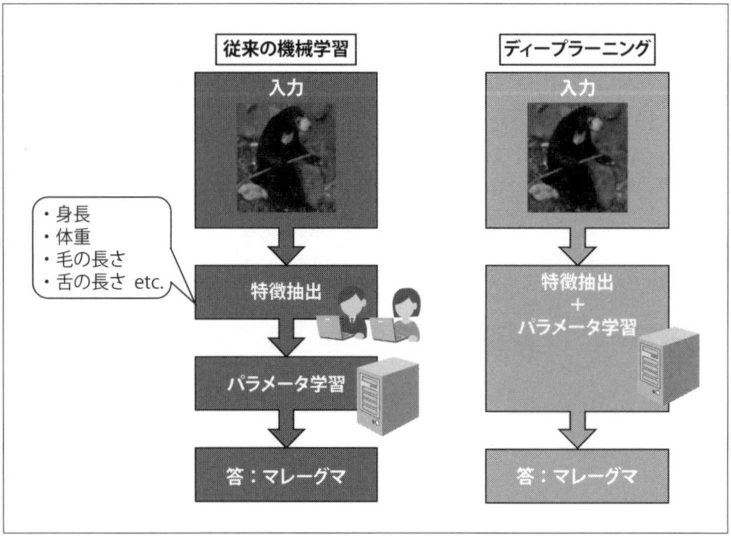

出典：アクセンチュア作成

従来の機械学習では、データを端的に表現できるような特徴を見つけ出すための特徴抽出というステップが必要になります。例えば、顔認識であれば顔のパーツの相対位置や大きさ、形等を計測してから、そのデータを分類器に入力するという2つのステップを踏むことになります。

この特徴量は認識したいものによって異なるため、飛行機を認識したければ飛行機用の、音声を認識したければ音声の、というように認識し

たい対象/分野ごとに異なる特徴を計測する必要があります。特徴抽出は従来各領域の専門家による人手で行われ、しばしば職人芸の領域であると言われました。また、専門家による特徴抽出がうまくいったかどうかに機械学習の精度が大きく左右されることも大きな課題でした。

一方ディープラーニングでは、特徴量まで丸ごと学習してしまうのです。このようにディープラーニングが特徴を自動的に抽出できるようになる様子は「feature learning（表現学習）」と表現されます。これがディープラーニングが画期的と言われるゆえんであり、従来の手法とは一線を画すような高い精度を出せるようになった一因でもあります。

4 単純パーセプトロン→ニューラルネット →ディープラーニング

　この章の冒頭で触れたとおり、ディープラーニングではニューラルネットが何層にも重なった構造を持つネットワークを利用しています。まずはその構成要素から見てみましょう。

　ニューラルネットは生物のニューロン（神経細胞）を模した単純パーセプトロンで構成されます。実際のニューロンでは樹状突起を介して複数の入力を受け取り、細胞体で信号を処理し、出力をその先のニューロンに伝えます。単純パーセプトロンでも神経細胞と同様に、複数の入力を受け取り、それぞれの入力を重みづけした結果を出力として返します（図15.5）。

図15.5　ニューロンと単純パーセプトロンの比較

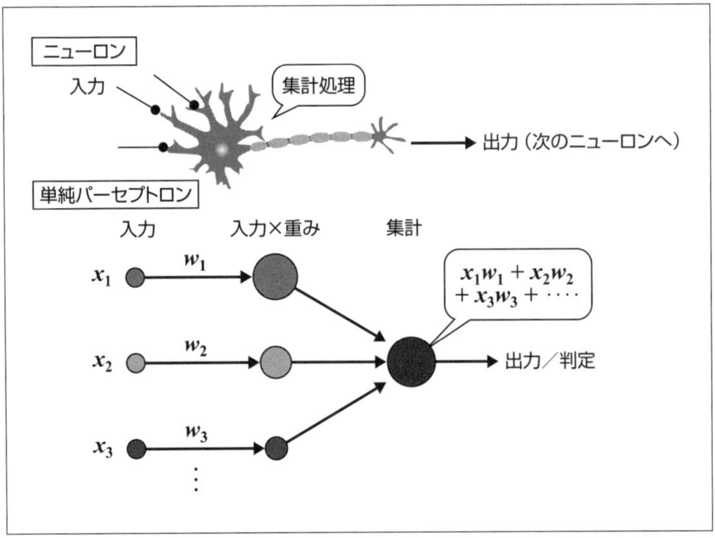

出典：アクセンチュア作成

　この単純パーセプトロンも立派な分類器であり、重みを調整して得た出力値から判断することで分類問題を解くことができます。

例えば、図15.6のようなごく簡単な例を考えてみましょう。図15.5と同様に、入力値×重みを計算し、足し合わせた値の正負で分類を行う単純パーセプトロンを考えます。身長体重や体のパーツの大きさといった情報を入力とし、足し合わせた結果の値の正負でマレーグマかそうでないかを分類しています。

図15.6 単純パーセプトロンを用いた分類の例

入力値				重み	
x	説明	クマ①	クマ②	w	重み
1	体重	50	300	1	-2
2	身長	120	260	2	-1
3	舌の長さ	25	40	3	10
4	爪の長さ	10	6	4	8

クマ①の場合：
50×-2+120×-1+25×10+10×8＝110⇒0以上なので、マレーグマ
クマ②の場合：
300×-2+260×-1+40×10+6×8＝-412⇒0より小さいので、マレーグマではない

出典：アクセンチュア作成

ここで、重みは適当に決めてしまいましたが、何個もデータを入力するうちに分類を間違えてしまうケースも出てくるでしょう。その場合、重みを正解に合うように調整する必要があります。このプロセスを学習と言います。

パーセプトロンにおける代表的なパラメータ学習法としては、最急降下法（Steepest descent method）や確率的勾配降下法（Stochastic Gradient Descent）等の、勾配法という最適化アルゴリズムがあります。ここでは勾配法の詳細な説明は省きますが、興味のある方は、優れた参考文献として『はじめてのパターン認識』（平井有三著、森北出版）や「機械学習はじめよう」（中谷秀洋・恩田伊織著、http://gihyo.jp/dev/serial/01/machine-learning）がありますのでご参照ください。

このように、1個の単純パーセプトロンでも十分分類器としての機能を果しますが、このままでは複雑な分類問題を解けません。そこで、単純パーセプトロンをネットワークでつなぐことにより、もっと複雑な分

類問題を解けるようにしたものがニューラルネットワーク（ニューラルネット）です。

ディープラーニングでは、図15.7のような、ニューラルネットワークがさらに積み重なった"深い"構造のネットワークを利用しています。

図15.7　普通のニューラルネットワーク vs. Deepなニューラルネットワーク

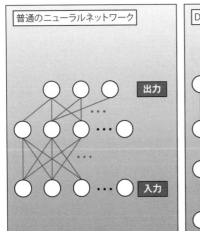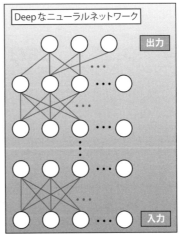

出典：アクセンチュア作成

例えば、本章の冒頭に述べた2012年のGoogleの猫認識の例では、9つの層からなるニューラルネットワークを利用しています。"ディープ"なニューラルネットの定義はまちまちですが、複雑な構造をした多層ニューラルネットであれば"ディープ"と定義されるようです。

どうやって特徴抽出するの？

「1. ディープラーニングとは」で触れたとおり、ディープラーニングと従来の機械学習方法とで決定的に異なるのは、ディープラーニングが自動的に特徴抽出を行うことができるという点です。

それでは、ディープラーニングではどのようにして特徴抽出を行っているのでしょうか。そのカギは、脳で行われている物体認識にあります。ディープラーニングにおける標準的な特徴抽出の方法として、畳み込みニューラルネットワーク（Convolutional Neural Network：CNN）を例に説明します。

▌脳科学の話：単純性細胞と複雑性細胞

畳み込みニューラルネットワークのルーツは、1959年のDavid Hubel氏とTorsten Wiesel氏による脳の一次視覚野と呼ばれる領域の研究にさかのぼります。

ここで、電車に乗って中吊り広告を漫然と眺めているときのことを考えてみてください。電車が揺れるので視野の中で文字の位置は多少動いてしまいますが、それでもきちんと文字を読み、ニュースを知ることができるはずです。

HubelとWieselは猫の一次視覚野にあるニューロンの発火パターンを観測する実験を行っているときに、脳の一次視覚野には特定の傾きを持つ線分やエッジに反応する単純型細胞と、その取りまとめのような役割を果たす複雑型細胞の二種類のニューロンが存在することを発見しました。なお、1981年にはHubelとWieselは視覚システムの研究における功績により、ノーベル医学生理学賞を受賞しています。

単純型細胞では、線分の位置に少しでもずれが生じると反応が抑制されてしまいますが、複雑型細胞では結合している単純型細胞のうちいず

れかが反応すれば反応します。このような仕組みにより、元画像の位置が多少ずれても画像を認識できます（図15.8）。

図15.8　単純型細胞／複雑型細胞の反応モデル

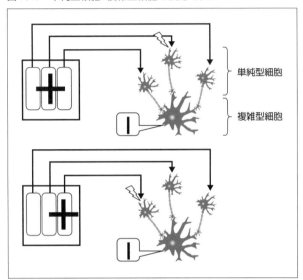

出典：アクセンチュア作成

ニューロン→畳み込みニューラルネットワーク

　1980年に福島邦彦氏らはHubel-Wieselの単純型／複雑型細胞のモデルを基に、ネオコグニトロンという多層ニューラルネットワークを開発しました。さらに1998年には、「1. ディープラーニングとは」で述べたLeCunらが、その基本構造を基に改良を行った畳み込みニューラルネットワークLeNet-5を開発しました。LeNet-5は分類器として優れた性能を発揮し、特に手書き文字認識に応用したところ、当時の最高性能である99％の精度を記録しました。

　福島らやLeCunらはどのようにしてニューラルネット上で脳の神経細胞の動きを再現したのでしょうか？　ネオコグニトロンもLeNetも、

畳み込みとプーリング（サブサンプリングとも呼びます）という単純型/複雑型細胞の挙動を参考にした動作を行っています。

それでは、畳み込みニューラルネットで実際に何が行われているかを見てみましょう（図15.9）。

図15.9　畳み込みニューラルネットワークの概略図

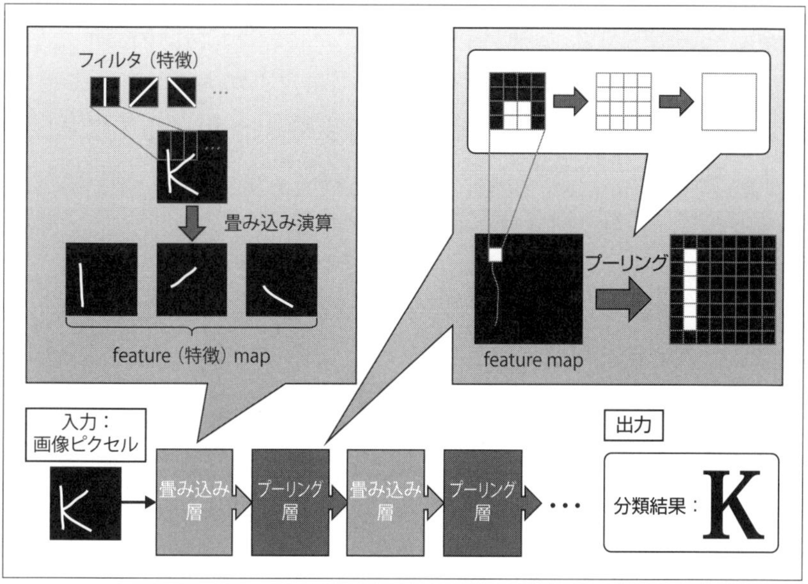

出典：アクセンチュア作成

　畳み込みニューラルネットは、単純型細胞の動作をモデルにした畳み込み層と複雑型細胞の動作をモデルにしたプーリング層が交互に積み重なった構造を持ちます（畳み込みニューラルネットに限らず）。画像認識においては入力画像の画素の一つ一つがニューラルネットの入力となります。その入力を畳み込み層とプーリング層で繰り返し処理することで最終的な出力（分類結果）を得ます。

　畳み込み層では、画像の画素一つ一つに重みづけを行います。この画素一つ一つに重みをかける演算は、画像にフィルタをかける演算と同じなので、この重みのことをしばしば「フィルタ」と呼びます。そして、画像処理の分野ではフィルタをかけることを「フィルタを畳み込む」と

いうため、「畳み込み」という名前が使われています。

　このフィルタの畳み込みをもう少し言い換えると、入力となる画像を走査し、あるフィルタで表現される特徴のみ抜き出す処理が行われています。つまり、この畳み込み層で行われているのは、単純型細胞の動作と同じく、画像からの特徴抽出そのものです。このようにして、画像にフィルタを畳み込んで得られた出力のことを「特徴マップ（feature map）」と呼びます。

　一方、プーリング層では、畳み込み層の出力である特徴マップの中で、隣接するピクセルをまとめあげ解像度を落とすような処理をしています。複雑型細胞の動作と同じような処理をすることで、元画像の微小な変形や移動に振り回されることなく、画像の特徴をロバストに認識できます。

　では、この畳み込み→プーリングのプロセスが何回も繰り返されると実際にどのような特徴が抽出されるでしょうか。図15.10は、人の顔の画像を入力して畳み込みニューラルネットワークによる学習を行い、習得した特徴を可視化した結果です。

図15.10　畳み込みニューラルネットワークで学習される階層的特徴

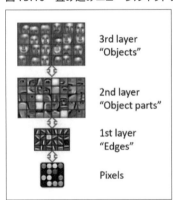

出典：http://deeplearningworkshopnips2010.files.wordpress.com/2010/09/nips10-workshop-tutorial-final.pdf より参照

　下位の層では線分などの細かいパーツ、上位の層に行くと顔のパーツ

→顔そのものというように、ニューラルネットワークの層ごとに階層的に特徴が抽出されていることが理解できるかと思います。このように階層的に特徴をつかんでいく仕組みは、我々の脳においても見られることが知られており、ディープラーニングはいわば我々の脳を模して造られた分類器を用いていると言えます（図15.11）。

図15.11　脳内の物体認識における階層構造

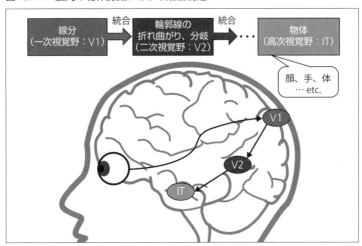

出典：アクセンチュア作成

　また、下の階層で低次な特徴を学習するという構造にすることで、分類のタスクに対する柔軟性が生まれ、他の分類タスクにおいても応用が可能になります。言い換えると、車の画像であれクマの画像であれ、線分でできていることに変わりはないので、一つの分類器で車でもクマでも牛でも分類することが可能です。
　もちろん、最初からこのような完璧な特徴が備わっているわけではなく、学習を繰り返すことによって徐々にこのような特徴が抽出されます。たとえ重み（フィルタ）の初期値がランダムな値でも、学習が進むとこのような階層性を持つ特徴が抽出されていくことが数々の実験で示されています。

どうやって学習するの？

「5. どうやって特徴抽出するの？」では、ディープラーニングが特徴抽出を行う仕組みを見てきました。最後の方で触れたとおり、データを流し込んですぐに特徴が抽出できるわけではありません。最適な分類を行うためには、学習が必要になります。

ディープラーニングでは、教師あり学習と教師なし学習の両方が用いられています。それぞれ一つずつ見ていきましょう。

教師あり学習：誤差逆伝播法

単純パーセプトロンの学習について、最急降下法（Steepest descent method）や確率的勾配降下法（Stochastic Gradient Descent）といった勾配法を用いて重みの学習を行うことについて「4. 単純パーセプトロン→ニューラルネット→ディープラーニング」で述べました。これが多層のニューラルネットになった場合は、どのように学習を行うのでしょうか。

単純パーセプトロンについては、直接正解と自分が出した結果を見比べて誤差をできるかぎり小さくするように重みを調整することが可能でした。しかし、多層のニューラルネットワークの中間層においては、その出力結果と正解を直接比べることができません。この問題を克服するために、多層ニューラルネットにおいては、誤差逆伝播法（Back Propagation）と呼ばれるテクニックを用いて学習を行います。

誤差逆伝播法では、すべての層において誤差を設定することで、ニューラルネットの中間層でも重み調整ができるようにした、という点が特徴です。この中間層の誤差は、最終的な出力と正解との全体的な誤差に、その層が寄与した分、というイメージを持ってもらえれば大丈夫です。ある中間層の誤差はその一つ上の層の誤差を用いて計算するので、手順としては、出力層から逆向きに一層ずつ誤差を求めることになります。そこで求めた誤差を最小にする方向で、重みを更新します。そ

の際には、単純パーセプトロンのときと同様に最急降下法や確率的勾配降下法を用います。出力層から前の層に向かって徐々に誤差を伝播し、それを考慮しながら学習を行うことから、誤差逆伝播法という名前がつけられました。

　この誤差逆伝播法は多層ニューラルネットワークの教師あり学習法としては有効な方法であり、例えば前述のLeNetにおいても用いられています。しかし、比較的浅くユニット同士の結合が疎なニューラルネットでは誤差逆伝播法がうまくいくものの、ニューラルネットワークの層の数が多くなったりユニット同士の結合が複雑になったりすると学習が困難になることが問題となりました。

教師なし学習：オートエンコーダにおけるプレトレーニング

　この問題の解決の糸口となったのが、2006年のHintonらによる、Deep Belief Networkというニューラルネットに似た分類器の学習に関する報告でした。彼らはその中でpretrainingと呼ばれる一層ずつの教師なし学習を前もって行い、その後に「fine tuning」と呼ばれる最終的な微調整を行うことで、効率の良い学習ができた、と報告しています。

　同年にはYoshua Bengio氏らが、ニューラルネットの一種であるオートエンコーダ（auto-encoder）の学習においてもpretraining + fine tuningの組み合わせが適用できることを示しました。

　これまでの話が主に教師あり学習を想定した話であったので、一体全体どうやって教師なしで学習が可能になるのかと読者は思われるかもしれません。ここで、Bengioらが実際にpretrainingを適応したオートエンコーダの学習の仕組みを見てみることで、ディープラーニングにおける教師なし学習で何が行われているかを見てみましょう。

　オートエンコーダとは、出力が入力をできるだけ再現できるように重みを調整することで、効率よくデータの次元圧縮を行えるようなニューラルネットワークを学習する仕組みです。ここで、なぜ次元圧縮の仕組

みがこれまでに論じられてきたディープラーニングの特徴抽出につながるのかと思われたかもしれません（筆者はそう思いました）。

そこで、次のような例を考えてみてください。日本の高校では文系と理系でざっくりと学生を2分して、その後の進路指導を考えるということが行われます。文系か理系かどうかは理系科目（数学や化学、物理など）のテストのスコア合計値と文系科目（国語や日本史、世界史など）のスコアの合計値を比較するなどして判断できるかもしれません。このようにした方が、たくさんある高校の必修科目を一つ一つ考慮して進路指導に当たるよりもはるかに楽だといえるでしょう。ここで行われていることもある種の次元圧縮であり、学生の特性を端的に表せるような特徴量の抽出が行われています。

では、次元圧縮を行うオートエンコーダがディープラーニングの部品として使えそうだということがわかったところで、次にどのように教師なし学習を行うかを見てみましょう。

図15.12　オートエンコーダによるpretrainingの仕組み

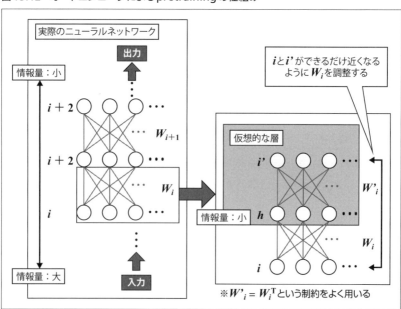

出典：アクセンチュア作成

図15.12で、i番目の層にかける重みWiを学習することを考えたときに、オートエンコーダでは仮想的な出力層i'と、その間にあるもう一つの層h（隠れ層と呼びます）を仮想的に用意します。

このときに、出力層i'ができるだけ入力のiと近くなる（言い換えるとiが再現される）ようにWiを調整します。このときに、hの層における情報量を入力のiより減らすような制約をかけることで次元削減（特徴抽出）を行うことができます。こうして得られたWiを使って入力であるiを重みづけしたもの（つまり、次元削減を行った結果のh）を次の層に渡します。この動作を一層ずつ繰り返すことで、階層的な特徴抽出を行うことができるというのが、オートエンコーダのアイデアです。

オートエンコーダが教師なし学習と言われるのは、外部からの教師信号を必要としないためです（いわば自分自身を教師としているのですが）。このような学習を一つ一つの層であらかじめ行い、その後最終的なfine tuningを行うことで効率よく多層ニューラルネットの学習を行うことができます。fine tuningでは教師あり学習が一般的で、例えばpretrainingで重みの初期値を決めた後誤差伝播法でチューニングを行うことで、誤差伝播法単体よりも効率よく学習を行うことができます。

また、あまり一般的ではありませんが、学習したニューラルネットワーク全体を一つの大きなオートエンコーダと考えて、大本の入力信号を再現できるように重みを再調整することで、教師なし学習を行うことも可能です。

7 まとめ：要は力技！

　これまでに見てきたところで気付かれた方も多いかもしれませんが、ディープラーニングというのは最近になって開発された画期的な新技術というわけではありません。むしろ、昔からあった多層ニューラルネットの仕組みに、Neocognitronやスパースコーディングのような脳科学の知見が加わり、Hinton、Bengioらによるパラメータ学習法の改善と近年の計算リソースの充実が加わって一気にスターダムにのし上がった感があります。

　例えば、冒頭に述べたGoogle猫認識の例は、入力画像1000万枚、パラメータ数十億個で、これらを16コアPCを1000台集めたPCクラスターで3日間学習させた成果です。ある意味、潤沢な計算リソースを利用した力技が可能になったことが大きな成功要因であると言えます。

　コンピュータチップの進化もディープラーニングの発展に寄与する可能性があります。そのような新しいタイプのチップの一例として、2014年の8月に発表されたIBMのニューロチップ「TrueNorth」が挙げられます。TrueNorthはDARPA（米国国防省国防高等研究計画局）による約54億円もの支援を受けて開発されたもので、100万個のニューロンとそれらをつなぐ2億5600万個ものシナプス接続を再現しています。TrueNorthは従来のノイマン型の設計ではないので、通常のソフトウェア実装には向きませんが、これまでの話を読んでいただいた読者の方には、ニューラルネットの実装に応用できそうだと容易に推測がつくかと思います。

　また、TrueNorthは通常のチップよりもはるかに少ない電力で動作するという特徴を持つため、こうしたニューロチップが埋め込まれたデバイスがより人の生活に近い場面で活躍することが期待できます。例えば、冒頭で述べたGoogle glassのようなデバイスで画像認識をしたり、シャツに埋め込まれたセンシングデバイスで計測した活動量データから

発作等を事前に検知したりなど、近い将来ディープラーニングがごく身近な場面で登場するようになるかもしれません。

　ちなみに、本章の中盤で登場したLeCunは、TrueNorthのディープラーニングへの応用に懐疑的であるようですが、LeCun自身がチップの開発に意欲的であることもあり、ディープラーニングに特化したチップが登場するのもそう遠い日ではないかもしれません。

　さて、次章ではこれまでに学んできたディープラーニングを、オープンソースのインメモリ機械学習エンジンであるH2Oを使って実際に動かす実習編に入りたいと思います。

第16章 H2Oでディープラーニングを動かしてみよう！

前章に続いてディープラーニングの紹介です。今度はオープンソースを使ってディープラーニングを実際に動かしてみます。ぜひトライしてみてください。

1 動かしてみないことにはわからない

　前章では、ディープラーニングの理論について説明するとともに、この分野が、GoogleやFacebook等の先進IT企業がこぞって注力しようとしている、今まさに熱い分野だということについて触れました。ディープラーニングが画期的な機械学習方法だということを強調して書いたつもりではありますが、いくら文章を読んでも、自分で手を動かさない限りその威力はなかなか実感しにくいかと思います。また、手を動かして体験するとはいっても、ディープラーニングを自分で一からやるには高度な技術力を必要とするため、ごく一部の専門家でない限り、ハードルが高いと思われるかもしれません。

　筆者が学生の頃は、機械学習はまだ手が届きにくく、機械学習を用いた研究を行うにも気の遠くなるような分量のスクリプトを書き、そしてパラメータチューニングに昼夜を問わず明け暮れる、そんな時代でした。このようにディープラーニングはごく限られた高度な技術者だけのものなのでしょうか？　そんなことはありません。オープンソースが浸透した今の時代を生きる私たちは、大変幸運なことにディープラーニン

グの威力を手軽に（しかも無料で！）体験できます。これを利用しない手はありません。

　本章では、ディープラーニングのオープンソースソフトウェアの実装を用いてディープラーニングを実際に動かしてみることを目標にしています。なお、今回はディープラーニングを動かすことを目標としているので、パラメータチューニングについての議論はあまり行いません。

　また、ただ単に動かして正解率を漫然と眺めるだけでは、筆者は面白くないと考えています。正解率の値で一喜一憂するだけではなく、分類の失敗例と成功例を実際に目で見て、どのようなケースだと分類がうまくいく／失敗するかを考察していきたいと思います。

　さあ、それでは始めましょう。

2 ディープラーニングのソフトウェア実装

ディープラーニングの実装でフリーなものとして、Javaで開発された分析エンジンプラットフォームのH2Oや、PythonのPylearn2（Theano）、Rのdeepnetパッケージなどが公開されています。ここでは、Webインターフェース上からプログラミング作業を伴わず操作でき、また、データの整形や可視化に優れたRから手軽に扱える点などから、H2Oを用いた分析手順を概説します。

下準備および注意事項

ここでは、R-3.1.1（64ビットWindows版）とH2O（2.8.1.1）を用いました。なお、H2Oの起動にあたって、JRE（Java Runtime Environment）が必要になりますので、お使いのPCにJavaがインストールされていない方は、Javaのダウンロードサイト（https://java.com/ja/download/）からJavaの64ビット版インストーラをダウンロードし、exeファイルを実行して、Javaをインストールします。環境変数JAVA_HOMEも設定しておいてください。

また、Rのほかにデータ処理のためPythonを使用します。ここではPython 2.7.7（Anaconda 2.0.1 64ビット版）を用いました。

お使いのPCにPythonがインストールされていない方は、Pythonをインストールして頂く必要があります。新たにインストールする場合、Pythonの数値計算ライブラリNumpyを使用する関係で、Continuum Analytics社より配布されているPythonディストリビューション「Anaconda」が便利です。Continuum Analytics社のAnacondaのダウンロードサイト（http://continuum.io/downloads）よりインストーラをダウンロードし、exeファイルを実行することで、Anacondaがインストールできます。

なお、本章の手順で用いたRコマンドは、最初からすべて続けて実行することを想定しています。休憩をとるなどして一旦Rのコンソールを閉じてしまった場合などは、手順の最初に戻って、再び最初からコマンドを入力するようにしてください。また、結果の表示形式はH2Oのバージョンによって少し異なる場合があります。

ビッグデータのためのインメモリ予測エンジンH2O

H2Oは米国0xdata社によって開発された、ビッグデータのための分散コンピューティングに対応したインメモリ機械学習エンジンです。対応している分析手法としては、ディープラーニングのほか、GLM（Generalized Logistic Model、一般化線形モデル）、GBM（Generalized Boosted Regression Models、一般化ブースト回帰モデル）、RF（Random Forest、ランダムフォレスト法）、K-means（k-平均法）、PCA（Principal Component Analysis、主成分分析）などがあります。

また、H2OはPure Javaで開発され、オープンソース（Apacheライセンスバージョン2）として提供されています。さらにHadoopとの連携にも対応し、YARN（Yet Another Resource Negotiator）経由やMapReduce v1上で実行可能という特徴を持っています。

3 H2Oを用いたディープラーニングのモデル構築手順

　H2Oは各種プログラミング言語向けのAPIやSDKを提供しており、JavaやPython、Scala等のプログラミング言語から呼び出せます。Rにおいても、Rパッケージ「h2o」経由での実行が可能です。データの整形、加工および可視化に優れた統合分析環境（R）と、高速かつスケーラブルな予測エンジン（H2O）を組み合わせて利用することで、データ分析作業の生産性が向上します。

　本例では、H2O付録のチュートリアルテキスト「Deep Learning Tutorial」を参考にH2Oを用いてディープラーニングのアルゴリズムを実行する手順をステップごとに概説します。

(1) H2Oパッケージの導入、起動

　作業を開始する前に、作業用ディレクトリを作成しておくと便利です。ここでは、「h2o_test」という名前のディレクトリを作成することにします。エクスプローラで、任意の場所にディレクトリを作成してください。

　次にRを起動し、コンソールにリスト16.1のコマンドを入力します（図16.1）。H2O起動時にはスレッド数（同時並列で計算に使用するCPUコア数）を指定できます。ここで、これから行うディープラーニングのモデル構築は負荷の高い処理が発生するため、全CPUコアを使用するよう指定しています。また、データセットが0.6GB程度あるため、本例では、使用可能な最大メモリ数を（余裕をもって）2GBに指定しました。

リスト16.1　H2Oの起動

```
# 作業ディレクトリへの移動
setwd("path")   # path=先ほど作成した作業用ディレクトリへのパス
```

16.3 H2Oを用いたディープラーニングのモデル構築手順

```
# パッケージH2Oのインストール
install.packages("h2o")

#現在起動しているRセッションにパッケージH2Oを読み込む
library(h2o)

# H2Oを起動する
# nthreadsでスレッド数を指定 (-1はすべてのCPUコアを使用することを意味する)
# max_mem_sizeで使用可能な最大メモリ数を指定 (ここでは2GB)
localH2O = h2o.init(nthreads = -1, max_mem_size="2g")
```

図16.1　H2O起動後のRStudioコンソール

　H2Oの起動に成功すると、起動中のH2OにアクセスするためのURLが表示されます（図16.1の例では「http://127.0.0.1:54321」）。Webブラウザを起動し、表示されたURLにアクセスし、H2OのWebインターフェースが表示できることを確認します（図16.2）。URLが異なる場合は各自読み替えてください。

図 16.2　H2OのWebインターフェース

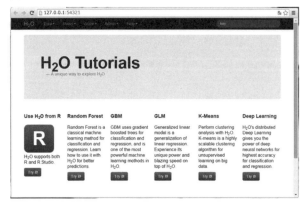

出典：米 0xdata 社が公開（http://h2o.ai/）

(2) モデル構築用データセットの読み込み

本手順では、元トロント大学の学生で現GoogleのAlex Krizhevsky氏によって公開されている、「CIFAR-10」という、32 × 32ピクセルの小さな画像データとその画像のカテゴリ（10種類）のラベル60000点（学習用データ50000点、テストデータ10000点）を利用した解析を行います。

まず、CIFAR-10のページ（http://www.cs.toronto.edu/~kriz/cifar.html）からデータセットをダウンロードします（図16.3）。このとき、画像データをPythonで処理する関係で「CIFAR-10 python version」のリンクをクリックしてダウンロードします。

ダウンロードしたファイル（cifar-10-python.tar.gz）を、ファイル名はそのままで先ほど作成した作業用ディレクトリに置きます（図16.3）。

図 16.3 Alex Krizhevsky氏が公開するCIFAR-10datasetのページ（枠で囲んだ箇所がpython解析用データセットへのリンク）

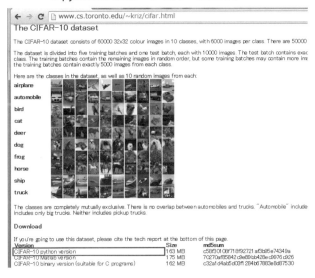

図 16.4 作業用ディレクトリにcifar-10-python.tarを置いた様子

ファイルを置いた後は、WinZipやLhaplusのような圧縮解凍ソフトで同じディレクトリに解凍してください。解凍が終わると、「cifar-10-batches-py」というディレクトリが作成されます（図16.5）。

図16.5 ファイルを展開した様子

作成されたcifar-10-batches-pyディレクトリの中に移動して確認すると、合計8つのファイルがあります（図16.6）。

- batches.meta（ラベル名）
- data_batch1 ～5（学習用データセット＋ラベル番号）
- test_batch（検証用データセット＋ラベル番号）
- readme.html（説明文書）

図16.6　cifar-10-batches-pyディレクトリの中身

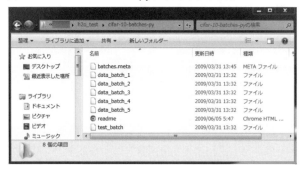

CIFAR-10のページで提供されているフォーマットでは、そのままH2Oで読み込むことができません。そこで、CIFAR-10で提供されている関数を流用し、リスト16.2のようなPythonスクリプトでCSVファイルに変換します。

リスト16.2　CSVファイルに変換するスクリプト

```python
# -*- coding: utf-8 -*-
# CIFAR-10 datasetのファイルをCSVファイルに変換する
import numpy as np
import cPickle
import glob


# CIFAR-10 のページで提供されている関数
def unpickle(file):
    fo = open(file, 'rb')
    dict = cPickle.load(fo)
    fo.close()
    return dict

# 画像データをCSVファイルに変換する関数
def write_csv_img(dict, path_out):
    label = dict["labels"]
    image = dict["data"]
    fout = open(path_out, 'a')
    for lbl, img in zip(label, image):
        ary_out = np.append(lbl, img)
        fout.write(",".join(map(str, ary_out))+"\n")
    fout.close()

# ラベルデータをCSVファイルに変換する関数
def write_csv_labelname(dict, path_out):
    labelname = dict["label_names"]
    fout = open(path_out, 'w')
    fout.write("\n".join(map(str, labelname)))
    fout.close()

# CIFAR-10 datasetのファイルを読み込んでCSVファイルに書き込む
if __name__ == "__main__":
    try:
# 訓練用データのファイルのリストを作成
        files = glob.glob('./data_batch_*')
        # 訓練用データのCSVファイル作成
        for ftrain in files:
            write_csv_img(unpickle(ftrain), "./train.csv")
```

```
    # テスト用データのCSVファイル作成
        write_csv_img(unpickle("./test_batch"), "./test.csv")

    # ラベル名のCSVファイル作成
        write_csv_labelname(unpickle("./batches.meta"), "./
labelnames.csv")
    except:
        print "An error occurred during execution."
```

　メモ帳など、お使いのテキストエディタを起動して、リスト16.2のスクリプトをコピー＆ペーストし、適当な名前を付けて（ここでは「CIFAR2csv.py」とします）、先ほどのcifar-10-batches-pyディレクトリに保存します。このとき、文字コードをUTF-8で保存することに注意してください（図16.7）。

図16.7　Pythonスクリプト保存時の画面

　次に、コマンドプロンプトを起動し、リスト16.3のコマンドを実行して、ダウンロードしたデータセットをCSVファイルへ変換します（図16.8）。

16.3 H2Oを用いたディープラーニングのモデル構築手順

リスト16.3　CSVファイルへの変換の実行

```
rem ディレクトリの移動（pathはCIFAR2csv.pyを置いたディレクトリへのパス）
cd path
rem CSVへの変換実行
python CIFAR2csv.py
```

図16.8　CSVへの変換実行時の画面

このコマンドで、train.csv（学習用データ）、test.csv（検証用データ）、labelnames.csv（ラベル名）の3つのCSVファイルが作成されます。なお、ファイル作成にはしばらく時間がかかります。筆者のPC（Core i5-4300U、1.9GHz）では10分ほどかかりました。

作成したCSVファイルは表16.1のとおり、一列目に画像のラベル、二列目以降は画像のピクセル一つ一つの値になっています。CIFAR-10の画像ファイルはカラー画像なので2列目以降の最初の1024（=32*32）列は赤チャネルの値、次の1024列は緑チャネルの値、残りは青チャネルの値となっています。

表16.1　CIFAR10 dataset（train.csv, test.csv）の詳細

列	説明
1	ラベル。0～9のうちいずれか
2～1025	画像の赤チャネルの値。0（薄）～255（濃）の値
1026～2050	画像の緑チャネルの値。0（薄）～255（濃）の値
2051～3075	画像の青チャネルの値。0（薄）～255（濃）の値

また、作成したtrain.csvとtest.csvでは、画像のラベルは0-9の値になっていますが、別に出力されるlabelnames.csvでカテゴリ名との対応付けできます（表16.2）。

表16.2 数字とカテゴリ名との対応

数字	カテゴリ名
0	airplane
1	automobile
2	bird
3	cat
4	deer
5	dog
6	frog
7	horse
8	ship
9	truck

ここでは説明を簡単にするため、cifar-10-batches-pyディレクトリの中で作成されたCSVファイルを、親ディレクトリ（ここではh2o_test）に移動させます（図16.9）。

図16.9 CSVファイルを親ディレクトリに移動した後の様子

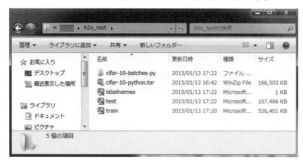

画像ファイルをRで確認することはあまり効率的とは言えませんが、このCSVファイルに含まれる画像がどのようなものかは下記のRスク

16.3 H2Oを用いたディープラーニングのモデル構築手順

リプトで確認することができます。Rコンソールにリスト16.4のコマンドを入力してください。

リスト16.4　Rからの画像ファイルの確認

```
install.packages("ggplot2")       # グラフ描画に必要
install.packages("reshape2")      # データ整形に必要
install.packages("gridExtra")     # 複数グラフの描画に必要
install.packages("raster")        # 画像データの描画に必要

#ライブラリ呼び出し
library(ggplot2)
library(reshape2)
library(gridExtra)
library(raster)
#テストデータの読み込み
test<-read.table("test.csv",sep=",")
colnames(test)[1] <- "actual"     # 列名の変更
test$actual <- test$actual + 1    # "labelnames"の添え字が1始まりなの
で1足す

# 複数の図をコマ送りできるようにする
par(ask=T)

# ラベル名の読み込み
labelnames <- read.table("labelnames.csv",header=F,sep=",",stringsAsFactors=F)
labelnames <- labelnames[,1]

#画像の描画
draw_img <- function(str_title,img,img_size){
        r <- g <- b <- raster(ncol=img_size,nrow=img_size)
        values(r) <- unlist(img[,1:(img_size*img_size)])
        values(g) <- unlist(img[,(img_size*img_size+1):(2*img_size*img_size)])
        values(b) <- unlist(img[,(2*img_size*img_size+1):ncol(img)])
        rgb <- stack(r,g,b)
        val <- getValues(rgb)
        xy <- as.data.frame(xyFromCell(rgb,1:ncell(rgb)))
```

```
                df <- cbind(xy,val)
                ggplot(df, aes(x=x, y=y,
                        fill= rgb(layer.1,layer.2,layer.3, max=255))) +
                geom_raster() +
                theme(plot.title = element_text(size = rel(1.5)),
                        panel.grid.major = element_blank(),
                        panel.grid.minor = element_blank(),
                        panel.background = element_blank(),
                        axis.ticks = element_blank(),
                        axis.text = element_blank()) +
                        labs(title=str_title, x="", y="") + scale_fill_
identity()
}
#10個のCIFAR-10の画像をランダム表示する
visualize_CIFAR10<-function(data,labels){
        act <- data$actual
        imgs <- data[,-1]
        #10個の乱数を発生
        rands <- as.integer(runif(10, min = 1, max = nrow(data)))
        for (i in 1:length(rands)){
                # ラベル用文字列の生成
                mainstr <- paste("actual:" ,
labels[act[rands[i]]])
                #  グラフ表示
                print(draw_img(mainstr, imgs[rands[i],],32))
        }
}
#実行
visualize_CIFAR10(test, labelnames)
```

　実際にこのスクリプトを入力した結果、表示されるのが、図16.10のような画像です。エンターキーを押すことによって画像をページ送りで表示できます。

16.3 H2Oを用いたディープラーニングのモデル構築手順

図16.10 CIFAR-10画像データ描画例

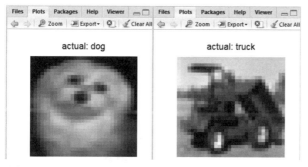

出典:Alex Krizhevsky氏が公開するCIFAR-10dataset内(http://www.cs.toronto.edu/~kriz/cifar.html)の公開データを基にアクセンチュア作成

それでは、作成したCSVファイルをH2Oにアップロードしてみましょう。H2Oの画面に戻り、メニューの「Data」→「Upload」を選択し、表示された画面にてtrain.csvを指定し、「Upload」ボタンを押下します(図16.11)。

図16.11 データのアップロード画面

出典:H2Oは米0xdata社が公開(http://h2o.ai/)

335

(3) データセットの書式指定

「Upload」ボタンを押下してしばらくすると、「Request Parse2」という画面が表示されます。ここでは、アップロードしたファイルのファイル形式（区切り文字やヘッダ行の有無など）を指定します。H2Oでは自動的にデータセットの形式の判別がなされますが、機械判定が誤っている場合は適切な形式に修正します。本手順では次のようにパラメータを設定し、「Submit」ボタンを押下します（図16.12）。

- **parser type（ファイル形式）**：「CSV」
- **separator（区切り文字）**：「,:44」
- **header（先頭行にカラム名が記載されているか）**：チェックを「オフ」
- **destination key（保存先キー名）**：「CIFAR10_training」

図16.12　データセットの書式指定画面

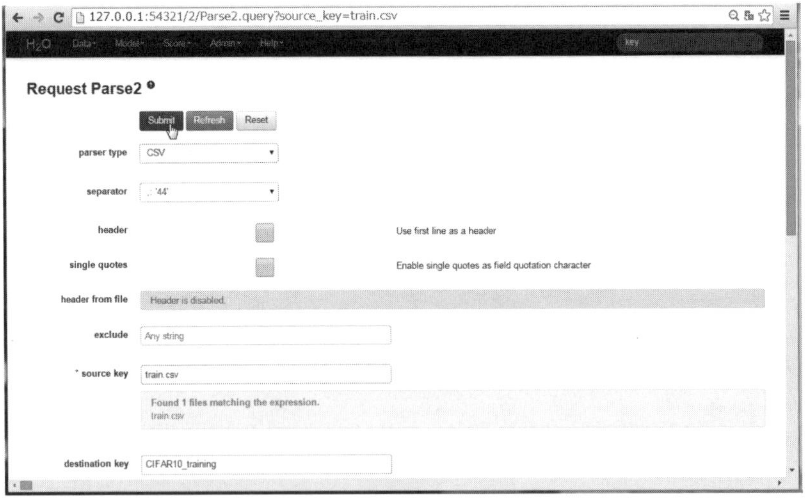

出典：H2Oは米0xdata社が公開（http://h2o.ai/）

▌(4) データセットの確認

読み込んだデータセットを確認します（図16.13）。最大値、最小値、欠損値などの基本統計量や、変数の型（実数型か整数型かなど）を確認できるほか、因子型（Factor型）への変更（変数が名義尺度であることを明示的に指定すること）が可能です。

図16.13　データセット確認画面

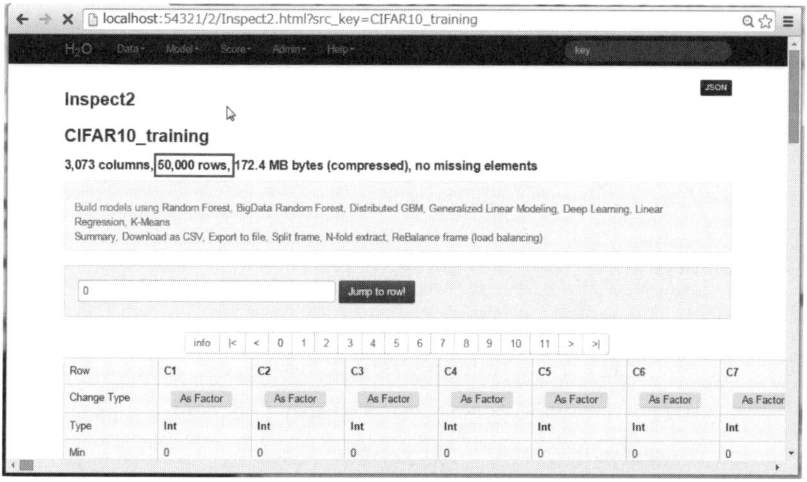

出典：H2Oは米0xdata社が公開（http://h2o.ai/）

50000件の学習用データセットが読み込まれていることが確認できます。本例では特に型の修正は必要ないので、このまま次の手順に進みます。

▌(5) モデルの構築

データセット確認画面にてDeep Learningを選択し、ディープラーニングのパラメータ設定画面へと進みます（図16.14）。

図16.14 データセット確認画面。枠で囲った部分はDeep Learning設定画面へのリンク

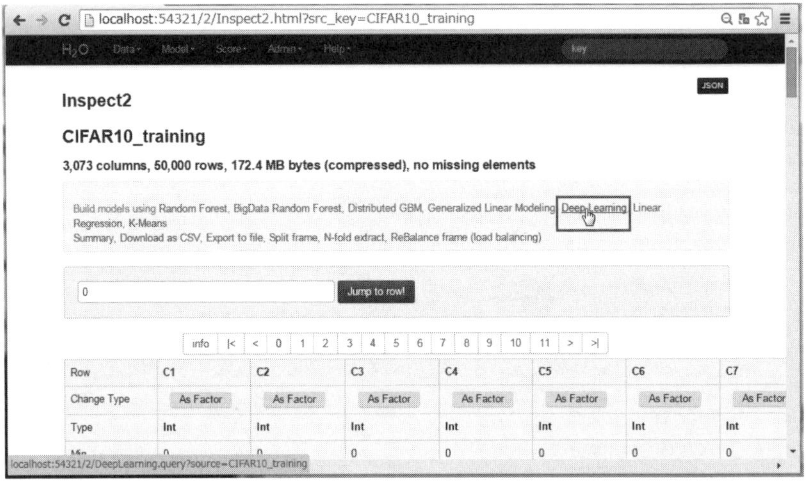

出典：H2Oは米0xdata社が公開（http://h2o.ai/）

　本手順では、画像データ（言い換えると、2列目以降の画素の値）から何の数字が書かれているかを予測するモデルを構築します。次のようにパラメータを設定し、「Submit」ボタンを押下します（図16.15）。

　このほかにもさまざまなパラメータが存在しますが、今回はH2Oを動かすことが目的ですので、特にパラメータチューニングにこだわらず、本手順で設定したもの以外はデフォルトでモデル構築を行います。

- **destination key（保存先キー名）**：「my_deeplearning」
- **source（分析用データのキー名）**：「CIFAR10_training」
- **response（目的変数）**：「C1」
- **ignored columns（除外する変数）**：（すべてのデータで0であるカラムがあれば自動的に選択されます）
- **classification（分類器）**：チェックを「オン」（デフォルト。チェックを外すとRegression（回帰モデル）として実行します）
- **activation（活性化関数）**：「tanh（ハイパボリックタンジェント）」
- **hidden（隠れ層の数）**：「200,200,200」（各層のユニット数200が3層）

16.3 H2Oを用いたディープラーニングのモデル構築手順

図16.15 ディープラーニングのパラメータ設定画面

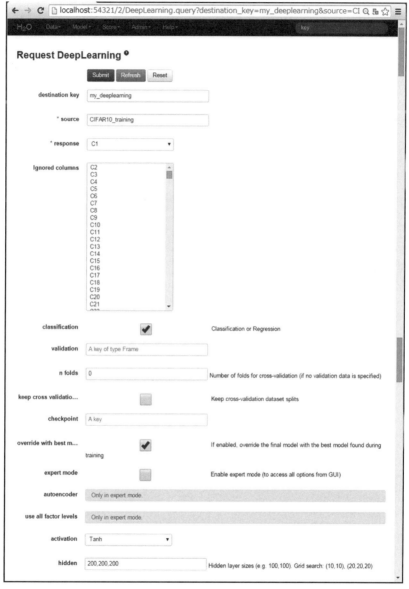

出典：H2Oは米0xdata社が公開（http://h2o.ai/）

(6) モデルの確認

図16.16のモデル確認画面から、リアルタイムで計算の進捗状況をプログレスバーで確認できます。各ニューロンの層における計算のサマリや混同行列など、モデルに関する各種情報を確認可能です。

なお、モデル構築を終えるまでに筆者のPC（Core i5-4300U、1.9GHz）では23分程度かかりました。

図16.16　モデル確認画面の一部。枠で囲ったプログレスバーで進捗状況を確認可能

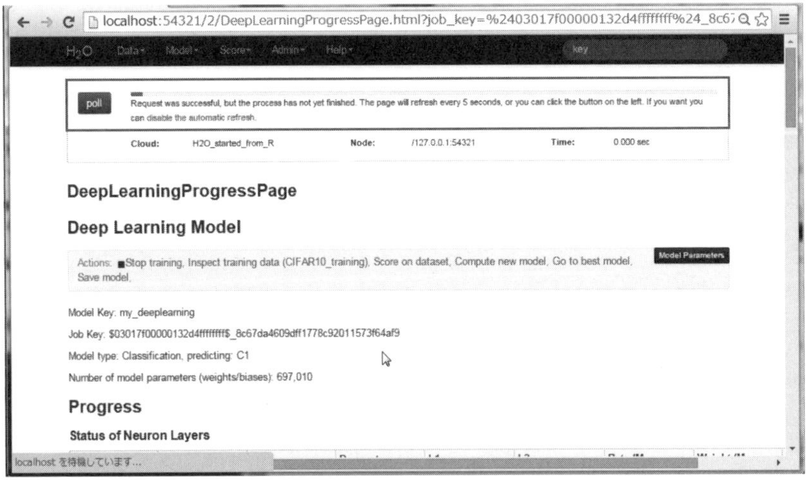

出典：H2Oは米0xdata社が公開（http://h2o.ai/）

(7) 検証用データセットのアップロード

前手順にて構築したモデルを用いて、検証用データセット（10,000件）を与え、どの程度正確に予測ができるかを確認します。(2)のときと同様の手順で、メニューの「Data」→「Upload」で表示された画面からtest.csvを読み込みます。

図16.17はアップロード対象としてファイルを選択した時点の画面です。

図 16.17　データアップロード画面。事前に test.csv を選択したところ

出典：H2O は米 0xdata 社が公開（http://h2o.ai/）

続いて、手順（2）と同様にデータセットの書式を指定します。本例では destination key を次のように指定します（図 16.18）。

● **destination key（保存先キー名）**：「CIFAR10_test」

図 16.18　データセットの書式指定画面。検証用データアップロード後

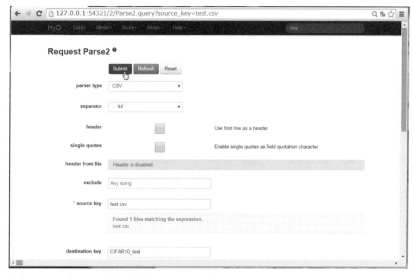

出典：H2O は米 0xdata 社が公開（http://h2o.ai/）

次に表示される確認画面で、10,000件のデータが読み込まれていることを確認します（図16.19）。

図16.19　データセット確認画面。検証用データアップロード後

出典：H2Oは米0xdata社が公開（http://h2o.ai/）

なおテストデータは、モデルを構築したときに使用した学習データとフォーマットが完全に同じである必要があります。今回は同じフォーマットとして出力してあるので大丈夫です。

(8) モデルを用いた予測

続いて、手順（5）で構築したモデルとアップロードした検証用データセットを用いて予測を行います。メニューの「Score」→「Predict」を選択します。本手順では次のように設定し、「Submit」ボタンを押下します（図16.20）。

- model（構築したモデルのキー名）：「my_deeplearning」
- data（検証用データセット）：「CIFAR10_test」
- prediction（予測結果保存先キー名）：「my_prediction」

図16.20　予測パラメータ設定画面

出典：H2Oは米0xdata社が公開（http://h2o.ai/）

　予測結果は、「Submit」ボタン押下後に表示される画面でも確認可能ですが、若干レイアウトが見づらく、理解しにくいので次の手順で改めて確認します。

(9) 予測結果の評価

　続いて、予測結果と検証用データセットのラベルを比較し、どの程度正確に予測できたか（識別率）、誤って識別された件数はどの程度の割合か（誤識別率）を確認します。H2Oには混同行列（実際の値と予測値をクロス集計し、予測精度を確認する表）を作成する機能が具備されており、簡単に識別率、誤識別率を確認することが可能です。
　メニューの「Score」→「Confusion Matrix」を選択し、次のように入力します（図16.21）。

- **actual**（実際の値が格納されたデータのキー名）：「CIFAR10_test」
- **vactual**（上記の実際の値が格納されている列）：「C1」
- **predict**（予測結果データセットのキー名）：「my_prediction」
- **vpredict**（予測結果のうち予測結果が含まれる列）：「predict」

図 16.21　混同行列の作成画面

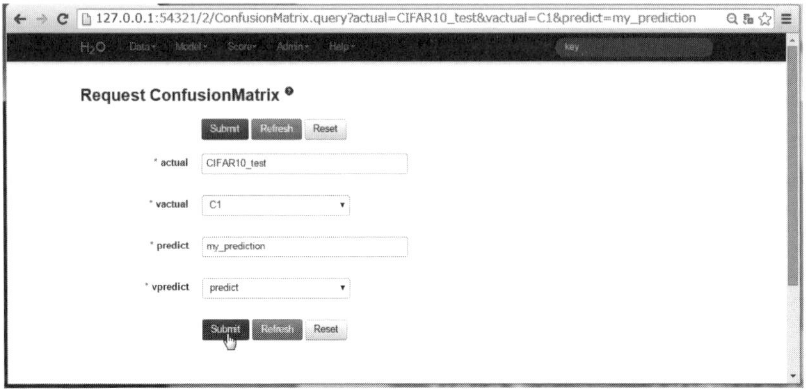

出典：H2Oは米0xdata社が公開（http://h2o.ai/）

「Submit」ボタンを押下後、図16.22の混同行列の作成結果に移ります。この表は横方向に予測値を、縦方向に実際の値をカウントし、予測値と実際の値が合致した件数が緑色のセルで表示されています。Error列に予測に失敗したものの件数が表示されます。この例では、5,745個（=57.45％）の誤識別があったことを表します。逆に言うとこれは、データを与えると約42.55％の確率（正解率）で予測できることを意味します。

なお、本結果はサンプルであり、実際の実行環境では数値が異なる可能性があります。

ちなみに、2014年の10月にkaggleでCIFAR-10の識別のコンテストが行われていますが、そこでトップのチームは95.5％の正解率を記録しています。その値と比べると今回構築したモデルはまだまだ改善が必要だと言えます。本稿の趣旨から外れるため詳細な説明は省きますが、正解率を上げるためには、さらなるパラメータ調整とより豊富な計算機資源を用いた十分な学習が必要です。

16.3 H2Oを用いたディープラーニングのモデル構築手順

図16.22 混同行列の作成結果。枠で囲った数字は誤識別率

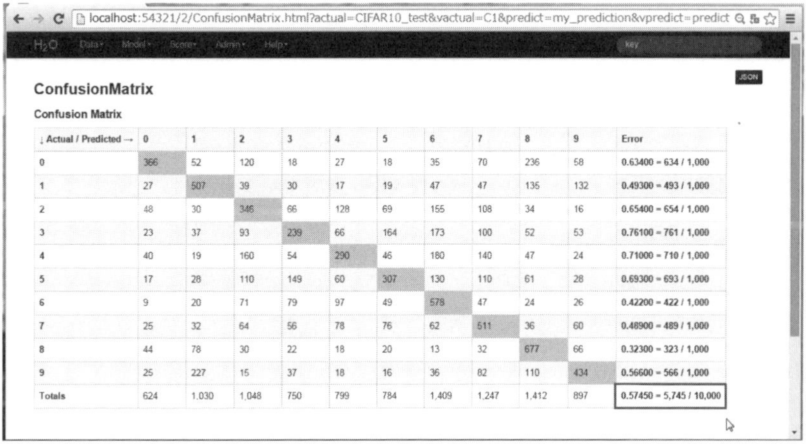

↓ Actual / Predicted →	0	1	2	3	4	5	6	7	8	9	Error
0	366	52	120	18	27	18	35	70	236	58	0.63400 = 634 / 1,000
1	27	507	39	30	17	19	47	47	135	132	0.49300 = 493 / 1,000
2	48	30	346	66	128	69	155	108	34	16	0.65400 = 654 / 1,000
3	23	37	93	239	66	164	173	100	52	53	0.76100 = 761 / 1,000
4	40	19	160	54	290	46	180	140	47	24	0.71000 = 710 / 1,000
5	17	28	110	149	60	307	130	110	61	28	0.69300 = 693 / 1,000
6	9	20	71	79	97	49	578	47	24	26	0.42200 = 422 / 1,000
7	25	32	64	56	78	76	62	511	36	60	0.48900 = 489 / 1,000
8	44	78	30	22	18	20	13	32	677	66	0.32300 = 323 / 1,000
9	25	227	15	37	18	16	36	82	110	434	0.56600 = 566 / 1,000
Totals	624	1,030	1,048	750	799	784	1,409	1,247	1,412	897	0.57450 = 5,745 / 10,000

出典：H2Oは米0xdata社が公開（http://h2o.ai/）

　次に、実際にどのような画像で成功／失敗したかを確認するために、結果のファイルを出力します。メニューの「Data」→「Export Files」で、次のように入力して「Submit」ボタンを押下すると、H2Oを起動したときのRのワーキングディレクトリにmy_prediction.csvが作成されます（図16.23）。

- **src key（出力したいデータのキー）**：「my_prediction」
- **path（ファイル出力先）**：「my_prediction.csv」

図16.23 データエクスポート画面

出典：H2Oは米0xdata社が公開（http://h2o.ai/）

第16章 H2Oでディープラーニングを動かしてみよう

実際にリスト16.5のRスクリプトでmy_prediction.csvを読み込み、中身を確認してみましょう（図16.24）。

リスト16.5　結果の表示

```
# my_prediction.csvの読み込み
prediction <- read.table("my_prediction.csv", header = T, sep=",")
colnames(prediction)[1] <- "predicted"   #列名の変更
prediction$predicted <- prediction$predicted + 1
# "labelnames"の添え字が1始まりなので1足す
# 先頭6行の表示
head(prediction)
```

図16.24　Rでのmy_prediction.csv表示例

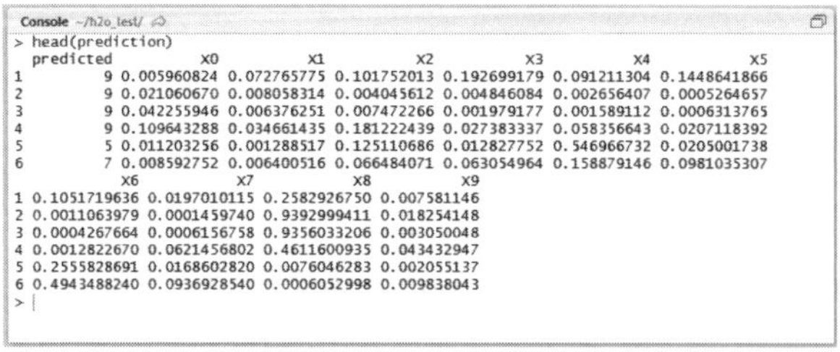

出力されたファイルの一列目が予測結果、次の列からが各カテゴリであるとされる確率です。それでは次に、この予測結果とテストデータを突き合わせて、予測の成功例と失敗例を実際の画像で見てみましょう。リスト16.6のRスクリプトを実行してみてください。

リスト16.6　成功例と失敗例を表示するRスクリプト

```
#予測結果とのマージ
merged <- cbind(prediction,test)
#予測成功/失敗データの抽出
success <- merged[merged$predicted==merged$actual,]
failure <- merged[merged$predicted!=merged$actual,]
# 複数の図をコマ送りできるようにする
par(ask=T)
#予測結果のbarplot作成
```

```r
draw_barplot <- function(prob,labels){
        df <- melt(t(prob))
        ggplot(df, aes(x=Var1, y=value,fill=factor(Var1)))+
        geom_bar(stat="identity") +
        theme(axis.text = element_text(size = rel(1.2)),
              axis.ticks = element_blank(), legend.position="none",
              panel.grid.major = element_blank(),
              panel.grid.minor = element_blank(),
              panel.background = element_blank()) +
        scale_x_discrete(labels=labels)+ coord_flip()+
        labs(title="",x = "", y = "") + scale_fill_grey(start = 0, end = .9)
}
#画像と予測結果の表示
visualize_predresult<-function(data,labels){
        pred <- data$predicted
        act <- data$actual
        probs <- data[,c(2:11)]
        imgs <- data[,-c(1:12)]
        # 10個の乱数を発生
        rands <- as.integer(runif(10, min = 1, max = nrow(data)))
        for (i in 1:10){
                # ラベル用文字列の生成
                rand <- rands[i]
                mainstr <- paste("actual:" , labels[act[rand]],
                                 "\npredicted:",labels[pred[rand]])
                # 画像の描画
                p1 <- draw_img(mainstr, imgs[rand,],32)
                p2 <- draw_barplot(probs[rand,],labels)
                # グラフ表示
                grid.newpage()
                pushViewport(viewport(layout=grid.layout(1, 2) ))
                print(p1, vp=viewport(layout.pos.row=1, layout.pos.col=1))
                print(p2, vp=viewport(layout.pos.row=1, layout.pos.col=2))
        }
}
```

```
#成功例の描画
visualize_predresult(success,labelnames)
#失敗例の描画
visualize_predresult(failure,labelnames)
```

　実際にRスクリプトを実行してみた結果、図16.25と図16.26のような図が表示されます。左側が分類を試みた画像、右側が分類の結果（横軸は各カテゴリであるとされる確率です）を表す棒グラフです。分類に成功しているケースでは実際の画像を見てもすぐに何の画像なのかがすぐわかりますが、失敗している例を見ると人が見ても一瞬戸惑ってしまうような少し難しい問題であるケースや、間違い方がどこか同情の余地があるケースがあります（逆に、人の目で見て明らかなのに間違ってしまっている例もあります）。正解率は飛びぬけていいとはいえないものの、このような荒い画像だけで、ここまで予測ができるということに驚いていただけるのではないかと思います。

図16.25　分類に成功した例（CIFAR-10）

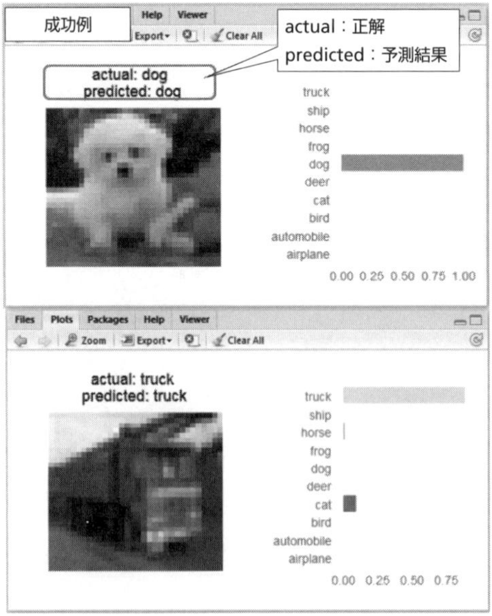

出典：Alex Krizhevsky氏が公開するCIFAR-10dataset内の公開データを基にアクセンチュア作成

16.3 H2Oを用いたディープラーニングのモデル構築手順

図16.26 分類に失敗した例（CIFAR-10）

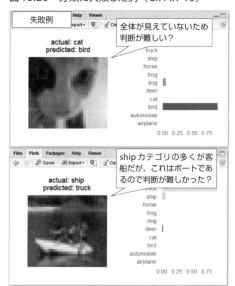

出典：Alex Krizhevsky氏が公開するCIFAR-10dataset内の公開データを基にアクセンチュア作成

　リスト16.6のスクリプトで結果を確認していると、どうやら当たりやすいカテゴリとそうではないカテゴリがありそうだということに気付かれるかもしれません。カテゴリごとの正答率は混同行列でも確認できますが、もう少しはっきりさせるためにリスト16.7のスクリプトでグラフを書いてみましょう（図16.27）。

リスト16.7　カテゴリごとの正答率を表示するRスクリプト

```
# 混同行列テーブルの作成
confmat <- table(labelnames[merged$actual+1],labelnames[merged$predicted+1])
df <- melt(t(confmat))
colnames(df)[1] <- "predicted"    # 列名の変更
colnames(df)[2] <- "actual"       # 列名の変更
colnames(df)[3] <- "count"        # 列名の変更
#グラフ作成
p <- ggplot(df, aes(predicted, count, fill=predicted)) +
            geom_bar(stat="identity") +
            theme(axis.ticks = element_blank(),
```

```
                axis.text.x = element_blank(),
                strip.text.x = element_text(size = rel(1.2)),
                legend.text=element_text(size=rel(1.2)),
                panel.grid.major = element_blank(),
                panel.grid.minor = element_blank(),
                panel.background = element_blank()
)
#グラフ描画の実行
p + facet_wrap(~actual) + scale_fill_grey(start = 0, end = .9)
```

図 16.27　各カテゴリの予想結果（CIFAR-10）

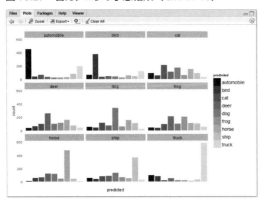

出典：Alex Krizhevsky氏が公開するCIFAR-10dataset内の公開データを基にアクセンチュア作成

　トラック（truck）や自動車（automobile）、生物では馬（horse）カテゴリが比較的よく分類できているのに対し、猫（cat）など分類がうまくいっていないカテゴリもあることがわかります。その理由を探ってみるために、画像の一部をチェックしてみましょう。

　catカテゴリの画像を見てみると、実にさまざまな模様の猫が混ざっていることがわかります（図16.28）。猫はペットの写真として撮られるケースが多く、ポーズや背景（家や屋外など）がさまざまです。また、近寄って写真を撮るため体全体が撮れておらず、それが予測を難しくしている一因かもしれません。

　それに対し、同じ生物でもhorseカテゴリで比較的分類がうまくいっているのは、猫ほど種類やポーズにバリエーションがないためであると

考えられます。automobileやtruckカテゴリの分類がうまくいっているのもおそらく同様の理由でしょう。比較的離れた距離から撮ることが多いために、背景やポーズのバリエーションが乏しく、その背景やポーズ等が重要な判断材料になっていると推測できます。

図16.28　catとhorseのカテゴリの画像例（CIFAR-10）

出典：Alex Krizhevsky氏が公開するCIFAR-10dataset内の公開データを基にアクセンチュア作成

しかし、我々は、猫がどんな模様でもどんなポーズをとろうとも、これは猫だと認識できます。学習を行う際に、猫の種類やポーズを増やしてみるなど、学習用データセットを拡充してやることで、そのような精度の高い分類が可能になると考えられます。機械学習においては、パラメータ調整や十分な時間をかけた学習はもちろん、学習用データセットもよく吟味する必要があります。

4 Rコードを用いたモデル構築実行コード例（参考）

前節の手順はWebインターフェースを用いて行いましたが、同様の操作をすべてRコードから実行することも可能です。リスト16.8にRコードの例を、図16.27に実行結果を示します。

リスト16.8　H2OをすべてRコードから実行

```
# 作業ディレクトリへの移動
# （前のコマンドから続けて入力している場合不要）
setwd("path")   # path=先ほど作成した作業用ディレクトリへのパス
# パッケージH2Oのインストール
# （H2Oがすでに起動している場合不要）
library(h2o)
localH2O = h2o.init(nthreads = -1, max_mem_size="2g")
# トレーニング用データセットの読み込み
path_train_data <- "./train.csv"
CIFAR10_train <- h2o.importFile(localH2O, path = path_train_data,
key="CIFAR10_train")
# ディープラーニングによるモデル構築
my_deeplearning<-h2o.deeplearning(x=seq(2,ncol(CIFAR10_train)),
y=1,
data=CIFAR10_train, classification=T,
hidden=c(200,200,200), activation="Tanh",
ignore_const_cols=T)
# テスト用データセットの読み込み
path_test_data =  "./test.csv"
CIFAR10_test <- h2o.importFile(localH2O, path = path_test_data,
key="CIFAR10_test")
# 作成したモデルを用いた予測の実行
my_prediction <- h2o.predict(object = my_deeplearning, newdata =
CIFAR10_test)
# 混同行列の作成
h2o.confusionMatrix(my_prediction[,1],CIFAR10_test[,1])
```

16.4 Rコードを用いたモデル構築実行コード例（参考）

図16.27 コードの実行結果。枠で囲った箇所より誤識別率（0.572≒57.2％）が確認できる

```
Console ~/h2o_test/
> # 混同行列の作成
> h2o.confusionMatrix(my_prediction[,1],CIFAR10_test[,1])
       Predicted
Actual     0    1    2    3    4    5    6    7    8    9 Error
0        664   41   48   16   31   12   37   33   91   27 0.336
1        113  504   17   53   32   17   32   39   82  111 0.496
2        132   27  221  103  181   60  146   79   28   23 0.779
3         60   33   77  339   74  131  151   58   24   53 0.661
4         88   20   99   78  383   44  150   94   29   15 0.617
5         55   17   76  251   75  265  125   78   35   23 0.735
6         20   29   48  106  123   42  571   25   15   21 0.429
7        102   30   44   87   90   68   46  463   18   52 0.537
8        244   79   21   41   24   13   11   12  506   49 0.494
9        127  262   21   47   19   23   33   41   68  359 0.641
Totals  1605 1042  672 1121 1032  675 1302  922  896  733 0.572
> |
```

今回CIFAR-10で出した正解率は決して高いとは言えませんが、もう少し複雑度の低い分類問題であればもっと高い正解率が出すことができます。

例えば、画像認識の分野で有名なデータセットとして、MNIST（http://yann.lecun.com/exdb/mnist/）という28×28ピクセルの手書きの数字の画像（モノクロ）と正解ラベルのデータセットがあります。ここでの例と全く同じパラメータ設定で、このデータセットの識別を試みると、約97.3％もの高い正解率で手書き文字を識別可能です（図16.28）。

図16.28 MNISTを用いた予測実行結果。枠で囲った箇所より誤識別率（0.027≒2.7％）が確認できる

```
Console ~/DL/h2o/
> # 混同行列の作成
> h2o.confusionMatrix(my_prediction[,1],MNIST_test[,1])
       Predicted
Actual    0    1    2    3    4    5    6    7    8    9 Error
0       966    0    2    2    2    1    2    3    1    1 0.014
1         0 1124    2    2    3    0    1    3    1    1 0.010
2         4    1 1001    3    2    0    6    7    6    2 0.030
3         0    0    8  979    0    4    0    9    5    5 0.031
4         0    0    2    1  962    0    7    3    0    7 0.020
5         4    0    1   17    2  851    5    1   11    0 0.046
6         4    2    1    1    5    6  935    0    3    1 0.024
7         0    4    9    5    1    0    0 1006    1    2 0.021
8         2    1    6    8    7    5    1    6  936    2 0.039
9         0    2    0    9   10    4    1    7    5  971 0.038
Totals  980 1134 1032 1028  991  872  960 1043  969  991 0.027
> |
```

出典：Yann LeCun氏、Corinna Cortes氏、Christopher J.C. Burges氏が公開するTHE MNIST DATABASEのデータを基にアクセンチュア作成

MNISTの例のように、モノクロの画像で0～9のどれに当てはまるかを予想するという程度の複雑度であれば、高い正解率を出すことができます。しかし、より現実的な分類問題にディープラーニングを応用す

るには、パラメータチューニングと豊富な計算機資源が必要です。

　計算機資源についてはAWS（Amazon Web Services）でGPGPU（General-purpose computing on graphics processing units）搭載のインスタンスを使う等の解決策があります。一方、ディープラーニングのパラメータ最適化については、現状、ディープラーニングの振る舞い自体が完全に解明されていないこともあり、確立された方法がありません。ディープラーニングは優れた機械学習の手法ですが、このあたりがまだまだ課題といえます。

5 まとめ

　前章、この章とわたって、ディープラーニングについて取り上げてきました。前半ではディープラーニングの理論について軽く触れ、後半ではH2Oを用いて、MNISTの手書き文字データの分類を行うモデルを構築し、テストデータを用いてモデルの評価を行いました。従来の重回帰モデルやナイーブベイズ、ニューラルネット、SVM（サポートベクターマシン）では高い予測精度が期待できなかったものが、ディープラーニングで特徴抽出を自動化することにより、予測精度の高精度化が期待できる可能性があります。ディープラーニングは次世代の機械学習の主流になってもおかしくない手法だと言えます。

　さて、ここで今一度、前章の冒頭で触れたGoogleの猫認識について振り返ってみたいと思います。このニュースはさまざまなメディアで話題になりましたが、おおむね下記のような文面で伝えられたと思っています。

「コンピュータにYouTubeの画像を見せ続けることで、コンピュータは猫についての事前知識なしに猫を理解し、認識するようになった」

　この文章だけ読んでしまうと、あたかも機械が事前知識なしに猫のなんたるかを"理解"し、識別できるようになったという印象を受けます。筆者も当初そう思って腰を抜かしました。

　しかし、この研究についてもう少しだけ正確に要約すると、

- 多層ニューラルネットを、YouTubeからランダムに取ってきた猫の画像10000枚と、それ以外の画像18409枚からなるデータセットで学習させた
- 学習させたニューラルネットから、特に猫の画像に強い反応を示すニューロンを選び出してこれを識別（猫かそれ以外かの判別）に用いたところ、既存よりよい性能を示すことがわかった

となります。確かにここで行われた学習は完全な教師なしですが、猫の画像を多めに見せる、猫に強い反応を示すニューロンを選び出すなど、ある程度人の手が入っていることがわかります。そのため、この結果から「機械が猫について教えられる前に猫がどういうものかを知ることができた」という結論を導き出すのには、（筆者は）若干の違和感を覚えます。"理解"というものはその背景のコンテクストや構造、関係性について深く把握できて初めて実現できるものであって、単に画像のピクセルの数値から"識別"することとは難易度が全く異なります。

昨今、機械学習や人工知能に注目が集まり、人工知能が人にとってかわる時代が来る、ということが言われ始めていますが、それには人工知能がこのコンテクストや関係性の把握という能力を身に着ける必要があります。ディープラーニングによるmassiveな学習によって、そのようなコンテクストや関係性まで人工知能が識別できてしまう可能性もありますが、コンテクストや関係性というものは固定の概念ではないため、そのような段階に至るまでにはもう少し時間がかかるかもしれません。

とはいえ、教師なしのディープラーニングを行うことで、猫や顔、人の体などの高次の概念に強く反応するニューロンができるという結果は、大変面白いと思います。人の脳でもそのような神経細胞（通称おばあさん細胞）が存在するという仮説があり、未だに議論となっています。今回のような作られたデータセットではなく、例えば人が日々漫然と見ているようなさまざまな画像を使って学習させたディープラーニングのニューロンを見ることで、どのような高次概念とその階層が形成されていくかを見ていくと、面白い結果が得られることが考えられます。SFのような話になってしまいますが、子供がどのように世界を捉えてどのように学習していくかを知る手掛かりになるかもしれません。

あとがき

　本書では、前半にデータ分析をめぐる基礎知識とビジネス背景、分析基盤を解説し、後半では具体的な実践方法を解説しました。

　本書を締めくくるにあたって、この本を手に取られたビジネスパーソンの皆さんにぜひ知っていただきたいことがあります。

　それは、皆さんが「今」行っている業務の多くは、いずれ人工知能や新しいテクノロジーによって代替され、補完される。しかし、データ分析の知識やスキルは、これまでと同様またはそれ以上に必要とされる、ということです。そして、これからのビジネスパーソンは、「機械からのデータ」に真剣に向き合わなければならなくなるでしょう。

　これまでは、機械データといっても「人間が機械に入力したデータ」を意味することも少なくありませんでした。社員や店員がPOSなどに打ち込んだ数字、バーコードで読み取ったコード、スキャンした画像や写真データ。これらは、機械データといっても、何らかの形で人間が介在したものです。

　しかし今後、機械由来のデータ、特にIoT由来のデータに関しては、本書でも紹介した機械学習、とりわけディープラーニングの手法を使ったデータ処理が、人間の介在する古典的な統計処理を圧倒していくでしょう。狭い意味での分析だけではなく、分析結果の判断や業務の自動化も、ますます進んでいくものと確信しています。

　ではその結果、人間による分析作業は無くなってしまうのでしょうか？

　本書では、一般的な統計知識からディープラーニングの手法まで、広く取り上げてきました。確かに今後、本書に書かれている分析手法をそのまま、人間であるデータサイエンティストが使う機会は減るかもしれません。

しかし、今この時点で筆者がビジネスの現場で目にするのは、機械由来のデータだけではなく、人が生み出した生々しいデータ群です。そして、それらをどう扱えばよいのか日々悩み続けるビジネスパーソンたちなのです。IoTからのデータがいくら増えていっても、人間がアナログに生み出すデータが無くなることは決してありません。そしてそのデータを正しく解釈するためには、本書で解説してきた分析技術の基礎も、必要であり続けると確信しています。人が分析すべきものは何なのか、機械の方が優れた分析および判断ができる部分は何なのか、結局そこを決めるべきは人間なのです。そういった判断をしていく上での基礎を本書で身につける方が、一人でも多く生まれることを願っています。

　近年では、データ分析だけでなくあらゆる業務の代替や補完が進み「人工知能やロボットが人間の仕事を奪う」という「機械 vs. 人間」の構図が話題になることが多くなっています。こうした「機械 vs. 人間」という問いの立て方は、決してSF的で空想的なものとはいえません。事実、自動走行や交通制御、医療の現場に人工知能的なシステムが導入されることになれば、多くの論者が指摘するように社会システムと人間の労働が大きくシフトするかもしれません。

　しかし筆者は、人間の仕事が無くなってしまうとは考えません。それどころかますます必要になってくると確信しています。なぜならば、人工知能やこれから登場するであろう新しい技術が既存の人間の仕事を奪うことはあっても、それは同時に新しい仕事を生み出す機会にもなるからです。人工知能を始めとする革新的なテクノロジーによって、世の中に今まで人間が経験したことのない新しい価値や考えが生まれ、そこに今までなかった仕事が生まれて、新たなサービスや商品が世に生み出されることへとつながるのです。過去に人間が経験した、社会システムを一変させた数次の産業革命において、新技術によってさらに私たちの生活が豊かになり、結果として新しい仕事、産業が生み出されてきた歴史も、その証左といえるでしょう。

　例えば、Googleや国内外の自動車メーカーが開発のしのぎを削っている自律制御可能な自動車が世の中に送り出されると、クルマが人間の

代わりになり、センシングによりデータを収集してアルゴリズムを介し、人間の能力を超えて安全な運転の法則を見つけ出していくことでしょう。運動能力が衰え、運転は極力したくないというニーズがある高齢者は多く、この自動運転技術が新たな自動車の価値観や市場を形成する可能性は極めて高いといえます。運転という労働解消ニーズに、人工知能の出力値と、アクチュエータたる自動運転技術が組み合されることにより、ハンドルやアクセルやブレーキペダルが消える歴史的瞬間を見ることになるのかもしれません。

これまでどちらかといえば労働集約的だった業務分野も、この数年で様変わりしました。例えば、筆者たちが手がけている、通信会社の故障原因の特定というプロジェクトでは、従来は大量のSNS情報などをもとにオペレータが人海戦術で読み解いていたものを、今では機械学習により短時間で特定することに成功しています。また、豊富な経験を持った人間が行っていた需要予測や発注業務を、機械により自動化することも、筆者自身が数多く成し遂げています。

知識集約的な分野でさえも同じです。医療分野では、患者の主訴や画像陰影から読み解いていた医師の診断能力や診断プロセスの一部が、機械学習により能力拡張されることで精度が上がりました。

こうして聞くと、人工知能がデータ分析の業務を減らし、データサイエンティストの必要性をなくすのではないかという懸念も出てくるのも無理はありません。データサイエンスに携わる多くの方々の作業ですら、人工知能にとって代わられる可能性があるように見えます。しかし、だからといって機械任せにして、機械学習アルゴリズムやデータの理解を捨ててしまっていいとは決していえません。

先の例でいえば、運転を苦痛と感じる「人間のニーズ」は一つの側面でしかありません。あたりまえですが、車を運転すること自体に喜びを感じるドライバーもいます。彼らはむしろ、ハンドルが無くなってしまうことは決して望みません。ただし、運転する喜びを確保しながら、安全に制御してもらえる補助的なセンシング、データ、アルゴリズムによる出力値とアクチュエータへの連係で、運転の楽しみがさらに深まるこ

とは期待されるでしょう。

　そのニーズ自体は機械が決めるわけではないのです。決めるのはそれらニーズを的確に理解し、アルゴリズムからアクチュエータの出力につなげていくデータサイエンティストなのです。市場に多様なニーズがある限り、それを訴求していくのがデータサイエンティストの果たす使命であり、データ分析を業務で行うビジネスパーソンの使命でもあるのです。

　医療の例で考えてみましょう。内科医が画像により特定していく悪性腫瘍のような病巣を、機械学習が補助して見抜いたとします。このとき、患者が機械に「悪性です。成功確率83%のオペで済むから今すぐ切ってください」などと機械音声で淡々と言われたからといって、外科手術により切除するか否かという自らの生命に関わる重要な決定に、安易に承諾できるでしょうか？ そこには、不安を払拭して納得するという受け手の判断基準が存在するはずです。そうした医師の対話型アプローチに十分な材料を与えるために、出力値形成のプロセスに合理的な説明を与えるのも、医療専門技術士など、名称は違うとはいえデータを扱う専門家の領域だといえます。

　内科医から外科医へきちんと連係された意思決定の基礎情報をもとに、患者との対話により合意形成されたアプローチで処方されることを人は望みます。判断の結果、手の施しようがない末期の患者であればなおさらでしょう。あと2ヵ月の命を、抗がん剤の投薬治療で延命するか、そのまま死を受け入れるかなど、到底自動化できない人間の意思決定が多く残ります。そこには、アルゴリズムとデータを駆使しつつも、価値観や感情と向き合う、複雑な意思決定プロセスを理解した専門家集団の存在が極めて重要になることは言うまでもありません。

　強力になり続ける人工知能に対し、ビル・ゲイツやイーロン・マスクもその脅威について言及しています。人工知能が進化すればするほど、その人工知能は何を目指したプログラムなのかという問いが非常に重要になります。それは特定の企業や政府、ましてや機械そのもの利益を追求するものであってはならないはずです。そこでマスク氏らは、人類全

体が恩恵を受けることができる形でのAI研究を推進すべく、非営利の研究組織OpenAIを設立しました。何を目的として人工知能をプログラムするのか、どこまで機械に任せるのか、特にどこまで人工知能に判断を委ねるのかは、人工知能が進化すれば進化するほど、その判断が難しくなっていくでしょう。ただし、いかに人工知能が進化しようとも、その判断を人間が放棄してはいけないと筆者は考えます。

　例えば最近、AppleのSiriを代表とした対話型のAIエンジンが次々と開発され、さまざまな場面で用いられるようになりつつあります。筆者自身も、どこまで事前に設定したルールベースで応答し、どこからを機械学習による応答に任せるのか、判断を問われるケースを多々経験しています。目的が、雑談中心のおしゃべりエンジンなのか、あるいは、人の命に関わるとまで言わないまでも、企業の生命線となる業務に対する回答エンジンなのかなどによって、どこまで機械学習に任せるのかの判断は当然異なります。また、どういったデータを機械に学習させるべきなのかも異なります。結局そこを人間がしっかりと判断した上で人工知能を導入し、エンジンに学習させない限り、正しく人工知能を活用することはできないでしょう。

　どんなにテクノロジーが発展した世の中になり、どんなにデータの量、生成速度、種類が増えたとしても、そのデータに「意志」と「価値」を与えて、私たちの生活をさらに豊かにする仕掛けを創り出すのは、過去も未来も人間のみであることに変わりはありません。本書を手に取られた皆さんが、データの活用と分析の知識とスキルをさらに発展させ、新しい時代になってさらにそれらを自らの強みとして活躍されることを願ってやみません。

アクセンチュア アナリティクス 執筆メンバー一同

執筆メンバー略歴

● 工藤 卓哉（クドウ タクヤ）
Accenture Applied X Innovation Centerグローバル統括、ARISE analytics取締役 兼 Chief Science Officer、Applied AWS Center of Excellenceグローバル統括
慶應義塾大学を卒業しアクセンチュアに入社。コンサルタントとして活躍後、コロンビア大学国際公共政策大学院で学ぶため退職。同大学院で修士号を取得後、ブルームバーグ市長政権下のニューヨーク市で統計ディレクター職を歴任。在任中、カーネギーメロン工科大学情報技術科学大学院で修士号の取得も果たす。2011年にアクセンチュアに復職。 2016年4月より現職。 データサイエンスに関する数多くの著書、寄稿の執筆、講演活動を実施。

● 保科 学世（ホシナ ガクセ）
アクセンチュア株式会社 デジタル コンサルティング本部 アクセンチュア アプライド・インテリジェンス日本統括 兼 アクセンチュア・イノベーション・ハブ東京共同統括 マネジング・ディレクター
慶應義塾大学大学院理工学研究科博士課程修了 博士（理学）。アクセンチュアにてAFS［Accenture Fulfillment Service］、ARS［Accenture Recommend Service］など、アナリティクスサービスの開発を指揮。また、それらサービスのデリバリー責任者として多数のプロジェクトにかかわり、分析結果を活用した業務改革を数多く実現。近年は、対話型AIエンジンを中心に人工知能開発プロジェクトに従事。アナリティクス領域以外でも、大手メーカー、通信キャリアを中心に、大規模基幹系システムのシステム導入経験多数。

● 佐伯 隆（サエキ タカシ）
アクセンチュア株式会社 デジタル コンサルティング本部 プリンシパル・ディレクター
アクセンチュア アナリティクスにおいて、金融機関の合併に伴うデータ統合管理方針策定、通信事業者向けのビッグデータを活用したマーケティング促進システムの構築、公益事業会社向けデータ分析基盤構築における要件整理など、幅広くアナリティクス関連のプロジェクトを担当。また、製造小売企業や、鉄道会社などに対するERP導入、構築支援など、ビジネス方針策定支援からシステム実装に至るまで、一貫した専門性を有する。

執筆メンバー略歴

● **飯澤 拓（イイザワ ヒラク）**
アクセンチュア株式会社 デジタル コンサルティング本部 プリンシパル・ディレクター
福島大学 経済学部卒業。SAPなどを活用した大規模基幹システム開発から、ビッグデータを取り扱う分析基盤に至るまで、インフラ・アーキテクチャの設計と実装を専門とする。近年は通信事業者における位置情報データ活用プロジェクトや、小売企業への需要予測・最適発注システムの構築運用、アパレル企業におけるビッグデータ分析基盤構築などのプロジェクトに従事。

● **阪野 美穂（バンノ ミホ）**
アクセンチュア株式会社 デジタル コンサルティング本部 プリンシパル・ディレクター
東京大学大学院 新領域創成科学研究科博士課程修了 博士（科学）。専攻はバイオインフォマティクス（構造生物学）。民間企業にて独立行政法人、製薬企業向けの医療統計解析およびバイオインフォマティクスに関連する研究サポート業務に従事。2014年9月アクセンチュア入社。松坂世代。

● **コーネット 可奈（コーネット カナ）**
アクセンチュア株式会社 デジタル コンサルティング本部 シニア・マネジャー
九州大学大学院経済学府経済工学専攻卒、大学院卒業後新卒でアクセンチュアに入社。金融、製造業、小売業、ハイテク通信、官公庁など業界横断的にアナリティクス案件に従事。不正検知、需要予測など各種予測モデルの構築を経験し、アナリティクス分析講座の講師なども担当。

● **石田 精一郎（イシダ セイイチロウ）** *役職は初刷時の役職
アクセンチュア株式会社 デジタル コンサルティング本部 マネジャー
東京大学教養学部 基礎科学科 科学史科学哲学分科卒、外資系ベンダーを経てアクセンチュア入社。アナリティクス ソリューションのアーキテクチャ設計から実装、Hadoop、R、Pythonを使った分析実務を担当。オープンソースソフトウェアを使ったシステム構築を得意としており、プライベートでもIT勉強会のスタッフや講師を行っている。

● **余 東明（ヨ トウメイ）**
アクセンチュア株式会社 デジタル コンサルティング本部 マネジャー
アクセンチュアアナリティクスにおいて、クラウド・モビリティ・センサー等の新技術を活かした並列分散処理基盤の設計・構築とデータ分析に携わっている。通信・メディア・ハイテク業界を中心に、企画・設計から構築・運用まで一貫した業務経験があり、現在 ARS［Accenture Recommend Service］のソリューションコンサルティングに従事している。

●党 聡維（ダン コンウェイ）＊役職は初刷時の役職
アクセンチュア株式会社 デジタル コンサルティング本部 マネジャー
東京大学大学院 情報理工学研究科 博士号取得。大手電気通信会社にて交通運輸分野における研究開発とシステム構築に従事。その後、アクセンチュアに入社し、ビッグデータアナリティクス分野に取り組む。

●羽入 奈々（ハニュウ ナナ）
アクセンチュア株式会社 デジタル コンサルティング本部 マネジャー
早稲田大学大学院商学研究科ビジネス専攻卒、国内システムインテグレーターを経てアクセンチュア入社。小売業界を中心とした分析業務に従事。需要予測やソーシャルデータを使用したトレンド予測等を行う。

●松井 健一（マツイ ケンイチ）＊役職は初刷時の役職
アクセンチュア株式会社 デジタル コンサルティング本部 コンサルタント
大手通信キャリアにてモバイル製品開発のプロジェクトマネジャーや、海外拠点との開発プロセス統合プロジェクト等に従事。2016年1月アクセンチュアに入社し、現在は主にPythonを使ったデータアナリティクス業務を担当。プライベートの活動として統計学の勉強会の主催や、発表を精力的に行っている。

●平村 健勝（ヒラムラ タケカツ）＊役職は初刷時の役職
アクセンチュア株式会社 デジタル コンサルティング本部 コンサルタント
東京工業大学大学院 社会理工学研究科修士課程修了、アクセンチュア入社。通信、メディア業界を中心としたシステム導入、新規サービス企画、設計、構築およびプロジェクト管理を手がける。プライベートではR言語のアドオンパッケージ開発、検索サイトの運営をはじめとするOSSのコミッター活動、普及活動も務めている。公立大学法人会津大学 非常勤講師

●神田 健太郎（カンダ ケンタロウ）
アクセンチュア株式会社 広報室 室長
PRコンサルティング企業にて、大手外資ソフトウェア企業を主要なクライアントとして、PR戦略立案から実行に至るまで幅広い広報業務に従事。2008年10月アクセンチュア入社。主にテクノロジー領域の広報担当、アウトソーシング事業のマーケティング機能立上げなどを担い、現在は広報チームのリードとして、アクセンチュアの広報活動全般を指揮。

索引

英数字

1SEルール 230
3V 21, 132
Accenture DIG 32
Accenture Insight Platform 126
AlphaGo 141
Anaconda 322
arules 151
arulesViz 159
AWS 126
Azure BLOBストレージ 119
A★法 248
BI 122, 131
binaryRatingMatrix 283
Bitspark 38
BondIT 38
C4.5 217
C5.0 217
CART法 217, 224
CHAID 217
CIFAR-10 326
cluster 206
CNTK 143
Code for America 33
Connected Digital Consumer Survey 25
CRAN 151
Data.gov 31
Deep Blue 141
DeepFace 141, 299
DeepID2 299
DeepMind 300
Deep Q Network 22
DOT形式 163
DWH 119, 129, 131
ETL 118
FinTech 37
FP-Growthアルゴリズム 148
FP-Tree 148
F値 58
F分布 54
Gephi 164
Google Cloud Platform 126
GraphML形式 163
Gray Sheep 277
H2O 322, 323
Hadoop 120, 165
HDFS 119, 132
heatmap 194
Hive 165
IBM Bluemix 126
IBM Watson 23
igraph 253
IIoT 29
IoT 20, 130
IoT推進コンソーシアム 29
Ironfly Technologies 38
itemFrequencyPlot 155
J4.8 217
JAGS 68
K-Means法 177, 199
kernlab 226
LBS 258
LeNet-5 310
M2M 24
Madbits 300
Mahout 121
MapReduce 129, 165
matrix 284
MCMC 67
McQuitty法 176
Microsoft Azure 126
MNIST 353
MOOC 143
NbClust 199
Null値 100
Numpy 322
OpenStreetMap 252
osmar 252
OSS 130, 143
Pay-Per-Laugh 35
PMML 158
p値 59
R 121, 151, 250
read.transaction 152
realRatingMatrix 283
recommenderlab 282
RMSE 293
rpart 217
rpart.plot 218
S3 119
SAS 121
Scheme on Read 133
Scheme on Write 133
Shilling Attacks問題 279
SKU 149
SPADEアルゴリズム 148
Spark 129
SPSS 121
Stan 68
Sybenetix 38
Teatreneu 35
TensorFlow 143
Top Nレコメンデーション 269
Treasure Data 126
t検定 60
t値 58
t分布 54
t分布表 61
Udacity 143
UPGMA 176
UPGMC 176
WinBUGS 68
WPGMA 176
WPGMC 176
Z値 58

あ行

愛国者法 109
アイテムベース 265
アクセンチュア・テクノロジー・ビジョン 39
アクセンチュア・フルフィルメント・サービス 27
アジア・パシフィック先進金融テクノロジーラボ 37
アソシエーショングラフ 162
アソシエーション分析 146
アプリオリアルゴリズム 148, 155
アンサンブル学習 234

位置情報サービス 258
一様分布 52
インダストリアル IoT........29
ウォード法 176, 189
枝刈り 226
エントロピー 224
オーダーオブマグニチュード 78
オートエンコーダ 315
オーバーフィッティング 226
オープンガバメント・イニシアティブ 31
オープンガバメントに関する連邦指令 31
オープンソースソフトウェア 130, 143
オープンデータ 30
オンプレミス..................124

か行

$χ^2$ 値 58
回帰残差 225
回帰モデル協調フィルタリング 270
回帰問題 208
階級 45
階層的クラスター分析 174
過学習 226
学習データ 213
確信度 150
確率的勾配降下法 307
確率的プログラミング言語 68
確率分布 52
確率密度 53
確率密度関数 53
過剰適合 226
仮説検定 57
仮説立案 73
課題定義 73, 76
片側検定 58
カテゴリデータ 42
間隔データ 41
完全連結法 176
機械学習 138, 298
棄却域 58
危険率 59
技術的特異点 136
記述統計学 43

記述統計量 48
基本統計量 48
帰無仮説 57
逆確率 65
逆問題 65
教師あり学習 140
教師データ 213
教師なし学習 140
凝集型階層的クラスター分析 174
協調フィルタリング 260, 262
組み合わせ爆発 242
クラウド 124
クラウドソーシング........33
クラスター 120
クラスター数 193
クラスター分析 168, 215
クラスタリング 168
クラスタリング協調フィルタリング 269
クラス分類 168
グラフ 241
クレンジング 100
クロスセル 166
群平均法 176
経路探索 238
決定木 208
決定木分析 208
限界値 58
堅牢 234
合計 48
交差確認法 229
行動変数 171
勾配法 307
項目反応理論 69
コールドスタート問題 279
コグニティブテクノロジー 21
コサイン類似度 268
誤差逆伝播法 314
個人情報 107
コスト 241
コンテンツベースフィルタリング 263
混同行列 343

さ行

最急降下法 307

サイコグラフィック........171
最頻値 48
最小コスト 241
最小値 48
最小分散法 176
最大値 48
最短距離法 176
最長距離法 176
最適経路 241
サブサンプリング 311
サポートベクターマシン 213
残差平方和 225
散布図 160
ジオグラフィック 171
事後確率 66
支持度 150
事前確率 66
質的データ 41
ジニ係数 224
シャピロ・ウィルク検定 100
重心法 176
順位データ 42
純度 210
情報量 224
人工知能 136
人口統計学的変数 171
心理的変数 171
推測統計学 43
スタースキーマ 131
ストリーム処理 120
正解データ 140
正規分布 52
世界最先端 IT 国家創造宣言 30
セグメンテーション 170
セグメント 170
説明変数 212
前提確率 150

た行

第一種の過誤 59
ダイクストラ法......247, 255
大数の法則 56
対数尤度 268
第二種の過誤 59
代表値 48
対立仮説 57
畳み込み 311

畳み込みニューラルネットワーク 309
タニモト相関係数 268
ダミー変数 42
単純性細胞 309
単純パーセプトロン 306
単連結法 176
カイ二乗分布 54
力まかせ探索 240
中央値 48
中国語の部屋 138
中心極限定理 56
チューリングテスト 137
頂点 241
超平面 213
地理的変数 171
ディープラーニング
 .... 141, 298, 304
データウェアハウス 119
データ・ビジュアライゼーション 44
データ保護指令 108
デジタル・ガバメント戦略
 31
テストマーケット 172
デモグラフィック 171
デンドログラム 174
同時確率 64
動的計画法 243
特徴抽出 309
特徴マップ 312
特徴量の自動抽出 142
度数 45
度数分布表 45

な行

ナイーブベイズ 139
二項分布 54
日本語フォント 192
ニューラルネットワーク
 308
ネオコグニトロン 310

は行

ハイブリッド協調フィルタリング 271
ハッカソン 32
発射台 15, 73
バッチ処理 120
幅優先探索 247

バブルチャート 160
ハミルトニアン・モンテカルロ法 69
ばらつき 49
パレートの法則 79
ピアソン相関係数 268
ヒートマップ 194
非階層的クラスター分析
 177
非構造化データ 119
ビジネスインテリジェンス
 122
ヒストグラム 46
被説明変数 211
ビッグデータ 132
ビッグピクチャー 71
ビヘイビアル 171
表現学習 305
標準化変量 53
標準誤差 230
標準正規分布 53
標準偏差 49
標的 73
標本 55
標本データ 43
標本平均 55
比率データ 41
頻度主義 63
フィルタ 311
プーリング 311
深さ優先探索 247
複雑性細胞 309
複雑度パラメータ 230
分割型階層的クラスター分析 174
分散 49
分析基盤 112
分類 208
分類器 213
分類誤差率 224
平均 48
ベイジアンネットワーク協調フィルタリング 270
ベイズ更新 66
ベイズ主義 63
ベイズ推定 66
ベイズの定理 64
ペナルティ 103
ベルマン - フォード法 ... 248
辺 241

変動係数 49
ポアソン分布 54
母集団 55
母平均 55

ま行

マーケットバスケット分析
 146
マルコフ連鎖モンテカルロ法 67
マンハッタン距離 175
メディアン法 176
メディコンバレー 31
メモリベース 264
目的地 15
目的変数 211
モデルベース 264
有意水準 58

や行

ユークリッド距離
 .... 175, 268
ユーザベース 265
尤度 66
要約統計量 48

ら行

ランダムフォレスト 234
離散型確率分布 54
リフト値 150
粒度 101
両側検定 58
量的データ 41
累積相対度数 45
レコメンド 260
連続型確率分布 54
ロバスト 234

わ行

ワーシャル - フロイド法
 248
ワイブル分布 54

装丁	トップスタジオ デザイン室（阿保 裕美）
編集協力・DTP	トップスタジオ

アクセンチュアのプロフェッショナルが教える
データ・アナリティクス実践講座

2016年 5月 30日　初版第1刷発行
2019年 3月　5日　初版第3刷発行

著者	アクセンチュア アナリティクス
監修	工藤 卓哉、保科 学世
発行人	佐々木 幹夫
発行所	株式会社翔泳社（https://www.shoeisha.co.jp）
印刷・製本	株式会社シナノ

© 2016 Accenture

本書は著作権法上の保護を受けています。本書の一部または全部について（ソフトウェアおよびプログラムを含む）、株式会社 翔泳社から文書による許諾を得ずに、いかなる方法においても無断で複写、複製することは禁じられています。

本書へのお問い合わせについては、2ページに記載の内容をお読みください。

造本には細心の注意を払っておりますが、万一、乱丁（ページの順序違い）や落丁（ページの抜け）がございましたら、お取り替えします。03-5362-3705までご連絡ください。

ISBN978-4-7981-4344-6　　　　　　　　　Printed in Japan